量子場の数理

現代物理学叢書

量子場の数理

荒木不二洋著

岩波書店

現代物理学叢書について

小社は先年，物理学の全体像を把握し次世代への展望を拓くことを意図し，第一級の物理学者の絶大な協力のもとに，岩波講座「現代の物理学」(全21巻)を2度にわたって刊行いたしました．幸い，多くの読者の厚いご支持をいただき，その後も数多くの巻についてさらに再刊を望む声が寄せられています．そこで，このご要望にお応えするための新しいシリーズとして，「現代物理学叢書」を刊行いたします．このシリーズには，読者のご要望に応じながら，岩波講座「現代の物理学」の各巻を順次できるかぎり収めてまいります．装丁は新たにしましたが，内容は基本的に岩波講座の第2次刊行のものと同一です．本シリーズによって貴重な書物群が末永く読みつがれることを願ってやみません．

まえがき

約 40 年前から場の理論を中心として物理学の数学的基礎の研究が発展し，理論を構成する諸概念の物理的な意味とその数学的裏づけが，技術的な仮定や推論の飛躍(ギャップ)をなるべくなくした形でかなりの程度形成されてきた．本書はその入門的紹介を目的とする．

物理的な背景は，20 世紀における物理学の変革の双璧である量子論と特殊相対論である．量子論の基本的な諸概念の物理的意味は，確率的記述の一般的な枠の中で，古典論と対比して説明される．状態と物理量がその記述の基本的な構成要素である．そのような量子力学の一般的な枠の中に特殊相対論を持ち込むと，それは特殊相対論の運動群のユニタリ表現論に帰着する．これは Wigner が時代に先がけて 1930 年代に定式化したものである．

特殊相対論にはもうひとつ重要な原理として，作用は光速度以上の速さで伝わらないという相対論的な因果律がある．これを定式化するには，物理量を測定する時空領域を明確にすることが必要になり，時空領域ごとに，そこで測定可能な物理量の集合としての局所物理量の概念が自然に浮かびあがる．これに真空状態の安定性を表わす正エネルギー条件を加えると，本書における理論展開の基礎的な仮定がそろう．

本書では相対論的量子論の最小単位として粒子の概念をとらえる．対応する局所的な励起が時間無限大の漸近的な挙動として直線運動し，それが(多数の)計数管によって計測できるという描像で多粒子散乱を解析し，入射(in)および放射(out)散乱状態の存在や，S 行列の LSZ 還元公式を示す．

本書の定式化は物理量を基礎とし，測定領域が相互に空間的な物理量は可換であるとするので，Fermi 粒子など超選択則により真空とへだてられている 1 粒子状態は，真空表現には現われず，真空表現とは素な表現空間に現われる．その両者をつなぐのは，(移動可能な)局在励起の考え方で，局在準同形写像の理論として定式化される．その結果，局在励起を表わす表現空間(セクターとよぶ)の統計パラメタによる分類，パラ Bose 統計とパラ Fermi 統計，質量多重度有限の場合のスピンと統計の関係，異なるセクターを結ぶ場の作用素環系の導入と，正規交換関係などが得られる．とくに相互に空間的に位置する 2 領域の Fermi 場の間の反交換関係について，それを仮定せずに導出できる点は，このセクター理論の大きな成果である．

これらの物理的内容の土台となる数学的内容は，主として Hilbert 空間とその上の有界線形作用素であり，数学の理論としては，最近急速に発展した作用素環論である．

本書は入門書として，なるべく簡単な場合について，他の書物を参照することなく大筋を理解できるようにという方針で書いた．したがって一般の場合が取り扱える場合でも，記号が繁雑になるのを避けて簡単な場合だけを取りあげ，また数学的証明も単純なものだけを説明し，複雑な証明や，多変数関数論，超関数論等，本書の主要な数学的材料である作用素環以外の数学の説明を必要とすることがらは，大筋に関係がなければ省略し，場合によっては結果だけを説明して証明は参考論文をあげた．作用素環に関係がある事柄についても，同じ考えで省略した話題がある．

本書の第 1 章は確率的な記述の一般的な枠を与えるもので，すでにこの範囲でもかなりの解析ができる．第 2 章では，この一般的な枠を背景に，量子論を記述する．これら 2 章の中心は状態と物理量の概念である．付録 A では数学的道具として，Hilbert 空間論の中の必要事項を要約した．また付録 B には作用素環論について同様の要約があるが，作用素環についての基本的事項のいくつかは，第 2 章の本文中にも説明した．

第 3 章は，量子論の枠内で特殊相対性理論を論じ，運動群である非斉次 Lorentz 群 $\mathcal{P}_+^\uparrow$（およびその普遍被覆群 $\tilde{\mathcal{P}}_+^\uparrow$）のユニタリ表現論として定式化した．ついでスカラー自由場の Fock 表現を記述し，付録 C では一般のスピンの場合に言及した．

第 4 章でいよいよ局所物理量のなす作用素環 $\mathfrak{A}(D)$（D は 2 重錐領域）の系を導入し，その基礎的性質を論じた．第 5 章では散乱理論を，第 6 章はセクター理論を論じた．

本書は 1961 年から 1962 年まで 1 年間にわたってスイスのチューリッヒにある連邦工科大学(ETH)理論物理学教室で筆者が行なった講義をもとにしている．第 5 章までは大体その講義録にのっとっているが，Geiger 計数管解釈などその後の発展も随所に取り入れた．解析性の議論については参考文献を引用するにとどめている．第 6 章は主として Doplicher, Haag, Roberts の一連の論文を参考にした．

ここに展開した理論の発展に首を突っ込んだ当事者であるので，あるいは当然と思って説明を抜かした箇所や独善的な箇所もあるかと思われる．読者からのコメントをぜひいただきたい．

1992 年 8 月

荒木不二洋

目次

1 状態と物理量

状態と物理量は，物理系の記述のための基本的概念であり，古典論から量子論への移行において基本的な変革が行なわれた．

本章では古典論も量子論も含む一般的な確率的記述の枠内で，状態と物理量についての一般論を与える．

1-1 確率的記述

物理的な測定を行なう場合，通常次の 4 種類のものが区別される．

1. 測定の対象となる物理系
2. 測定の道具としての測定器具
3. 測定を実行する観測者
4. 上記 3 者以外の環境

通常，3 と 4 は測定に影響を及ぼさないように配慮され，測定結果の議論では取り上げない．ただし量子力学的測定の議論では，3 も取り上げられ，4 の影響も議論されることがある．ここでは 1 と 2 だけを考えよう．

測定の対象を区別するのに，以下 α_1, α_2 などのギリシャ文字を使おう．意味のある測定を行なうためには，測定の対象は何らかの方法で注意深く準備して，一定のある定まった状況にあるようにする．この準備方法についての詳細な指示を α_1, α_2 などで区別すると考えてもよい．

物理的測定においては，測定の対象についての何らかの性質を測定しようとし，その道具として何らかの測定器具が用いられる．それらをさしあたり Q_1, Q_2 などの文字で区別することにする．この場合も測定器具は周到に準備され，その準備方法についての詳細な指示を Q_1, Q_2 などで区別すると考えてもよい．

物理的測定は，測定対象と測定器具を接触させるなどしてその間に何らかの相互作用を起こすことにより行なわれる．測定終了後，測定器具はいくつかの可能な最終状態(有限個)のうちの1つの状態におちつく．たとえばメーターの針がある数値を指し示す．それらの相異なる結果は p, q など何らかの記号や数字で区別され，そのうち特定の結果が得られたことを記録することにより，測定が一応終結する．

物理的測定は通常何回も同じ測定を繰り返す．その結果いつも一定の値が得られれば，確定した測定値が得られたことになる．しかし測定によっては毎回違った測定結果が得られるかもしれない．そのような場合でも，多数回測定を行なうと，測定結果が一定の分布を示すようになることがみられる．すなわち，測定対象 α について測定器具 Q により測定を N 回実行し，q という測定結果が n_q 回得られたとして，N を大きくすると，q の生じる割合

$$n_q/N \tag{1.1}$$

が各 q に対し一定値に近づくことがみられたとしよう．このとき N を大きくしたときの(1.1)の極限値

$$w_\alpha{}^Q(q) \tag{1.2}$$

があると想定して，測定対象の確率的な記述を行なうことができる．(1.2)は測定対象 α の測定器具 Q で測定された物理量が q である確率を表わすと解釈するのである．

このような確率的解釈を可能にするため，(1.2)は次の数学的性質をもつことが必要であるが，(1.1)式がこれらの条件をみたすので，その極限が確定す

るのであれば，極限としての(1.2)もこれらの条件をみたす．

$$0 \leqq w_\alpha{}^Q(q) \leqq 1 \tag{1.3}$$

$$\sum_q w_\alpha{}^Q(q) = 1 \tag{1.4}$$

以下では，物理的測定結果がこのような確率的解釈を許す場合について，状態と物理量の一般論を展開する．測定結果が確定する場合は，確率 $w_\alpha{}^Q(q)$ が特定の測定結果 $q=p$ に対して1で，残りの可能な測定結果 $q \neq p$ に対しては0であると考えることにより，一般の場合に含ませることができる．

1-2 状態と物理量

状態と物理量の概念を前節のような枠組みの中で定義してみよう．

相異なる準備方法により準備された測定対象 α_1 と α_2 がまったく同じであるかもしれない．そのような場合には，どのような測定器具で測定しても区別がつかない．すなわち任意の Q と q について

$$w_{\alpha_1}{}^Q(q) = w_{\alpha_2}{}^Q(q) \tag{1.5}$$

が成立するであろう．逆に(1.5)がすべての Q と q について成立すれば，α_1 と α_2 は物理的測定で区別できないことになる．

考慮の対象とする測定対象 α の全体を Σ と表わし，Σ に属する測定対象 α_1, α_2 について(1.5)式がすべての Q と q に対し成立するとき，α_1 とα_2 は同値であると定義しよう．この関係は同値性のみたすべき3個の性質

反射法則　$\alpha \sim \alpha$

対称法則　$\alpha_1 \sim \alpha_2$　ならば　$\alpha_2 \sim \alpha_1$

推移法則　$\alpha_1 \sim \alpha_2$ かつ $\alpha_2 \sim \alpha_3$　ならば　$\alpha_1 \sim \alpha_3$

をみたすので，Σ に同値類を定義する．その同値類の1つ1つを**状態**とよぶことにする．以下では測定対象とその同値類を区別せずに同じ文字 α で表わし，状態全体の集合も Σ で表わす．また同値類の定義から確率 $w_\alpha{}^Q(q)$ は α の同値類により値が決まるので，同値類としての状態 α で定まる確率とみなすこと

ができる.

次に測定器具を考える. 相異なる測定器具 Q_1 と Q_2 により測定されるものが同一である可能性を考えて, 測定器具についても次の同値関係を考えよう. すべての状態 α と測定結果 q に対して

$$w_\alpha{}^{Q_1}(q) = w_\alpha{}^{Q_2}(q) \tag{1.6}$$

が成立するとき, Q_1 と Q_2 は同一の量を測定する測定器具であるという意味で同一視しよう. これは測定器具の間に同値関係を定義する.

いま, 考慮の対象とする測定器具の全体を $\mathscr{A}$ と書き, $\mathscr{A}$ に属する測定器具に上述の同値関係を導入して, その同値類を**物理量**とよぶことにする. 以下では測定器具とその同値類である物理量を区別せずに同じ文字 Q で表わし, 物理量全体の集合も $\mathscr{A}$ で表わす. 同値類の定義(1.6)式から, 確率 $w_\alpha{}^Q(q)$ は Q の同値類により値が決まるので, 結局, 同値類である状態 α と物理量 Q により定まる量とみなすことができる.

1-3 物理量の関数

まず測定結果を区別する量 q について, いくつかの注意をする. 測定結果を区別するのには, 原理的には勝手な集合の元を用いることができる. しかし物理法則を記述するうえでの都合もあって, 通常, 実数を用いる. たとえば空間内の位置を区別するものは, 幾何学的な空間の点を用いるのが自然であろうが, 物理法則の記述には, ある固定した座標軸に関する座標を用いる. たとえば x 座標だけを考えれば, q に相当するものは実数になる. 以下においても測定結果のラベルである q は実数であるものとする. 以下, q を**測定値**とよぶ.

個々の測定において区別することができる測定結果は有限個である. われわれは無限個の結果を区別する能力も, その結果を記録する能力ももち合わせていない. その意味では有限個の相異なる測定結果をもつ物理量だけを議論すれば, 一般論としては十分であろう. それを見越して単に確率を導入して, (1.4)式でも単に離散的な和を考え, 確率密度とか積分などは導入しなかった.

もちろん理論を展開していくと，無限個あるいは連続な測定値をもつべき物理量が自然に現われてくるであろうし，物理系について測定を行なっていても，そのような物理量の存在に気がつくことはあるであろう．ここでの立場は決してそのような連続値を測定値としてもつ物理量を排除しようというものではない．むしろそのような物理量は理論を展開した上では自由に取り入れたい．ただ実際の測定で確かめることができる範囲で，理論と現象の相互関係を論じようとしている本章においては，有限個の測定値をもつ物理量だけを，いわば**原始的な**物理量として議論の材料に使用するのである．そのような原始的物理量と，無限個または連続個の測定値をもつ物理量の数学的関係については，同時測定可能性の概念を説明したあとで，本節後半でふれる．

1つの測定器具を使って測定を行なっても，その測定結果に実数のラベルをつけて測定結果を表わすについては，非常な自由度がある．たとえば2つの異なる測定結果を区別するのに，0と1を使うか，1と2を使うか，±1を使うかなど，いろいろな可能性がある．理論から特定のラベルが要請されることはあるが，さもなければまったく自由であり，どのラベルづけも同等である．いまその1つのラベルを固定し，それによって物理量 Q を固定したとしよう．そのときラベル値のつけ変えは，一種の関数と考えることができる．

実数上に定義された実数値関数 f が与えられたとき，物理量 Q の**関数** $f(Q)$ は，Q の測定値が q のときにその測定値が $f(q)$ であるような物理量として定義する．要するに，測定結果に q というラベルをつける代わりに $f(q)$ というラベルをつけたものである．確率を使って定義すると，

$$w_\alpha{}^{Q'}(q') = \sum_{q\,:\,f(q)=q'} w_\alpha{}^{Q}(q) \tag{1.7}$$

がすべての状態 α および測定値 q' について成立する物理量 Q' を Q の関数 $f(Q)$ と定義する．

$$Q' = f(Q) \tag{1.8}$$

もし f が1対1対応ならば，(1.7)式の和は与えられた q' に対して $f(q)=q'$ をみたすただ1つの値 q だけになって，最初に説明したラベルのつけ変えにな

る．もし Q の測定値の範囲で関数 f が1対1でない場合は，$f(Q)$ のほうが Q よりも粗な測定といってよい．すなわち，Q では区別した測定結果の違いを，$f(Q)$ では区別しない部分ができる．

そのような特別の場合として，定数関数 $f(q)=c$ がある．どのような物理量 Q についても，$f(Q)$ は測定値がいつでも c に決まっていて，わざわざ測定する必要もない．通常，**自明な物理量**とよばれる．特に，$c=1$ の場合は単に $\mathbf{1}$ という記号を用い，一般の定数 c の場合は $c\mathbf{1}$ と書くことが多い．

有限個の物理量 $Q_1, Q_2, \cdots, Q_n$ がすべて1つの物理量 Q の関数

$$Q_i = f_i(Q) \tag{1.9}$$

であるとき，$Q_1, \cdots, Q_n$ は**同時測定可能**であるという．Q を測定することにより，$Q_1, \cdots, Q_n$ の測定が一度にできてしまうからである．

典型的な例として，たがいに空間的に離れた2つの時空領域 D_1 と D_2 のそれぞれの領域内で，準備から測定結果まで測定が完結する物理量 Q_1, Q_2 を考えよう．相対性理論に従えば，物理的な影響は光速度以上の速さでは伝わらないので，Q_1 と Q_2 の測定は相互に干渉することなく，同時に進行させ，完了させることができる．その両方の測定結果をあわせて1つの測定結果と考え，その意味で異なる測定結果を区別して記述する物理量 Q を導入すれば，はじめに考えた物理量 Q_1, Q_2 はともに Q の関数になり，Q_1 と Q_2 は上に定義した意味で同時測定可能であることになる．

有限個の物理量 $Q_1, \cdots, Q_n$ が(1.9)式により1つの物理量の関数であるとき，$Q_1, \cdots, Q_n$ が測定値 $q_1, \cdots, q_n$ をそれぞれとる確率は，状態 α を与えれば

$$w_\alpha{}^Q\begin{pmatrix} Q_1, & \cdots, & Q_n \\ q_1, & \cdots, & q_n \end{pmatrix} = \sum_q \{w_\alpha{}^Q(q)\,;\, f_i(q)=q_i,\ \ i=1, \cdots, n\} \tag{1.10}$$

であると考えることができる．ここに右辺は $f_1(q)=q_1, \cdots, f_n(q)=q_n$ をみたすすべての q について $w_\alpha{}^Q(q)$ を加えた値を表わす．

物理量の(必ずしも有限個でない)集合 $\mathcal{C}$ について，$\mathcal{C}$ の任意の有限個の物理量が同時測定可能ならば，$\mathcal{C}$ を**同時可測系**とよび，さらに次の2条件をみたしていれば**同時可測充足系**であるとよぼう．

1. $\mathcal{C}$ の任意の有限個の物理量は，$\mathcal{C}$ に属する物理量 Q の関数として(1.9)式のように表わされる．

2. $\mathcal{C}$ の任意の物理量の任意の関数は $\mathcal{C}$ に属する．

このとき $\mathcal{C}$ の任意の有限個の物理量について(1.10)式で与えられる結合確率を考えることができるが，それが Q に依存すると面倒になる．そこで次の条件をみたす場合を**両立系**ということにする．

3. $\mathcal{C}$ の物理量 $Q_1, \cdots, Q_n$ が $\mathcal{C}$ のある物理量 Q の関数でもあり，$\mathcal{C}$ の別の物理量 Q' の関数でもあれば，

$$w_\alpha{}^Q\begin{pmatrix} Q_1, \cdots, Q_n \\ q_1, \cdots, q_n \end{pmatrix} = w_\alpha{}^{Q'}\begin{pmatrix} Q_1, \cdots, Q_n \\ q_1, \cdots, q_n \end{pmatrix} \tag{1.11}$$

が任意の状態 α について成立する．

このとき(1.10)式で定義される結合確率は $\mathcal{C}$ に属する Q にはよらない．

通常は上に述べた例の場合のように，$Q_1, \cdots, Q_n$ の測定を同時進行させることで特定の Q を決めて，それにより結合確率を定義するので，比較的 Q のとり方が決まってしまう．それでもそれぞれの Q_i を測定する方法がいくつもあれば，そのうちどれをとるかによって結合確率が変わる可能性を論理的に排除するわけにはいかない．

本書で取り扱う物理系では，古典系でも量子系でも，(1.10)の結合確率は Q に依存しない．以下そのような場合について解析を進める．

同時可測充足両立系 $\mathcal{C}$ では，次のように関数計算を自由に行なうことができる．まず $\mathcal{C}$ の物理量 $Q_1, \cdots, Q_n, Q$ について(1.9)式の関数関係があるとき，n 変数の実関数 $f(q_1, \cdots, q_n)$ に対して

$$f(Q_1, \cdots, Q_n) = F(Q) \tag{1.12}$$

$$F(q) \equiv f(f_1(q), \cdots, f_n(q)) \tag{1.13}$$

により物理量 $Q_1, \cdots, Q_n$ の関数 $f(Q_1, \cdots, Q_n)$ を $\mathcal{C}$ の元として定義できて，通常の関係式が次のように成立する．

$$g(f_1(Q_1, \cdots, Q_n), \cdots, f_k(Q_1, \cdots, Q_n)) = h(Q_1, \cdots, Q_n) \tag{1.14}$$

$$h(q_1, \cdots, q_n) \equiv g(y_1, \cdots, y_k)$$
$$y_j \equiv f_j(q_1, \cdots, q_n), \quad j=1, \cdots, k \tag{1.15}$$

とくに和・積など代数演算が自由にでき，積は可換である．

いま Borel 可測な単関数(有限個の値しかとらない関数)全体を $\mathscr{F}$ とする．ひとつの物理量 Q の単関数全体

$$\mathscr{C} = \{f(Q); f \in \mathscr{F}\} \tag{1.16}$$

は同時可測充足両立系になる．逆に $\mathscr{F}$ の各関数 f に対して物理量 Q_f が与えられて，

(a) $\mathscr{C}=\{Q_f; f\in\mathscr{F}\}$ は同時可測充足両立系をなす．

(b) 各状態 α に対し実数上の測度 μ_α が定まり，Borel 集合 B の定義関数 χ_B に対し，$Q'=Q_{\chi_B}$ は

$$w_\alpha{}^{Q'}(1) = \mu_\alpha(B) \tag{1.17}$$

をみたす．

の 2 条件が成立するならば，拡張された物理量(必ずしも値が有限個ではない物理量)Q が背後にあって，

$$Q_f = f(Q)$$

であり，特に $\mu_\alpha(B)$ は Q を状態 α で測定したとき測定値が B に属する確率を表わすものと解釈できる．このようにして無限個の値をとる物理量や，連続値をとる物理量を考えることができることになる．

1-4 物理量の期待値

物理量 Q の状態 α における期待値を $\alpha(Q)$ と書いて

$$\alpha(Q) = \sum_q q w_\alpha{}^Q(q) \tag{1.18}$$

と定義する．逆に確率 $w_\alpha{}^Q(q)$ は

$$w_\alpha{}^Q(q) = \alpha(\chi_B(Q)) \tag{1.19}$$

のように Q の関数と期待値を用いて表わせる．ここに B は，q を含み，q 以

外の Q の測定値(有限個しかないと仮定している)を含まない Borel 集合なら何でもよい．たとえば1点 q だけの集合 $B=\{q\}$ でよい．物理量 Q とともにいつでも Q の関数を考えるという立場をとれば，物理量 Q をいろいろ動かした期待値 $\alpha(Q)$ は，確率 $w_\alpha{}^Q(q)$ 全体と同等の情報をもっていることになる．とくにすべての Q で

$$\alpha_1(Q) = \alpha_2(Q) \tag{1.20}$$

が成立すれば $\alpha_1=\alpha_2$ である．そこで $\alpha(Q)$ を α の座標(Q 座標とでもいえば，x 座標などの用語と同じである)と考えて話を進めることができる．もちろん $w_\alpha{}^Q(q)$ を α の座標((Q,q)座標)と考えることもできるが，第2章以降の話では $\alpha(Q)$ のほうが利用しやすいことがわかる．

なお，自明な物理量については，当然

$$\alpha(c\mathbf{1}) = c$$

がすべての α について成立する．また物理量の関数のうち，線形関数 $f(q)=cq+d$ についてだけは

$$\alpha(f(Q)) = c\alpha(Q)+d \qquad (f(Q)=cQ+d)$$

が成立する．さらに $Q_1,\cdots,Q_n$ が同時可測ならば，やはり線形関数について

$$\alpha(c_1Q_1+\cdots+c_nQ_n) = c_1\alpha(Q_1)+\cdots+c_n\alpha(Q_n) \tag{1.21}$$

が成立する．これらの関係式は，期待値の定義(1.18)と物理量の関数の定義(1.7)および(1.12)から簡単な計算で検証することができる．特に(1.21)の証明には両立性は必要ではない．

1-5 混合状態と純粋状態

まず例をあげて状態の混合の概念を説明しよう．いま，ある加速器からとり出した粒子のビーム(その状態を α と書こう)があり，その性質について種々の測定をしたとしよう．その結果，すでに知られているある陽子ビーム α_1 および正 π 中間子ビーム α_2 についての測定結果との間に

$$w_\alpha{}^Q(q) = \lambda w_{\alpha_1}{}^Q(q)+(1-\lambda)w_{\alpha_2}{}^Q(q) \tag{1.22}$$

という関係が測定されたすべての Q, q について成立したとしよう．ただし λ は0と1の間の実数で，Q, q によらないものとする．このとき，問題のビームは，状態 α_1 の陽子と状態 α_2 の正 π 中間子が，λ と $(1-\lambda)$ の割合で混じったものであると判断する．

一般に，(1.22)式がすべての Q, q について成立するとき，状態 α は状態 α_1 と α_2 の**混合状態**であるといい，

$$\alpha = \lambda\alpha_1 + (1-\lambda)\alpha_2 \tag{1.23}$$

と書く．もっと一般に状態 $\alpha, \alpha_1, \cdots, \alpha_n$ に対し，

$$w_\alpha{}^Q(q) = \sum_{k=1}^{n} \lambda_k w_{\alpha_k}{}^Q(q) \qquad \left(\lambda_k \geqq 0, \sum_{k=1} \lambda_k = 1\right) \tag{1.24}$$

がすべての物理量 Q とその測定値 q について成立すれば，α は $\alpha_1, \cdots, \alpha_n$ の混合状態であるといい，

$$\alpha = \lambda_1\alpha_1 + \cdots + \lambda_n\alpha_n \tag{1.25}$$

と書く．一般の混合状態(1.25)は，2個の場合の混合状態(1.23)を繰り返し作ることで得られる．たとえば

$$\begin{gathered} \lambda_1\alpha_1 + \lambda_2\alpha_2 + \lambda_3\alpha_3 = \lambda_1\alpha_1 + (1-\lambda_1)\beta \\ \beta \equiv \lambda_2{}'\alpha_2 + (1-\lambda_2{}')\alpha_3, \qquad \lambda_2{}' \equiv (1-\lambda_1)^{-1}\lambda_2 \end{gathered} \tag{1.26}$$

ここで $(1-\lambda_1)(1-\lambda_2{}') = \lambda_3$ は条件 $\lambda_1 + \lambda_2 + \lambda_3 = 1$ からでてくる．

状態 α_1, α_2 はそれぞれの準備方法を指定することにより具体的に与えられる．そこでまず，さいころを振るなど適当な方法で1と2を確率 λ および $(1-\lambda)$ で選び，しかるのちその選択に従って α_1 または α_2 の準備を行なう，という指示により状態を準備することにすれば，それはまさに(1.23)の混合状態になるであろう．この意味で状態全体の集合 Σ は，混合操作(1.23)について閉じている，すなわち任意の Σ の2元 α_1, α_2 および任意の実数 $0 \leqq \lambda \leqq 1$ に対して，(1.23)をみたす状態 α が Σ に含まれていることを仮定することにしよう．

当然 $\alpha_1, \cdots, \alpha_n$ が Σ に属すれば，(1.25)の α も Σ に属することが，上述のように証明される．

次に(1.23)や(1.25)を状態 α の分解とみなす立場に立って考えよう．混ざ

っているものをより純粋な要素に分解して考えようということである．究極には，それ以上分解できないものに到達することを期待して，分解不能なものに純粋状態という名前をつけることにする．もちろん，どんな状態αについても

（1）$\lambda=1$　　（必然的に$\alpha_1=\alpha$）

（2）$\lambda=0$　　（必然的に$\alpha_2=\alpha$）

（3）$\alpha_1=\alpha_2$　　（λは任意，必然的に$\alpha=\alpha_1=\alpha_2$）

のいずれの場合にも(1.23)が成立する．これを**自明な混合**と名づける．状態αが，自明な混合以外には(1.23)により混合状態に書けないとき，αを**純粋状態**であるという．別の言い方をすれば，αがαと異なる状態α_1,α_2の混合にはならないとき，αを純粋状態であるという．

次に混合という概念の幾何学的解釈を説明しよう．

線形空間Lの2点x,yを結ぶ線分の上の点zは

$$z = \lambda x+(1-\lambda)y \qquad (0\leqq\lambda\leqq1) \tag{1.27}$$

と書くことができる．線分xyの長さをlとすると，xzの長さが$(1-\lambda)l$，zyの長さがλlであり，その比が$(1-\lambda):\lambda$である(図1-1)．Lの点xが座標(x_i)で表示されているときには

$$z_j = \lambda x_j+(1-\lambda)y_j \tag{1.28}$$

と書ける．$w_\alpha{}^Q(q)$をαの座標とみなし，Q,qの組を座標軸を区別する添字jとみなせば，(1.22)式は(1.28)式でz,x,yをα,α_1,α_2でおきかえたものにちょうど一致する．Lの部分集合Sについて，Sの任意の2点を結ぶ線分がまたSに含まれるとき，Sを**凸集合**という．状態全体の集合Σについて，Σに属する状態の混合状態をΣに含めるという仮定をしたので，Σを凸集合と考えることができる．

線形集合Eの点$x^1,\cdots,x^n$と，正で和が1である実数

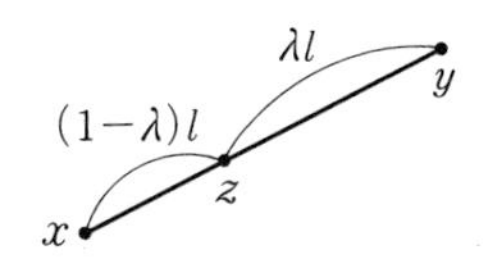

図1-1　2点を結ぶ線分．

$$\lambda_1 \geqq 0, \cdots, \lambda_n \geqq 0, \qquad \lambda_1 + \cdots + \lambda_n = 1$$

について，線形結合

$$x = \lambda_1 x^1 + \cdots + \lambda_n x^n \tag{1.29}$$

を凸結合とよぶ．(1.25)のαは$\alpha_1, \cdots, \alpha_n$の凸結合である．$n=2$の場合には(1.27)式になる．混合状態について注意したように，凸結合(1.29)は2点の凸結合(1.27)を作る操作を繰り返すことによって得られる．したがって凸集合Sの点$x^1, \cdots, x^n$の凸結合はSに属する．与えられた点$x^1, \cdots, x^n$について，正で和が1である実数$\lambda_1, \cdots, \lambda_n$を動かして得られる凸結合(1.29)の全体は，点$x^1, \cdots, x^n$の全部または一部を頂点とする多面体になる．($x^k$が他の相異なる$x^j$の凸結合ならば頂点にはならない.)

成分で(1.29)を表示すると

$$x_j = \lambda_1 (x^1)_j + \cdots + \lambda_n (x^n)_j \tag{1.30}$$

となり，(1.24)はまさにこの形をしている．

凸集合Sの点xについて，Sに含まれる線分yzがxを含めば，必ず$y=x$または$z=x$であるとき，xをSの**端点**という．状態全体の集合Σの端点はまさに純粋状態である．

凸集合とその端点のいくつかの例を図1-2に集めた．どの場合でも端点は図形の境界にあるので，境界を除いた開集合を考えると，端点は存在しない．また(d)のように平面上無限に伸びた角は端点が頂点1点だけであり，(e)のような半平面では端点がない．(角が180°を越えると凸集合ではなくなる.) 他方(c)の円では，円周上のすべての点が端点であるが，(a)や(b)の多角形の場合は頂点が端点である．

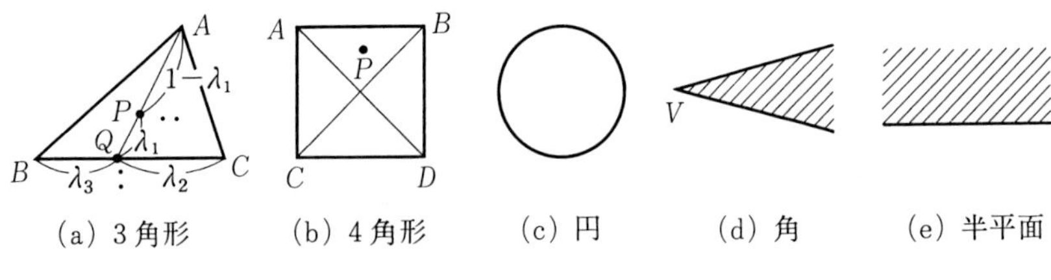

図 1-2 凸集合と端点.

十分たくさん端点が存在することを保証する次の定理がある．

> **Kreĭn-Mil'man の端点定理**　局所凸空間のコンパクト凸集合は，その端点の閉凸包と一致する．

ここで，端点の凸包とは端点の凸結合全体であり，閉凸包は凸包にその極限点を加えたもの(閉包)である．

図 1-2 の例では，境界を全部含んだ閉集合であり，そのうえ有界であることがコンパクトであるための必要十分条件であり，(a),(b),(c)が該当する．

(a)の 3 角形 ABC では，3 角形上の任意の点 P は頂点 A, B, C の凸結合として一意的に表わすことができる．AP の延長と BC の交点を Q とすると，$QP:PA=\lambda_1:(1-\lambda_1)$ によってまず λ_1 が定まり，$BQ:QC=\lambda_3:\lambda_2$ と $\lambda_2+\lambda_3=1-\lambda_1$ により λ_2 と λ_3 が定まる．

これに反し(b)の 4 角形 $ABCD$ では，たとえば点 P は 3 角形 ABC にも 3 角形 ABD にも含まれるので，3 点 A, B, C の凸結合としても，3 点 A, B, D の凸結合としても書くことができて，端点の凸結合としての表示が一意的でない．(c)の円の場合も同様である．

端点による凸結合表示が一意的な場合を**単体**という．

無限次元の場合は単なる凸結合だけではすまなくて，極限をとる必要が生ずる．比較的よい場合には端点集合の上の測度を使って積分表示をすることができる．

状態の凸結合(1.25)の期待値は次式で与えられる．

$$\alpha(Q)=\lambda_1\alpha_1(Q)+\cdots+\lambda_n\alpha_n(Q) \tag{1.31}$$

物理量の関数がまた物理量であるという立場をとれば，(1.31)式から逆に(1.25)式が得られるので，(1.31)式を混合状態の定義とすることもできる．このときは，状態 α の座標として $\alpha(Q)$ を考え，Q が添字 j の役割を果たす．

ここで純粋状態が十分たくさんある場合について，古典物理学の記述との関係を少し注意しておこう．

ある物理量 Q について，任意の純粋状態 α で，Q が必ず確定的な値をとる，

すなわち

$$w_\alpha{}^Q(q) = \begin{cases} 0 & (q \neq q_\alpha) \\ 1 & (q = q_\alpha) \end{cases} \qquad (q_\alpha = \alpha(Q)) \tag{1.32}$$

が成立するとき，Q を**古典的物理量**という．古典的物理量に関するかぎり，測定値が確定しない責任は状態にあるのであって，純粋状態で測定を行なうと確定値をとり，混合状態では純粋状態の混合の割合に応じて，測定値が各純粋状態に対応する確定測定値をとることになる．

とくにすべての物理量が古典的物理量ならば，**古典物理学の確率的**(統計的)**記述**になる．すなわち純粋状態では各物理量が確定値をとり，その凸結合は純粋状態の確率的な混合として，物理量の測定値の分布を与える．たとえば古典統計力学の状態はそのような混合状態の極限として理解できて，よい条件のもとでは，純粋状態の上の確率測度により記述することができる．そのような状況では，純粋状態全体は**相空間**とよばれ，物理量は相空間上の関数で記述され，一般の状態は相空間上の確率測度で記述される．期待値は

$$\alpha(Q) = \int Q(\omega) d\alpha(\omega) \tag{1.33}$$

のように，物理量 Q を表わす関数 $Q(\omega)$ と状態 α を表わす確率測度 $d\alpha(\omega)$ を使って，相空間 $\Omega = \{\omega\}$ 上の積分として表わすことができる．特に純粋状態 ω_0 については $d\omega_0(\omega)$ が点 ω_0 に台をもつ点測度になる．

1-6 状態の物理的位相

物理学の測定には誤差がつきものである．たとえば，確率的記述について，物理量 Q の測定値 q を求めるときにも，有限回 N の試行のうち，q が n_q 回得られれば，n_q/N により確率 $w_\alpha{}^Q(q)$ の測定値とするが，N はいつでも有限である．このような統計的誤差以外にも，測定誤差はいろいろ考えられる．測定する物理量も有限個しか測定できないことをあわせ考えると，測定によりある状態 α について得られる情報は，単純化して考えると

$$|w_\alpha{}^{Q_j}(q_j)-w_j| < \varepsilon_j \qquad (j=1,\cdots,N) \tag{1.34}$$

の形に表わせるであろう．ここに w_j は測定された確率の値で，ε_j は誤差を表わし，Q_j, q_j の組は有限個($N<\infty$)である．

そこで(1.34)をみたす α の集合について，$N<\infty$，$Q_j, q_j, w_j, \varepsilon_j>0$ をいろいろ変えたものを全部集めて近傍系に採用し，状態の集合 Σ に位相を導入することにする．この位相を Σ の**物理的位相**という．

線形空間 L の点 x は，ある集合 J に属する添字 $j\in J$ で区別される実数座標 x_j の組 $\{x_j\}_{j\in J}$ で記述され，すべての組 $\{x_j\}$ が許されるものとする．1 点 $x\in L$ の近傍系として，自然数 n，n 個の添字 $j_1,\cdots,j_n$ および n 個の正数 $\varepsilon_1,\cdots,\varepsilon_n$ で定まる L の部分集合

$$\{y\in L;\ |y_{j_k}-x_{j_k}|<\varepsilon_k \quad (k=1,\cdots,n)\} \tag{1.35}$$

の全体を採用したとき，線形位相空間 L は実数 $\boldsymbol{R}$ の**位相直積**とよばれ，その位相は**直積位相**とよばれる．

とくに L の部分集合

$$L_{(1)} = \{x\in L; 0\leqq x_j\leqq 1 \quad (\text{すべての } j\in J)\}$$

は区間 $[0,1]$ の位相直積であり，直積位相に関してコンパクトであることが知られている(**Tikhonov の積定理**)．

J として物理量 Q とその測定値 q の組の全体をとれば，状態全体の集合 Σ は，$L_{(1)}$ の部分集合と考えることができる．すでに述べたように，状態 α の座標として $w_\alpha{}^Q(q)$ を使えばよい．そのとき上に定義した物理的位相は，L の直積位相を Σ に制限したものに一致する．

さて Σ の L における閉包 $\bar{\Sigma}$ を考えよう．$\bar{\Sigma}$ は Σ の物理的位相に関する完備化と見ることもできる．$\bar{\Sigma}$ の点 α は Σ の有向点族 α_ν の極限である．任意の物理量 Q とその測定値 $q_1,\cdots,q_n$(有限個)について，

$$w_\beta{}^Q(q_j)\geqq 0 \quad (j=1,\cdots,n), \qquad \sum_{j=1}^n w_\beta{}^Q(q_j) = 1 \tag{1.36}$$

$$w_\beta{}^Q(q) = 0 \quad (q\neq q_1,\cdots,q_n) \tag{1.37}$$

が各 $\beta=\alpha_\nu\in\Sigma$ について成立するので，直積位相についての極限 α に対しても，

$\beta=\alpha$ で(1.36), (1.37)が成立する((1.3), (1.4)参照). また関数 $f(Q)$ についても

$$w_{\beta}{}^{f(Q)}(q') = \sum_{j\,:\,f(q_j)=q'} w_{\beta}{}^{Q}(q_j) \tag{1.38}$$

が各 $\beta=\alpha_\nu \in \Sigma$ について成立し, 右辺が有限個の座標の和なので, 直積位相についての極限 α に対しても成立する. したがって $\bar{\Sigma}$ の点は状態について導入した諸関係をみたしている.

Σ は L の凸集合であるので, その閉包 $\bar{\Sigma}$ も凸集合である. さらに $\bar{\Sigma}$ はコンパクト集合 $L_{(1)}$ の閉部分集合であるから, それ自身コンパクトである. したがって前節で引用した Kreĭn-Mil'man の定理の条件がみたされており, $\bar{\Sigma}$ の端点が十分たくさんあって, その混合状態全体は $\bar{\Sigma}$ で稠密である.

状態という概念は, 物理系についての測定結果の記述のために導入したものであった. $\bar{\Sigma}$ の元は上述のような便利さのため追加導入したものであり, たとえば $\bar{\Sigma}$ の端点は理想化された記述での純粋状態と考えることができる. 実際 Σ の端点としての純粋状態があったとしても, たとえば 1-1 節で 4 としてあげた環境からの騒乱などによって近似的にしか純粋状態を準備することができないであろうことを考えると, 純粋状態を理想化された記述対象として導入するのも不自然ではあるまい. 次節の議論はこの点をさらに正当化すると考えられる.

期待値による記述では, 自然数 n, 物理量 $Q_1, \cdots, Q_n$, 正数 $\varepsilon_1, \cdots, \varepsilon_n$ をいろいろ変えたとき, 集合

$$\{\beta\in\Sigma,\ |\beta(Q_j)-\alpha(Q_j)|<\varepsilon_j \quad (j=1,\cdots,n)\} \tag{1.39}$$

の全体を α の近傍系として採用し, 状態全体の集合 Σ の物理的位相を定める. 各物理量の測定値は有限個で, 物理量の任意関数を物理量と考えるという立場では, このようにして導入される位相は, $w_{\alpha}{}^{Q}(q)$ を使って上に導入した位相と同等である.

1-7 等価な理論

物理の理論は，まず物理系について，測定によって得られた情報を記述することから始まる．記述された種々の測定結果の相互関係についての法則性の理解が目標であるが，基本的には記述がその基礎になる．

前節までに述べた一般論では，物理系についての測定によって得られる情報は，$L_{(1)}$ の部分集合である Σ の点で記述することになる．Σ として異なる集合をとれば，それは違った理論(の始まり)を与える．

測定によって得られる情報を記述できる範囲では，違う集合 Σ は同等の資格をもつであろう．ある状態 α についての測定は(1.34)のような情報を与える．これは α が物理的位相のある近傍にあることをいっている．

$L_{(1)}$ のふたつの部分集合 Σ_1 と Σ_2 について，Σ_1 の任意の点の任意の近傍に必ず Σ_2 の点があるものとしよう．このときある状態 α についての測定結果を表わす(すなわち(1.34)式をみたす)点 P_α^1 が Σ_1 に見つかるならば，P_α^1 の十分小さい近傍の中の点はすべて(1.34)をみたすので，測定結果を表わす点 P_α^2 が Σ_2 の中に必ず見つかることになる．したがって Σ_1 の点で記述できる状態は必ず Σ_2 の点で記述できることになる．逆にこのことがどんな状況下でも成立することを要求すれば，Σ_1 の任意の点の任意の近傍には必ず Σ_2 の点がなければ困ることになる．(これは(1.34)の形からすぐに結論される．(1.34)式は標語的には測定結果は(物理的位相の意味での)近傍であるといいかえてもよい.)このような条件が成立するとき，Σ_2 は Σ_1 を**物理的に包含する**という．その必要十分条件は

$$\bar{\Sigma}_1 \subset \bar{\Sigma}_2 \tag{1.40}$$

である．

特に Σ_2 が Σ_1 を物理的に包含し，Σ_1 が Σ_2 を物理的に包含するとき，Σ_1 と Σ_2 は**物理的に等価**であるという．Σ_1 で記述可能な測定結果と Σ_2 で記述可能な測定結果は一致するのである．そのための必要十分条件は

$$\bar{\Sigma}_1 = \bar{\Sigma}_2 \tag{1.41}$$

すなわち，L における閉包が一致することである．

物理的に等価な集合については，どちらを使っても実験によって区別をすることは不可能である．したがってそのどちらを使うかは，理論的な便利さによって選択することができる．

この立場から見ると，Σ とその閉包 $\bar{\Sigma}$ は等価であるから，Σ の代わりに理想的状態を追加して得られる $\bar{\Sigma}$ を使用してもよいことになる．実際には Σ と $\bar{\Sigma}$ の間の適当な集合を利用することもある．

測定結果の記述に際して Σ あるいは $\bar{\Sigma}$ のどの点をその記述に使うかには任意性がある．これも理論に便利なように選ぶことができる．物理的な例をあげよう．無限に広がった空間内の気体の平衡状態を対象に考えてみよう．Σ として有限個(個数はいくらでも大きくとれるとして)の粒子だけを記述するものをとろう．実際われわれが測定の対象にするのは厳密には有限個の粒子系であろう．(境界壁の影響も無視するのが普通である.) しかし有限個の物理量の測定を有限時間内に 0 でない誤差を伴って行なった測定結果については，全空間に一様に広がった気体の平衡状態と区別がつかない状態を，有限の十分大きな空間に一様に広がった気体について考えることが可能であろう．境界付近の気体はすぐに外へ拡散を始めるが，境界が十分遠いならば，その影響が測定を行なっている領域で誤差の範囲を超えるまでには長い時間が経過していて，測定は終了しているようにできるのである．

同様の例を素粒子論から考えてみよう．物理的過程では電荷の総和は不変であるという電荷の保存則が成立するものとしよう．真空中にいくつかの素粒子が分布している状態から出発すると，電荷の総和が変わらないので，電荷の総和が一定の状態だけを考えることが可能である．(これは無限個の粒子が関与したとしても，電荷を変えない物理量だけを考えることで自動的に可能である.) このときそのような状態に電荷 1 の粒子を 1 つ加えた状態を記述することは可能であろうか．これは物理的位相による近似により次のようにして可能である．有限個の物理量を有界な時空領域で測定するものとして，その測定結果について近似的記述をすることを考える．電荷 1 の粒子を望まれる時空領域に加え，そのほかに電荷 −1 の粒子をはるか遠く，たとえばお月さんの向こうにひとつ加えると電荷の総和は変わらないので，その状態は始めに許された状態の中にみつかる．しかし遠くの粒子の影響は誤差の範囲に入るので，記述したい測定結果を近似的に記述することが電荷の総和を変えないで可能になる．月のかなたで近すぎれば，銀河系のかなたでもよい．この議論は Haag が好んで用いたもので，**月のかなたの議論**とよばれる．

1-8 対称性

1-1 節における確率的記述には，同じ測定を何回も繰り返して測定結果の確率分布を定める必要がある．ところが時空座標まで含めて考えると，同じ測定を繰り返すわけにはいかない．時空座標をずらして，たとえばある時間が経過し，空間座標も(たとえば地球の自転のために)違った場所で，誤差の範囲で前の測定と同等と考えられる測定を繰り返すことになる．この場合同等というのは，次に述べる対称性の意味で同等と考えるのである．

いま物理系の状態および物理量について，ある変換の指定があったとしよう．具体的には測定対象の準備方法および測定器具の準備方法についての指示の変更であって，たとえばすべての時刻を一様に 1 日あとへずらすなどというものである．この変換をまず測定対象および測定器具の段階(1-2 節の同値類を考える前の段階)で

$$\alpha \in \Sigma \to s\alpha \in \Sigma, \qquad Q \in \mathcal{A} \to sQ \in \mathcal{A} \tag{1.42}$$

のように s という文字で表わすことにする．s に対する仮定は次の 2 つである．

1. s は Σ および $\mathcal{A}$ の全単射(上への 1 対 1 対応)である．
2. すべての測定対象 α，測定器具 Q，測定結果 q について次式が成立する．

$$w_\alpha{}^Q(q) = w_{s\alpha}{}^{sQ}(q) \tag{1.43}$$

条件 2 の(1.43)式により，変換 s は 1-2 節で導入した同値類の間の写像とみなすことができて，状態全体 Σ および物理量全体 $\mathcal{A}$ の上の全単射を与え，状

態αと物理量Qに対しても(1.43)式をみたす，すなわち確率を保存することになる．その結果，任意の関数fに対し

$$w_\beta{}^{sf(Q)}(q') = w_\beta{}^{f(sQ)}(q') \tag{1.44}$$

がすべての状態β($\alpha=s^{-1}\beta$に対し$\beta=s\alpha$)と測定値q'について成立し，したがって

$$sf(Q) = f(sQ) \tag{1.45}$$

も成立する．また期待値についても

$$s\alpha(sQ) = \alpha(Q) \tag{1.46}$$

が成立し，逆に(1.45)と(1.46)がすべての状態α，物理量Q，関数fについて成立すれば，(1.43)が成立する．

このような変換sを，**能動的な意味における対称性**とよぶ．たとえば時刻を一様にずらす変換は，多くの場合そのような対称性であると考えられ，それを利用して1-2節で必要な同等な測定の繰返しを実行する．その場合，試行回数を増やしたとき確率分布が一定値に収束することは，仮定した対称性のひとつの検証になるであろう．(逆に見て，確率分布が一定値に近づかないときは，同等性が何らかの原因で破れていると疑うことになる．)

物理学の理論ではこのほかに**受動的な意味における対称性**を考えることがある．たとえば時刻の記述の原点をずらせばまったく同一の測定対象に対して違った数値をその時刻として与えることになる．このような理論の記述方法の変化に対する理論形式の不変性が，受動的な意味における対称性である．時刻についての例では，能動的な意味における不変性と密接に関係している．しかしゲージ不変性などとよばれるものは，測定にかからない範囲での記述の変化であって，対応する能動的な意味における対称性が存在しない．

2
量子論

この章では，第1章の一般的な枠組みの中で量子論がどのように記述されるかを解説する．量子論が実験事実あるいは検証可能な公理系からどのように帰結できるか，できないか，という諸種の理論にはふれないで，いきなり量子論の仮定を導入する．主要な内容は，作用素環の理論に基づいた量子論の代数的見方，一般的な枠組みでの状態の記述と Hilbert 空間のベクトルによる状態の記述の基本的関係を供給する GNS 構成法，量子力学の対称性の数学的記述について基本的な Wigner の定理とその一般化などである．Hilbert 空間や作用素環についての基本的な定義や定理は付録にまとめて紹介してある．

2-1　量子力学的記述

通常の量子力学の記述は，Hilbert 空間 $\mathscr{H}$ とその上の線形作用素を用いる．(Hilbert 空間と線形作用素については，付録 A を参照.) 物理量 Q は自己共役な線形作用素 $Q_{\rm op}$ で表わす．物理量の関数 $f(Q)$ には

$$f(Q)_{\rm op} = f(Q_{\rm op}) \tag{2.1}$$

を対応させる．ここに右辺は自己共役線形作用素 $Q_{\rm op}$ の関数(→付録 A-7)で

ある．状態αとしては，$\mathscr{H}$の単位ベクトルΨ_α（単位とは$\|\Psi_\alpha\|=1$の条件をさす）による期待値により

$$\alpha(Q)=(\Psi_\alpha, Q_{\mathrm{op}}\Psi_\alpha) \tag{2.2}$$

と表わされるものを考える．このような状態をベクトル状態とよぶことがある．

物理量Qを測定して，その測定値がある Borel 集合Bの値をとる確率は

$$w_\alpha{}^Q(B)=(\Psi_\alpha, E_Q(B)\Psi_\alpha) \tag{2.3}$$

で与えられる．ここで$E_Q(B)$はQ_{op}のスペクトル射影作用素(→付録 A-7)であり，Bの定義関数χ_Bを使うと

$$E_Q(B)=\chi_B(Q_{\mathrm{op}}) \tag{2.4}$$

である．（定義関数の定義は，$\lambda\in B$ならば$\chi_B(\lambda)=1$，$\lambda\notin B$ならば$\chi_B(\lambda)=0$である.）条件$\|\Psi_\alpha\|=1$により$w_\alpha{}^Q(\boldsymbol{R})=(\Psi_\alpha,\Psi_\alpha)=\|\Psi_\alpha\|^2=1$となり，$w_\alpha{}^Q$は確率測度である．

特に第1章で考察の対象にした有限個の測定値をもつ物理量に対応する作用素は

$$Q_{\mathrm{op}}=\sum_q qE_Q(q) \qquad (\text{有限和}) \tag{2.5}$$

の形のものである．ここに$E_Q(q)$はQ_{op}の固有値qの固有空間への射影作用素である．抽象的には

$$E(q)^2=E(q)=E(q)^*, \qquad \sum_q E(q)=1 \tag{2.6}$$

をみたす有限個の線形作用素$E(q)$の族として特徴づけることもできる．

一般の状態φはどのような性質で特徴づけられるかを次に考えてみよう．まず(2.6)で特徴づけられる作用素の族について$\varphi(E(q))$は確率$w_\alpha{}^Q(q)$の意味をもつため，次の性質が要請されるであろう．

$$0\leqq\varphi(E(q)), \qquad \sum_q \varphi(E(q))=1 \tag{2.7}$$

また(2.4)を(2.5)に適用すると$E_Q(B)$はBに属するqについての$E_Q(q)$の和に等しく，確率解釈を適用すると

$$\varphi\left(\sum_q E(q)\right) = \sum_q \varphi(E(q)) \qquad (\text{有限和}) \tag{2.8}$$

が要請される．（$\varphi(E_Q(B))$ は(2.4)の解釈により Q の測定値が B に属する確率を表わすので，$\sum w_\alpha{}^Q(q)$（$q \in B$ についての和)に等しいことが要請されるからである.）なお，(2.6)式から $q \neq q'$ ならば $E(q)$ と $E(q')$ の直交性

$$E(q)E(q') = E(q')E(q) = 0 \tag{2.9}$$

が成立し，加法性(2.8)はこの直交性をみたす射影作用素について要請されるものであることを注意しておく．

射影作用素($E^2 = E = E^*$ により特徴づけられ，固有値は1と0，対応する固有空間は $E\mathcal{H}$ と $(1-E)\mathcal{H}$ である）に対応する物理量は，測定値が1か0の二者択一であり，これを Yes, No と解釈して**質問**とよぶ．通常の量子力学では質問全体がちょうど Hilbert 空間 $\mathcal{H}$ 上の射影作用素全体 $\mathcal{P}(\mathcal{H})$ に対応すると考える．このとき上記(2.7),(2.8)にまとめられた状態に対する要請は，次に定義する $\mathcal{P}(\mathcal{H})$ 上の有限加法的測度として把握できる．

定義 2.1 $\mathcal{P}(\mathcal{H})$ 上 $[0,1]$ に値をとる関数 φ が次の条件をみたすとき，φ を $\mathcal{P}(\mathcal{H})$ 上の**有限加法的測度**という．

（有限加法性）$\mathcal{P}(\mathcal{H})$ の有限個の射影作用素 $E_1, \cdots, E_n$ が互いに直交（$i \neq j$ ならば $E_iE_j = 0$）するとき

$$\varphi(E_1 + \cdots + E_n) = \varphi(E_1) + \cdots + \varphi(E_n) \tag{2.10}$$

上記の特徴づけは，質問の期待値に対するものであるが，一般の物理量の期待値に対する特徴づけは次のようになる．$\mathcal{H}$ 上の有界線形作用素全体を $\mathcal{B}(\mathcal{H})$ と書く．

定義 2.2 $\mathcal{B}(\mathcal{H})$ 上の複素数値関数 φ が次の条件をみたすとき，φ を $\mathcal{B}(\mathcal{H})$ 上の**状態**という．

(1) 線形性: $A_1, A_2 \in \mathcal{B}(\mathcal{H})$，$c_1, c_2 \in \boldsymbol{C}$ ならば

$$\varphi(c_1A_1 + c_2A_2) = c_1\varphi(A_1) + c_2\varphi(A_2)$$

（2） 正値性: $A \in \mathcal{B}(\mathcal{H})$ ならば

$$\varphi(A^*A) \geqq 0$$

（3） 規格化条件: $\varphi(\mathbf{1}) = 1$

ここに $\mathbf{1}$ は恒等作用素（任意の $\Psi \in \mathcal{H}$ に対し $\mathbf{1}\Psi = \Psi$）を表わす．また $\boldsymbol{C}$ は複素数全体を表わす．正値性の条件で，A^*A は

$$(\Psi, A^*A\Psi) = \|A\Psi\|^2 \geqq 0$$

により正作用素であり，逆に任意の正作用素 B は，そのスペクトルが $[0, \infty)$ に含まれるので正の平方根

$$B^{1/2} = f(B), \quad f(\lambda) = \sqrt{\lambda} \quad (\lambda \geqq 0)$$

が定義できて，$B = A^*A$，$A = B^{1/2}$ と書ける．すなわち正値性は正作用素の期待値が正であるという条件である．

定義 2.1 と定義 2.2 は次に説明する意味で等価な定義であり，それゆえ定義 2.2 は量子力学的状態に対する必要条件を与えている．

まず定義 2.2 の意味の状態 φ が与えられていたとしよう．射影作用素 E は $E = E^*E$ をみたすので，φ の正値性により $\varphi(E) \geqq 0$ である．また $\mathbf{1} - E$ も射影作用素なので

$$0 \leqq \varphi(\mathbf{1} - E) = \varphi(\mathbf{1}) - \varphi(E) = 1 - \varphi(E)$$

ここで線形性と規格化条件を使った．以上により，$\varphi(E)$ の値は区間 $[0, 1]$ に入る．また線形性を繰り返し使えば(2.10)式も成立することがわかる．したがって，定義 2.2 の意味の $\mathcal{B}(\mathcal{H})$ 上の状態を $\mathcal{P}(\mathcal{H})$ に制限すると定義 2.1 の意味の $\mathcal{P}(\mathcal{H})$ 上の状態になる．

次に定義 2.1 の意味の $\mathcal{P}(\mathcal{H})$ 上の状態 φ が与えられたとしよう．このとき $\mathcal{B}(\mathcal{H})$ 上の状態 $\bar{\varphi}$ で，$\bar{\varphi}$ を $\mathcal{P}(\mathcal{H})$ に制限したものが φ に一致するような $\bar{\varphi}$ が存在するか，存在するとすればそれは一意的か，が問題になる．$\mathcal{P}(\mathcal{H})$ への制限が φ に一致する $\mathcal{B}(\mathcal{H})$ 上の状態 $\bar{\varphi}$ は φ の**拡張**とよばれる．

定理 2.3 $\mathcal{H}$ の次元が 3 以上ならば，$\mathcal{P}(\mathcal{H})$ 上の任意の状態 φ は

$\mathcal{B}(\mathcal{H})$ への拡張 $\bar{\varphi}$ をもち，拡張 $\bar{\varphi}$ は φ により一意的に決まる．

この定理の証明はむつかしく，本書ではふれない．しかしこの定理にはいろいろな形があり，以下それを説明する．

(2.2)式で与えられるベクトル状態を $\mathcal{P}(\mathcal{H})$ に制限したものは，定義2.1の性質に加えて次の**完全加法性**をもつ．

定義 2.4 $\mathcal{P}(\mathcal{H})$ の状態 φ が次の性質をもつとき**完全加法的**という．$\mathcal{P}(\mathcal{H})$ の有限または無限個の元 E_ν が互いに直交すれば，

$$\varphi\left(\sum_\nu E_\nu\right) = \sum_\nu \varphi(E_\nu) \tag{2.11}$$

ここで E_ν が互いに直交すればその和は射影作用素に強収束する．部分空間 $(\sum E_\nu)\mathcal{H}$ は $E_\nu\mathcal{H}$ に属するベクトル(いろいろな ν をとる)の有限和全体の閉包である．

上記(2.11)を可算個の E_ν に限った場合は **σ 加法性**とよばれる．$\mathcal{H}$ が可分ならば，直交する0でない射影作用素の族はいつでも可算個なので，完全加法性と σ 加法性は一致する．

φ が σ 加法性をみたせば，(2.3)式で与えられる $w_\alpha{}^Q$ は確率測度になり，$\mathcal{P}(\mathcal{H})$ 上に定義された φ の $\mathcal{B}(\mathcal{H})$ への拡大 $\bar{\varphi}$ による $A=A^*\in\mathcal{B}(\mathcal{H})$ の期待値は，A のスペクトル射影作用素 $E_A(\cdot)$ により，

$$\bar{\varphi}(A) = \int \lambda\varphi(E_A(d\lambda)) \tag{2.12}$$

と書くことができる．

$\mathcal{B}(\mathcal{H})$ 上の状態について，上記完全加法性に対応する性質は次のようになる．

定義 2.5 $\mathcal{B}(\mathcal{H})$ 上の状態 φ が次の性質をもつとき，φ は**正規**であるという．$\mathcal{B}(\mathcal{H})$ の正作用素の任意の有界増大有向族 A_ν について

$$\varphi(\sup A_\nu) = \sup \varphi(A_\nu) \tag{2.13}$$

ここで用いた用語はつぎのようである．2つの線形作用素 A, A' について，$A-A'$ が正作用素ならば $A \geqq A'$ あるいは $A' \leqq A$ と書く．順序集合 I の任意の $\nu, \nu' \in I$ に対し，$\nu \leqq \mu$ かつ $\nu' \leqq \mu$ をみたす $\mu \in I$ が存在するとき，I は**共終**であるという．共終な順序集合 I の元を目印とする線形作用素の族 A_ν $(\nu \in I)$ が，$\nu \leqq \mu$ ならば $A_\nu \leqq A_\mu$ という性質をもつとき**増大有向族**という．$\|A_\nu\|$ が有界ならば**有界増大有向族**といい，強極限 $A=\lim A_\nu$ が存在する．それは A_ν の上界(すべての ν に対し $B \geqq A_\nu$ をみたす線形作用素 B)の中で最小($B \geqq A$)なので，$A=\sup A_\nu$ とも書く．(通常 $A_\nu \geqq 0$ のときにこの記号を使う．) φ の正値性と線形性により，$\nu \geqq \mu$ ならば $\varphi(A_\nu) \geqq \varphi(A_\mu)$ となり，したがって $\varphi(A_\nu)$ は極限をもち

$$\varphi(\lim A_\nu) = \lim \varphi(A_\nu) \tag{2.14}$$

が成立する，というのが正規性の定義である．(2.13)では A_ν を正作用素に限っているが，その場合に(2.13)が成立すれば，一般の線形作用素 A_ν の場合にも，$\nu_0 \in I$ をひとつ固定して $\nu \geqq \nu_0$ をみたす $\nu \in I$ について正作用素の有界増大有向族 $A_\nu - A_{\nu_0}$ に対して(2.13)を適用することにより，(2.14)を示すことができる．

定理 2.6 $\mathcal{P}(\mathcal{H})$ 上の状態 φ が完全加法的ならば，その $\mathcal{B}(\mathcal{H})$ への拡張 $\bar{\varphi}$ は正規であり，$\mathcal{B}(\mathcal{H})$ 上の状態が正規ならば，その $\mathcal{P}(\mathcal{H})$ への制限は完全加法的である．

$\mathcal{H}$ が可分ならば，正規性の定義で有向族 A_ν の代わりに有界増大列 A_n $(n=1,2,\cdots)$ について(2.13)を要求すれば十分で，それが $\mathcal{P}(\mathcal{H})$ 上では σ 加法性に対応する．

$\mathcal{B}(\mathcal{H})$ の正規状態は次のように具体的に記述できる．トレース1の正作用素 ρ を考える．

$$\mathrm{Tr}\,\rho \equiv \sum_\nu (e_\nu, \rho e_\nu) = 1$$

$\{e_\nu\}$ は $\mathcal{H}$ の正規直交基底である(トレースについては付録 A-8 参照)．任意の

$A \in \mathcal{B}(\mathcal{H})$ に対し

$$\mathrm{Tr}(\rho A) \equiv \sum_{\nu}(e_\nu, \rho A e_\nu) = \sum_{\nu}(\rho e_\nu, A e_\nu) \tag{2.15}$$

は絶対収束し，その値は正規直交基底 $\{e_\nu\}$ によらない．

> **定理 2.7** トレース 1 の正作用素 ρ により (2.15) で定まる $\mathcal{B}(\mathcal{H})$ 上の汎関数
>
> $$\varphi(A) = \mathrm{Tr}(\rho A)$$
>
> は $\mathcal{B}(\mathcal{H})$ 上の正規状態である．逆に $\mathcal{B}(\mathcal{H})$ の任意の正規状態 φ は (2.15) 式の形であり，ρ は φ により一意的に定まる．

ρ を φ の**密度行列**という．

$\mathcal{H}$ の任意の単位ベクトル $\boldsymbol{\Psi}$ に対し，

$$\phi(A) = (\boldsymbol{\Psi}, A\boldsymbol{\Psi}) \tag{2.16}$$

が正規状態であることは容易に示すことができる．$E_{\boldsymbol{\Psi}}$ を

$$E_{\boldsymbol{\Psi}}\boldsymbol{\Phi} = (\boldsymbol{\Psi}, \boldsymbol{\Phi})\boldsymbol{\Psi} \tag{2.17}$$

で定義すると，$E_{\boldsymbol{\Psi}}$ は射影作用素で，$E_{\boldsymbol{\Psi}}\mathcal{H} = \boldsymbol{C}\boldsymbol{\Psi}$ は $\boldsymbol{\Psi}$ で定まる 1 次元部分空間である．正規直交基底として $\boldsymbol{\Psi}$ を含むものをとっておけば，

$$(E_{\boldsymbol{\Psi}} e_\nu, A e_\nu) = \begin{cases} 0 & (e_\nu \neq \boldsymbol{\Psi} \text{ のとき}) \\ (\boldsymbol{\Psi}, A\boldsymbol{\Psi}) & (e_\nu = \boldsymbol{\Psi} \text{ のとき}) \end{cases}$$

なので

$$\mathrm{Tr}(E_{\boldsymbol{\Psi}} A) = (\boldsymbol{\Psi}, A\boldsymbol{\Psi}) = \phi(A)$$

となり，$E_{\boldsymbol{\Psi}}$ が ϕ の密度行列である．

一般の密度行列 ρ については，ρ の固有ベクトルのなす正規直交基底を $\{e_\nu\}$ とし，固有値を λ_ν $(\rho e_\nu = \lambda_\nu e_\nu)$ とすれば，

$$\lambda_\nu \geqq 0 \ (\rho \text{ の正値性}), \qquad \sum_{\nu} \lambda_\nu \, (= \mathrm{Tr}\,\rho) = 1 \tag{2.18a}$$

をみたし，(2.14) 式により

$$\mathrm{Tr}(\rho A) = \sum_{\nu} \lambda_\nu (e_\nu, Ae_\nu) = \sum_{\nu} \lambda_\nu \psi_\nu(A) \tag{2.18b}$$

となる．ただし $\psi_\nu(A)=(e_\nu, Ae_\nu)$ とおいた．すなわち正規状態は可算個のベクトル状態の混合状態である．

$\mathcal{B}(\mathcal{H})$ の状態の有向族 φ_ν が任意の $A \in \mathcal{B}(\mathcal{H})$ に対して極限

$$\varphi(A) = \lim \varphi_\nu(A)$$

をもつとき，φ もまた $\mathcal{B}(\mathcal{H})$ の状態であり，φ_ν は φ に**弱収束**するという．弱収束により定まる位相は，1-6 節で導入した物理的位相と一致する．

2-3 節の定理 2.21 により，$\mathcal{B}(\mathcal{H})$ の正規状態全体は，弱位相に関して $\mathcal{B}(\mathcal{H})$ の状態全体の中で稠密である．したがって 1-6 節の議論によれば $\mathcal{B}(\mathcal{H})$ の状態全部を考える理論と，正規状態に限定して論ずる理論は物理的に等価であり，いずれを使用するかは便宜性で決めればよい．他方，定義 2.2 で導入された状態全体は物理的位相でコンパクトであり，物理的に等価な理論の中では最大の状態集合を形づくり，その意味で状態の定義 2.2 は妥当である．

状態全体の中で(2.16)で与えられるベクトル状態の特徴は次の定理から明らかである．

> **定理 2.8**　$\mathcal{H}$ のベクトル Ψ により(2.16)式で定義される状態 ψ は $\mathcal{B}(\mathcal{H})$ の純粋状態である．逆に $\mathcal{B}(\mathcal{H})$ の正規な純粋状態はそのような状態に限る．

一般の正規状態は(2.18)の形なので，それが純粋であるためには ρ の固有値 λ_ν がひとつを除いて 0 でないといけないので，(2.16)の形になることがわかる．すなわち定理の後半は明らかである．

定理の前半の証明も簡単なので次に紹介しよう．

> **補助定理 2.9**　任意の状態 φ は次の Cauchy-Schwarz の不等式をみたす．ただし A, B は $\mathcal{B}(\mathcal{H})$ の任意の 2 元である．
>
> $$|\varphi(A^*B)|^2 \leqq \varphi(A^*A)\varphi(B^*B) \tag{2.19}$$

証明は φ の正値性と線形性から，$C=zA+B$ に対して

$$0 \leqq \varphi(C^*C) = \bar{z}z\varphi(A^*A)+\bar{z}\varphi(A^*B)+z\varphi(B^*A)+\varphi(B^*B) \quad (2.20)$$

が任意の複素数 z について成立することより従う．▌

いま(2.16)の ψ が，$0<\lambda<1$ について

$$\psi(A) = \lambda\varphi_1(A)+(1-\lambda)\varphi_2(A) \quad (2.21)$$

の形であったとして，$\varphi_1=\psi$ を示せば ψ の純粋性がいえる．$\mathbf{1}-E_\Psi$ は正作用素であるから，状態の正値性より

$$\varphi_1(\mathbf{1}-E_\Psi) \geqq 0, \qquad \varphi_2(\mathbf{1}-E_\Psi) \geqq 0$$

である．したがって(2.21)で $A=\mathbf{1}-E_\Psi$ とおき

$$\psi(\mathbf{1}-E_\Psi) = (\Psi, (\mathbf{1}-E_\Psi)\Psi) = 0$$

を代入すると

$$\varphi_1(\mathbf{1}-E_\Psi) = 0 \qquad (\text{および } \varphi_2(\mathbf{1}-E_\Psi) = 0)$$

が得られ，(2.19)と $(\mathbf{1}-E_\Psi)^*(\mathbf{1}-E_\Psi)=\mathbf{1}-E_\Psi$ により

$$\varphi_1(A(\mathbf{1}-E_\Psi)) = 0 = \varphi_1((\mathbf{1}-E_\Psi)A)$$

が得られる．そこで

$$\mathbf{1} = E_\Psi+(\mathbf{1}-E_\Psi), \qquad B = \mathbf{1}B\mathbf{1}$$

を代入することにより

$$\varphi_1(B) = \varphi_1(E_\Psi BE_\Psi)$$

が得られる．他方 E_Ψ の定義により任意の $\Phi\in\mathcal{H}$ に対し

$$E_\Psi BE_\Psi\Phi = (\Psi,\Phi)E_\Psi B\Psi = (\Psi,\Phi)(\Psi,B\Psi)\Psi = (\Psi,B\Psi)E_\Psi\Phi$$

が成立するので，

$$E_\Psi BE_\Psi = (\Psi,B\Psi)E_\Psi = \psi(B)E_\Psi$$

したがって

$$\varphi_1(B) = \psi(B)\varphi_1(E_\Psi)$$

が任意の B について成立する．$B=\mathbf{1}$ とおくと $\varphi_1(E_\Psi)=1$ が得られるので，$\varphi_1=\psi$ となる．▌

この節を要約すると，物理的状態に対する必要条件から質問 $\mathcal{P}(\mathcal{H})$ 上の有限加法的測度 φ の概念(定義 2.1)が導入された．$\mathcal{H}$ の次元が 3 以上のときは，

正値性をもち規格化された$\mathcal{B}(\mathcal{H})$上の線形汎関数として定義された$\mathcal{B}(\mathcal{H})$上の状態$\bar{\varphi}$(定義2.2)と，$\bar{\varphi}$はφの一意的拡張，φは$\bar{\varphi}$の制限という関係で1対1に対応している(定理2.3)．特に完全加法的測度(定義2.4)は正規状態(定義2.5)に1対1に対応し(定理2.6)，それらは密度行列により表示される(定理2.7)．また量子力学で通常使われるベクトル状態は，正規な純粋状態として特徴づけられる．

定理2.6の証明の本質的な部分は$\mathcal{H}$が有限次元，特に3次元の場合で，1957年にA. M. Gleasonにより証明された．したがって，定理2.3および定理2.6は**Gleasonの定理**とよばれる．同じ定理が$\mathcal{B}(\mathcal{H})$だけではなく，一般のvon Neumann環(→付録B-2)についても成立するかどうかは懸案であったが，1980年代半ばになって，E. ChristensenとF. J. Yeadonにより解決された．一般の場合にも，$\mathcal{B}(\mathcal{H})$で除外された次元が2の場合に相当するものが除外される．(I_2型の部分をもたないという条件である．)これらについての詳細は証明を含めて文献* を参照されたい．

$\mathcal{H}$の次元が2の場合に$\mathcal{P}(\mathcal{H})$上の有限加法的測度が必ずしも$\mathcal{B}(\mathcal{H})$上の状態に拡張できないことは容易にわかる．

2-2 代数的観点

前節で論じた通常の量子力学では，Hilbert空間$\mathcal{H}$上の自己共役作用素が物理量を表わし，その全体が生成する環$\mathcal{B}(\mathcal{H})$が中心的な数学的役割を演じている．物理量がなぜ作用素で表わされ，またその代数的演算がなぜ物理学に現われるかの議論は簡単ではなく，本書ではふれない．ここでは物理量がHilbert空間上の線形作用素で表わされ，したがってその間に作用素としての代数的演算が定まっているという量子力学の前提のもとで議論を展開していくことにする．

---

* 前田周一郎：束論と量子論理(槇書店，1980年)，S. Maeda: Rev. Math. Phys. 1 (1989) 235.

作用素の計算を進める上では代数的演算のほかに極限操作を行なえることが望ましい．すなわち考察の対象とする作用素の集合は代数的演算および適当な位相で閉じていることが望ましい．また物理量を表わす自己共役作用素から出発して計算を進めれば，自己共役でない作用素も出てくる($A^*=A$，$B^*=B$ でも $AB \neq BA$ ならば $(AB)^* \neq AB$)のであるが，演算を施して得られるもの全体を考えると，それは共役演算＊についても閉じていることになる．そこで次に定義する作用素環が考察の対象になる．

定義 2.10 Hilbert 空間上の有界線形作用素の集合 $\mathfrak{A}$ が次の条件をみたすとき，(具体的) $\boldsymbol{C^*}$ **環**という．

(1) $\mathfrak{A}$ は＊環である．すなわち任意の $A, B \in \mathfrak{A}$ と複素数 c, d に対し

$$cA+dB \in \mathfrak{A}, \quad AB \in \mathfrak{A}, \quad A^* \in \mathfrak{A}$$

(2) $\mathfrak{A}$ はノルム位相で閉じている．すなわち列 $A_n \in \mathfrak{A}$ が

$$\lim \|A_n - A\| = 0 \tag{2.22}$$

をみたす極限作用素 A をもてば，$A \in \mathfrak{A}$ である．

ここに作用素 B のノルム $\|B\|$ は次式で定義される．

$$\|B\| = \sup\left\{\frac{\|B\Psi\|}{\|\Psi\|}\,;\, \Psi \in \mathcal{H},\ \Psi \neq 0\right\} \tag{2.23}$$

定義 2.11 Hilbert 空間 $\mathcal{H}$ 上の有界線形作用素の集合 $\mathfrak{M}$ が次の条件をみたすとき，**von Neumann 環**という．

(1) $\mathfrak{M}$ は＊環である．

(2) $\mathfrak{M}$ は作用素の弱位相で閉じている．すなわち作用素の有向族 $A_\nu \in \mathfrak{A}$ が，任意のベクトル $\boldsymbol{\Psi}, \boldsymbol{\Phi} \in \mathcal{H}$ に対し

$$\lim(\boldsymbol{\Psi}, A_\nu \boldsymbol{\Phi}) = (\boldsymbol{\Psi}, A\boldsymbol{\Phi}) \tag{2.24}$$

となる**弱極限** A をもてば，$A \in \mathfrak{M}$ である．($A = \text{w-lim}\, A_\nu$ と書く．)

(3) $\mathbf{1} \in \mathfrak{M}$.

$\mathscr{H}$ 上の具体的 C^* 環 $\mathfrak{A}$ および von Neumann 環 $\mathfrak{M}$ はともに $\mathscr{B}(\mathscr{H})$ の部分 $*$ 環である．ノルム位相で閉じているものを C^* 環とよび，弱位相で閉じているものを **W^* 環**，それが 1 を含めば von Neumann 環という．

恒等作用素 1 を含むという条件は単に次のような状況を排除するためにすぎない．$\mathfrak{M}$ を $\mathscr{H}$ 上の W^* 環とすると，$\mathscr{H}$ の部分空間 $\mathscr{K}$ が存在して，$\mathscr{K}$ の直交補空間 $\mathscr{K}^{\perp}$ の上では $\mathfrak{M}$ の作用素はすべて 0 であり，$\mathscr{K}$ への射影作用素 $\mathcal{P}(\mathscr{K})$ が $\mathfrak{M}$ に属していて，$\mathscr{K}$ に制限すれば $\mathfrak{M}$ は von Neumann 環になる．特に $\mathscr{K}^{\perp}=0$ ($\mathscr{K}=\mathscr{H}$) の場合が von Neumann 環である．

W^* 環は本来 von Neumann 環と同形な $*$ 環として抽象的に定義される．それが $\mathscr{B}(\mathscr{H})$ の部分 $*$ 環の場合に 0 の部分を除く（$\mathscr{K}$ に制限する）と von Neumann 環になるというのは定理である．

von Neumann 環に関係して次の用語は重要である．$\mathscr{H}$ 上の作用素の自己共役な集合 S（自己共役とは $Q\in S$ ならば $Q^*\in S$）について，S の**可換子環** S' を

$$S' = \{Q \in \mathscr{B}(\mathscr{H});\ \forall Q_1 \in S \Rightarrow [Q_1, Q] = 0\}$$

と定義する．S' は von Neumann 環であり，$\mathfrak{M}$ が von Neumann 環なら $\mathfrak{M}=(\mathfrak{M}')'$ である．

ノルム位相は弱位相より強い（有向族 A_ν についてノルム極限 A が(2.22)の意味で存在すれば，(2.24)の意味の弱極限になる）ので，弱位相で閉じているとノルム位相でも閉じている．すなわち von Neumann 環は C^* 環である．そこで C^* 環について説明を進める．C^* 環と von Neumann 環の使い分けについては，本節の終わりで少しふれる．

具体的な C^* 環と同形な $*$ 環をすべて **C^* 環**という．（C^* 環および von Neumann 環については付録 B 参照.）このような抽象的 C^* 環を考える理由は，次に定義する表現をひとつだけではなくいくつも考えるからである．

定義 2.12　$\mathfrak{A}$ を C^* 環，$\mathscr{L}$ を Hilbert 空間とする．$\mathfrak{A}$ から $\mathscr{B}(\mathscr{L})$ への $*$ 準同形 π を $\mathfrak{A}$ の $\mathscr{L}$ 上の**表現**という．

ここに $*$ 準同形とは π の次の性質をいう．

$$\pi(cA+dB) = c\pi(A)+d\pi(B) \qquad (A, B\in\mathfrak{A},\ c, d\in\boldsymbol{C})$$

$$\pi(AB) = \pi(A)\pi(B)$$

$$\pi(A^*) = \pi(A)^*$$

$\pi(A)=0$ は $A=0$ に限る場合 ***同形**という．そのとき表現 π は**忠実**であるという．C^* 環の定義により必ず忠実な表現が存在する．

忠実な表現 π について $\|\pi(A)\|$ は表現 π によらず A で決まる．これを A のノルム $\|A\|$ と定義する．一般の表現 π については

$$\|\pi(A)\| \leqq \|A\| \tag{2.25}$$

が成立する．C^* 環の表現は自動的に連続になる．

C^* 環 $\mathfrak{A}$ の $\mathscr{H}_1$ 上の表現 π_1 と $\mathscr{H}_2$ 上の表現 π_2 について，

$$U\pi_1(A) = \pi_2(A)U \qquad (A \text{ は } \mathfrak{A} \text{ の任意の元}) \tag{2.26}$$

をみたす $\mathscr{H}_1$ から $\mathscr{H}_2$ へのユニタリ作用素 U が存在するならば，表現 π_1 と π_2 は**ユニタリ同値**であるという．ふたつの表現が同じであるというのは通常このユニタリ同値のことをいう．

(2.26)をみたす $\mathscr{H}_1$ から $\mathscr{H}_2$ への線形写像 U(ユニタリ写像に限らない)を，2 表現 π_1, π_2 の**繋絡写像**という．それが 0 以外にない場合，2 表現 π_1, π_2 は**互いに素**であるという．π_1 と π_2 がまったく違う表現であるというのは，互いに素であることをいう．

前節で考察した通常の量子力学では，ひとつの Hilbert 空間を固定し，物理量を固定した Hilbert 空間上の自己共役線形作用素で表わし，その Hilbert 空間のベクトルによる期待値としてのベクトル状態により物理的純粋状態を記述する．これに対し，物理量を(抽象的な)C^* 環の元で表わし，考察する物理的状況(状態)に応じて違った表現を使う考え方を**代数的観点**という．その効用については本書を読んでいけば明らかになるであろう．この場合の状態の概念については次節で詳しく説明するが，具体的には一般に違ったいろいろな表現でのベクトル状態を考えることになり，それを統一的に把握するためには，代数的観点が自然であり便利なのである．

以下，表現についていくつかの用語を導入しよう．

定義 2.13 ある(有限または無限)集合 I の元 ν を目印とするHilbert空間 $\mathcal{H}_\nu$ の族について，次に記述するHilbert空間 $\mathcal{H}$ を $\{\mathcal{H}_\nu\}_{\nu\in I}$ の**直和**という．

(1) $\mathcal{H}$ のベクトル Ψ は，$\mathcal{H}_\nu$ のベクトル Ψ_ν の組 $\{\Psi_\nu\}_{\nu\in I}$ で，次の条件をみたすものである．

$$\sum_\nu \|\Psi_\nu\|^2 < \infty$$

(2) $\mathcal{H}$ のベクトルの線形結合は次式で与えられる．

$$c\Psi + d\Phi = \{c\Psi_\nu + d\Phi_\nu\}_{\nu\in I}$$

(3) $\mathcal{H}$ のベクトルの内積は次式で与えられる．

$$(\Psi, \Phi) = \sum_\nu (\Psi_\nu, \Phi_\nu) \qquad \text{（条件(1)により絶対収束）}$$

記号: $\mathcal{H}$ およびそのベクトル Ψ は次式の記号で表わす．

$$\mathcal{H} = \oplus_\nu \mathcal{H}_\nu, \qquad \Psi = \oplus_\nu \Psi_\nu$$

特に $I=\{1, 2, \cdots, n\}$ あるいは $I=\boldsymbol{N}$ (自然数全体)ならば

$$\mathcal{H} = \mathcal{H}_1 \oplus \mathcal{H}_2 \oplus \cdots, \qquad \Psi = \Psi_1 \oplus \Psi_2 \oplus \cdots$$

のようにも書く．

定義 2.14 $\mathfrak{A}$ を C^* 環とし，各Hilbert空間 $\mathcal{H}_\nu$ $(\nu\in I)$ の上に $\mathfrak{A}$ の表現 π_ν が与えられているとする．$\mathcal{H}_\nu$ の直和を $\mathcal{H}$ とすると，次式は $\mathcal{H}$ 上の $\mathfrak{A}$ の表現を定義し，π_ν の**直和表現**とよばれる．任意の $A\in\mathfrak{A}$，$\Psi_\nu\in\mathcal{H}_\nu$ に対し，

$$\pi(A)(\oplus_\nu \Psi_\nu) = \oplus_\nu \pi_\nu(A)\Psi_\nu \tag{2.27}$$

直和表現 π を次の記号で表わす．

$$\pi = \oplus_\nu \pi_\nu$$

定義 2.15 Hilbert空間 $\mathcal{H}$ 上に C^* 環 $\mathfrak{A}$ の表現 π が与えられているとする．$\mathcal{H}$ の部分空間 $\mathcal{K}$ が次の性質をもつとき，表現 π の**不変部分空間**という．$\mathfrak{A}$ の任意の元 A と $\mathcal{K}$ の任意のベクトル Ψ に対し

$$\pi(A)\Psi \in \mathcal{K}$$

このとき $\mathcal{K}$ の直交補空間 $\mathcal{K}^{\perp}$ も表現 π の不変部分空間であることは，次の計算からわかる．$\Psi \in \mathcal{K}^{\perp}$，$\Phi \in \mathcal{K}$ に対し

$$(\pi(A)\Psi, \Phi) = (\Psi, \pi(A)^*\Phi) = (\Psi, \pi(A^*)\Phi) = 0$$

ここで最後の等式は，$\mathcal{K}$ の不変性により $\pi(A^*)\Phi \in \mathcal{K}$ が成立するので $\Psi \in \mathcal{K}^{\perp}$ と直交することからくる．この式から $\Psi \in \mathcal{K}^{\perp}$ ならば $\pi(A)\Psi \in \mathcal{K}^{\perp}$ であり，したがって $\mathcal{K}$ は不変部分空間であることが示された．

$\mathcal{K}$ が表現 π の不変部分空間ならば，$A \in \mathfrak{A}$ の表現作用素 $\pi(A)$ を $\mathcal{K}$ に制限することにより，$\mathcal{K}$ の上の $\mathfrak{A}$ の表現が得られる．それを表現 π の $\mathcal{K}$ への**制限**とよび $\pi_{\mathcal{K}}$ と書く．

$$\pi_{\mathcal{K}}(A)\Psi = \pi(A)\Psi \in \mathcal{K} \qquad (\Psi \in \mathcal{K},\ A \in \mathfrak{A})$$

直和 $\mathcal{K} \oplus \mathcal{K}^{\perp}$ から $\mathcal{H}$ への写像 U を

$$U(\Phi \oplus \Psi) = \Phi + \Psi \qquad (\Phi \in \mathcal{K},\ \Psi \in \mathcal{K}^{\perp})$$

と定義すれば U はユニタリ写像で次式をみたす．

$$U(\pi_{\mathcal{K}} \oplus \pi_{\mathcal{K}^{\perp}})(A) = \pi(A)U$$

この意味で表現 π を直和 $\pi_{\mathcal{K}} \oplus \pi_{\mathcal{K}^{\perp}}$ と同一視できる．なお，$\mathcal{K}$ への射影作用素 $E(\mathcal{K})$ は

$$U(\mathbf{1} \oplus \mathbf{0}) = E(\mathcal{K})U$$

のように $\mathbf{1} \oplus \mathbf{0}$ の形に表わすことができる．

定義 2.16 C^* 環 $\mathfrak{A}$ の Hilbert 空間 $\mathcal{H}$ 上の表現 π について，すべての $A \in \mathfrak{A}$ に対し

$$\pi(A)\Psi = 0 \qquad (2.28)$$

をみたす $\mathcal{H}$ のベクトル Ψ は $\Psi = 0$ 以外にないとき，π は**非縮退**であるという．

一般の表現 π について，(2.28)式をみたすベクトル Ψ の全体を $\mathcal{K}_0$ とおくと，$\mathcal{K}_0$ は表現 π の不変部分空間であることがわかる．$\mathcal{K}_0$ への制限 $\pi_{\mathcal{K}_0}$ は，

(2.28)による $\mathscr{K}_0$ の定義から零表現である.

$$\pi_{\mathscr{K}_0}(A) = \mathbf{0}$$

他方，$\mathscr{K}_0$ の直交補空間を $\mathscr{K}=(\mathscr{K}_0)^\perp$ とおくと，$\mathscr{K}$ のベクトル $\boldsymbol{\Psi}$ が(2.28)をみたせば $\boldsymbol{\Psi}\in\mathscr{K}_0\cap\mathscr{K}=\{0\}$ なので $\boldsymbol{\Psi}=0$ である．すなわち $\mathscr{K}$ への制限 $\pi_{\mathscr{K}}$ は非縮退で，もとの表現 π は $\mathscr{K}\oplus\mathscr{K}_0$ 上の直和表現 $\pi_{\mathscr{K}}\oplus\mathbf{0}$ とユニタリ同値である．$\mathscr{K}$ は

$$\pi(\mathfrak{A})\mathscr{H} \equiv \{\pi(A)\boldsymbol{\Psi};\ A\in\mathfrak{A},\ \boldsymbol{\Psi}\in\mathscr{H}\}$$

の閉包として定義することもできる．($(\pi(\mathfrak{A})\mathscr{H})^\perp=\mathscr{K}_0$ を容易に示すことができる.)

C^* 環 $\mathfrak{A}$ の元 e がすべての $A\in\mathfrak{A}$ に対し

$$eA = Ae = A$$

をみたすとき，$\mathfrak{A}$ の**単位**(または単位元)といい，$\mathbf{1}_{\mathfrak{A}}$ または $\mathbf{1}$ で表わす．C^* 環は必ずしも単位をもたない．その場合でも，C^* 環 $\mathfrak{A}$ の自己共役元の有向族 f_ν で次の性質をもつものが存在し，**近似的単位**とよばれる.

(1) $\|f_\nu\| \leqq 1$

(2) $\lim\|f_\nu A - A\| = \lim\|Af_\nu - A\| = 0 \qquad (A\in\mathfrak{A})$

C^* 環 $\mathfrak{A}$ の表現 π について，上に述べた零表現部分 $\mathscr{K}_0$ と非縮退部分 $\mathscr{K}$ への直和分解では，$\mathfrak{A}$ が単位をもてば

$$\pi(\mathbf{1}_{\mathfrak{A}}) = E(\mathscr{K}) \tag{2.29}$$

また一般の $\mathfrak{A}$ では近似的単位 $\{f_\nu\}$ について

$$\text{w-lim}\,\pi(f_\nu) = E(\mathscr{K}) \tag{2.30}$$

が成立する．後者は次の計算から容易に従う.

$$(\pi(f_\nu)\boldsymbol{\Psi}, \pi(A)\boldsymbol{\Phi}) = (\boldsymbol{\Psi}, \pi(f_\nu A)\boldsymbol{\Phi})$$
$$\to (\boldsymbol{\Psi}, \pi(A)\boldsymbol{\Phi}) = (E(\mathscr{K})\boldsymbol{\Psi}, \pi(A)\boldsymbol{\Phi})$$
$$(\pi(f_\nu)\boldsymbol{\Psi}, \boldsymbol{\Phi}_0) = 0 = (E(\mathscr{K})\boldsymbol{\Psi}, \boldsymbol{\Phi}_0) \qquad (\boldsymbol{\Phi}_0\in\mathscr{K}_0)$$
$$\|\pi(f_\nu)\boldsymbol{\Psi}\| \leqq \|\pi(f_\nu)\|\|\boldsymbol{\Psi}\| \leqq \|\boldsymbol{\Psi}\| \qquad (\text{一様有界性})$$

特に非縮退の表現 π では，$\mathfrak{A}$ が単位をもてば，

$$\pi(\mathbf{1}_{\mathfrak{A}}) = \mathbf{1}_{\mathscr{H}} \tag{2.31}$$

一般の $\mathfrak{A}$ では近似的単位 $\{f_\nu\}$ について

$$\text{w-lim}\, \pi(f_\nu) = \mathbf{1}_{\mathscr{H}} \tag{2.32}$$

が成立する．ここに $\mathbf{1}_{\mathscr{H}}$ は $\mathscr{H}$ 上の恒等作用素である．

2-3 状態に付随する表現: GNS 構成法

通常の量子力学について定義 2.2 に与えた一般の状態の考え方を C^* 環でも使う．

> **定義 2.17** C^* 環 $\mathfrak{A}$ の上の規格化された正線形汎関数 φ を $\mathfrak{A}$ の**状態**という．

状態 φ は $\mathfrak{A}$ の各元 A に複素数の期待値 $\varphi(A)$ を定め，

(1) 線形性: $A_1, A_2 \in \mathfrak{A}$，$c_1, c_2 \in \boldsymbol{C}$ ならば

$$\varphi(c_1A_1 + c_2A_2) = c_1\varphi(A_1) + c_2\varphi(A_2)$$

(2) 正値性: $A \in \mathfrak{A}$ ならば

$$\varphi(A^*A) \geqq 0$$

(3) 規格化条件:

$$\|\varphi\| \equiv \sup\{|\varphi(A)|;\, A \in \mathfrak{A},\ \|A\| \leqq 1\} = 1 \tag{2.33}$$

の 3 条件をみたす，というのが上の定義である．なお $\mathfrak{A}$ が単位 $\mathbf{1}_{\mathfrak{A}}$ を含む場合には，規格化条件は，

$$\varphi(\mathbf{1}_{\mathfrak{A}}) = 1 \tag{2.34}$$

と等価である．(あとでその証明の要点にふれる.)

状態は適当な表現のベクトル状態である，というのが次に述べる重要な基本的定理である．

> **定理 2.18** C^* 環 $\mathfrak{A}$ の任意の状態 φ に対し，Hilbert 空間 $\mathscr{H}_\varphi$，$\mathscr{H}_\varphi$ 上の $\mathfrak{A}$ の表現 π_φ，および $\mathscr{H}_\varphi$ の単位ベクトル Ω_φ が存在して次の 2 条件をみたす．

(1) 任意の $A \in \mathfrak{A}$ に対し，

$$\varphi(A) = (\Omega_\varphi, \pi_\varphi(A)\Omega_\varphi) \qquad (2.35)$$

(2) Ω_φ は表現 π_φ の**巡回ベクトル**である．すなわち

$$\pi_\varphi(\mathfrak{A})\Omega_\varphi \equiv \{\pi_\varphi(A)\Omega_\varphi;\ A \in \mathfrak{A}\}$$

は $\mathcal{H}_\varphi$ の中で稠密である．

上の2条件をみたす3つ組 $(\mathcal{H}_\varphi, \pi_\varphi, \Omega_\varphi)$ はユニタリ同値類として一意的である．すなわち，Hilbert 空間 $\mathcal{H}_\varphi'$，$\mathfrak{A}$ の $\mathcal{H}_\varphi'$ 上の表現 π_φ' および $\mathcal{H}_\varphi'$ のベクトル Ω_φ' の3つ組もまた上記(1)，(2)をみたせば，$\mathcal{H}_\varphi$ から $\mathcal{H}_\varphi'$ へのユニタリ写像 U が存在して，

$$U\pi_\varphi(A) = \pi_\varphi'(A)U \qquad (A \text{ は } \mathfrak{A} \text{ の任意の元}) \qquad (2.36)$$

$$U\Omega_\varphi = \Omega_\varphi'$$

をみたす．

この定理によって，状態の抽象的な定義2.17と，量子力学で使われる Hilbert 空間の単位ベクトルによる期待値としての状態の定義の関係がつく．(密度行列との関係については少し先で説明する．)

定理の証明のアイデア: 定理が成立したとして

$$\xi_A \equiv \pi_\varphi(A)\Omega_\varphi \qquad (A \in \mathfrak{A})$$

と書き，その性質を調べる．

(i) 線形演算は，

$$c\xi_A + d\xi_B = c\pi_\varphi(A)\Omega_\varphi + d\pi_\varphi(B)\Omega_\varphi = \pi_\varphi(cA+dB)\Omega_\varphi = \xi_{cA+dB}$$

すなわち，$A \in \mathfrak{A}$ から $\xi_A \in \mathcal{H}_\varphi$ への写像は線形である．

(ii) 内積は

$$\begin{aligned}(\xi_A, \xi_B) &= (\pi_\varphi(A)\Omega_\varphi, \pi_\varphi(B)\Omega_\varphi) = (\Omega_\varphi, \pi_\varphi(A)^*\pi_\varphi(B)\Omega_\varphi) \\ &= (\Omega_\varphi, \pi_\varphi(A^*B)\Omega_\varphi) = \varphi(A^*B) \qquad (2.37)\end{aligned}$$

により，状態 φ で表わすことができる．

(iii) ベクトルの等号関係は

$$\xi_{A_1} = \xi_{A_2} \Leftrightarrow \xi_{A_1} - \xi_{A_2} = \xi_{A_1 - A_2} = 0$$

$$\xi_A = 0 \Leftrightarrow \|\xi_A\|^2 = (\xi_A, \xi_A) = \varphi(A^*A) = 0$$

により与えられる．そこで

$$\ker\varphi \equiv \{A \in \mathfrak{A}\,;\, \varphi(A^*A) = 0\} \tag{2.38}$$

と定義すると，$\xi_A = \xi_B$ は $A - B \in \ker\varphi$ と同値である．

（iv）表現作用素 $\pi_\varphi(A)$ の作用は次のように計算できる．

$$\pi_\varphi(A)\xi_B = \pi_\varphi(A)\pi_\varphi(B)\Omega_\varphi = \pi_\varphi(AB)\Omega_\varphi = \xi_{AB} \tag{2.39}$$

（v）単位ベクトル Ω_φ は $\mathfrak{A}$ の近似的単位 f_ν を使うと

$$\text{w-lim}\,\xi_{f_\nu} = \text{w-lim}\,\pi_\varphi(f_\nu)\Omega_\varphi = \Omega_\varphi \tag{2.40}$$

として得られる($\mathfrak{A}$ が単位 $e = \mathbf{1}_{\mathfrak{A}}$ をもてば，$\xi_e = \Omega_\varphi$)．

そこで

$$\xi_{\mathfrak{A}} = \{\xi_A\,;\, A \in \mathfrak{A}\}$$

と書くと，$\mathfrak{A}$ の元に $A - B \in \ker\varphi$ ならば A と B は同値であるという同値関係を入れたもの(商空間といい $\mathfrak{A}/\ker\varphi$ と書く)に線形空間として同形になる．しかも(2.37)式によりそこに内積を定義し，あと極限ベクトルに相当するものを付加する(完備化という)と，お目当ての $\mathcal{H}_\varphi$ が構成できるであろう．その上で表現 π_φ と単位ベクトル Ω_φ は(2.39)，(2.40)により定義すればよかろう．

定理の証明　まず次の不等式が基本的な道具になる．

> **補助定理 2.19**　(Cauchy-Schwarz の不等式) φ が C^* 環 $\mathfrak{A}$ の状態ならば，任意の $A, B \in \mathfrak{A}$ に対し次式が成り立つ．
>
> $$|\varphi(A^*B)|^2 \leqq \varphi(A^*A)\varphi(B^*B) \tag{2.41}$$

その証明は補助定理 2.9 とまったく同じである．

この不等式により，$A \in \ker\varphi$ に対しては(2.38)より

$$\varphi(A^*B) = \varphi(B^*A) = 0 \tag{2.42}$$

が任意の $B \in \Omega$ に対し成立する．逆にこの条件で $B = A$ とおけば(2.38)の条件が出る．すなわち

$$\ker\varphi = \{A \in \mathfrak{A}\,;\, \forall B \in \mathfrak{A} \Rightarrow \varphi(B^*A) = \varphi(A^*B) = 0\} \tag{2.43}$$

この定義の A に対する条件は線形であるから，$\ker\varphi$ は $\mathfrak{A}$ の線形部分集合で

ある．また $A\in\ker\varphi$ ならば，

$$\varphi(B^*CA)=\varphi((C^*B)^*A)=0, \quad \varphi((CA)^*B)=\varphi(A^*(C^*B))=0$$

が成立するので，任意の $C\in\mathfrak{A}$ に対し $CA\in\ker\varphi$ である．すなわち $\ker\varphi$ は $\mathfrak{A}$ の左イデアルである．

そこで商空間

$$\mathcal{D}\equiv\mathfrak{A}/\ker\varphi \tag{2.44}$$

を考える．$\ker\varphi$ が $\mathfrak{A}$ の線形部分集合であるから $\mathcal{D}$ も複素線形空間である．$\mathfrak{A}$ の元 A の $\mathcal{D}$ における同値類を ξ_A と表わし，その間に

$$(\xi_A,\xi_B)\equiv\varphi(A^*B) \tag{2.45}$$

を定義すると，(2.42)式により右辺は $\xi_A\in\mathcal{D}$ の代表元 $A\in\mathfrak{A}$ および $\xi_B\in\mathcal{D}$ の代表元 $B\in\mathfrak{A}$ の選び方($\ker\varphi$ だけの自由度がある)によらないことがわかる．φ の線形性により，(2.45)は ξ_B について線形，ξ_A について反線形である．また φ の正値性により $(\xi_A,\xi_A)\geqq 0$ であり，それが0になるのは $\ker\varphi$ の定義(2.38)から $A\in\ker\varphi$，すなわち $\xi_A=0$ のときに限る．よって $\mathcal{D}$ は前 Hilbert 空間である．その完備化として得られる Hilbert 空間を $\mathcal{H}_\varphi$ とし，$\mathcal{D}$ はその稠密な線形部分集合と同一視する(→付録 A-2)．

$\mathfrak{A}$ の表現 π_φ は

$$\pi_\varphi(A)\xi_B=\xi_{AB} \tag{2.46}$$

と定義する．$\ker\varphi$ が左イデアルなので，$\xi_{AB}\in\mathcal{D}$ は $\xi_B\in\mathcal{D}$ の代表元 $B\in\mathfrak{A}$ の選び方によらない．(2.46)により $\pi_\varphi(A)$ は $\mathcal{D}$ 上に定義された線形作用素である．定義 2.12 の最初の 2 条件は(2.46)から直接従う．最後の条件は(2.45)を使うと $\mathcal{D}$ 上では示すことができる．

$$(\pi_\varphi(A^*)\xi_B,\xi_C)=\varphi((A^*B)^*C)=\varphi(B^*(AC))=(\xi_B,\pi_\varphi(A)\xi_C)$$

すなわち π_φ は $\mathcal{D}$ 上で表現になっている．

次に，$\pi_\varphi(A)$ が有界作用素であることを示してみよう．ただし，任意の A, $B\in\mathfrak{A}$ に対し

$$\|A\|^2B^*B-B^*A^*AB=C^*C$$

となる $C\in\mathfrak{A}$ が存在することを使う．($\mathfrak{A}$ が単位をもたなくても，$\mathfrak{A}$ の忠実な

表現 π_f について $\|A\|^2 \mathbf{1}-\pi_f(A^*A)$ が正作用素になり，作用素としての正の平方根 C' を持ち，$C'\pi_f(B)\in\pi_f(\mathfrak{A})$ が証明できて，$C'\pi_f(B)=\pi_f(C)$ となる $C\in\mathfrak{A}$ が存在し，上式をみたす.）φ の正値性 $\varphi(C^*C)\geqq 0$ から

$$\|\pi_\varphi(A)\xi_B\|^2 = \varphi(B^*A^*AB) \leqq \|A\|^2\varphi(B^*B) = \|A\|^2\|\xi_B\|^2$$

となり，(2.25)式が得られ，$\pi_\varphi(A)$ が有界作用素であることがわかる．そこで $\pi_\varphi(A)$ の閉包は $\mathscr{H}_\varphi$ 全体で定義され，C^* 環 $\mathfrak{A}$ の表現を与える.

$\mathfrak{A}$ の近似的単位 f_ν に対し

$$\|\xi_{f_\nu}\|^2 = \varphi(f_\nu^* f_\nu) \leqq \|f_\nu\|^2 \leqq 1$$
$$(\xi_A, \xi_{f_\nu}) = \varphi(A^* f_\nu) \to \varphi(A^*)$$

なので，

$$\Omega_\varphi = \text{w-lim}\,\xi_{f_\nu}$$

が存在し，

$$\pi_\varphi(A)\Omega_\varphi = \text{w-lim}\,\pi_\varphi(A)\xi_{f_\nu} = \text{w-lim}\,\xi_{Af_\nu} = \xi_A$$
$$(\Omega_\varphi, \pi_\varphi(A)\Omega_\varphi) = \lim\,(\xi_{f_\nu}, \xi_A) = \lim\varphi(f_\nu^* A) = \lim\varphi((A^*f_\nu)^*) = \varphi(A)$$

をみたす．すなわち求める 3 つ組が得られた.

別に 3 つ組 $(\mathscr{H}_\varphi', \pi_\varphi', \Omega_\varphi')$ があれば，写像 U を

$$U\pi_\varphi(A)\Omega_\varphi = \pi_\varphi'(A)\Omega_\varphi' \qquad (A\in\mathfrak{A}) \tag{2.47}$$

により定義すると，U は $\pi_\varphi(\mathfrak{A})\Omega_\varphi$ から $\pi_\varphi'(\mathfrak{A})\Omega_\varphi'$ への線形写像であり，内積は同じ φ で定まるので U で保存される．したがって U の閉包は $\mathscr{H}_\varphi$ から $\mathscr{H}_\varphi'$ へのユニタリ写像になる．$\Psi=\pi_\varphi(B)\Omega_\varphi$ に対し

$$U\pi_\varphi(A)\Psi = U\pi_\varphi(AB)\Omega_\varphi = \pi_\varphi'(AB)\Omega_\varphi' = \pi_\varphi'(A)(\pi_\varphi'(B)\Omega_\varphi') = \pi_\varphi'(A)U\Psi$$

が成立するので，(2.26)式が $\pi_1=\pi_\varphi$，$\pi_2=\pi_\varphi'$ について成立する．(2.47)で $A=f_\nu$（近似的単位）とおいて極限をとれば，

$$U\Omega_\varphi = \Omega_\varphi'$$

が得られる．これにより一意性も証明できた．▌

$\mathfrak{A}$ が単位をもつ場合は近似的単位を使う必要がなくなり証明が簡単になる．たとえば $(\|A\|^2\mathbf{1}_{\mathfrak{A}}-A^*A)^{1/2}$ が $\mathfrak{A}$ に属することは，関数 $(\|A\|^2-\lambda)^{1/2}$ を区間 $[0,\|A\|^2]$ で多項式 $P_n(\lambda)$ で一様近似することにより，$C'=\lim P_n(A^*A)$ とし

て得られる.

上記の構成法はI. M. Gelfand と M. A. Naimark の 1943 年の共著論文，および I. E. Segal の 1947 年の論文にあるので，頭文字を並べて **GNS 構成法**とよぶ．また $\mathcal{H}_\varphi, \pi_\varphi, \Omega_\varphi$ はそれぞれ**状態 φ に付随する巡回表現空間，巡回表現，**および**巡回ベクトル**とよび，それらを **GNS の 3 つ組**ともよぶ.

次に 2-1 節で導入された密度行列 ρ により(2.15)で与えられる $\mathcal{B}(\mathcal{H})$ の正規状態 φ に本節の GNS 構成法を適用するとどのようなベクトル状態が得られるかを考えてみよう．ρ の固有ベクトルのなす $\mathcal{H}$ の正規直交基底を $\{e_\nu\}$，対応する固有値を λ_ν としよう．λ_ν は(2.18a)をみたし，$\varphi(A)$ は(2.18b)で表わされる．ν は Ψ_ν を区別する目印で，その全体を I と書く．ν を目印とする Hilbert 空間としてすべて同じ $\mathcal{H}_\nu=\mathcal{H}$ をとり，各 $\mathcal{H}_\nu$ 上の $\mathfrak{A}$ の表現 π_ν としてもすべて同じ $\pi_\nu(A)=A$ をとる．その直和空間と直和表現を

$$\mathcal{L} \equiv \oplus_\nu \mathcal{H}_\nu, \qquad \pi(A) = \oplus_\nu \pi_\nu(A)\,(= \oplus_\nu A)$$

とおき，$\mathcal{L}$ のベクトル

$$\Omega_\rho = \oplus_\nu \sqrt{\lambda_\nu}\,\Psi_\nu$$

についての期待値を計算すると(2.18b)により

$$(\Omega_\rho, \pi(A)\Omega_\rho) = \sum_\nu \lambda_\nu(\Psi_\nu, \pi_\nu(A)\Psi_\nu) = \sum_\nu \lambda_\nu(\Psi_\nu, A\Psi_\nu) = \mathrm{Tr}(\rho A)$$

を得る．そこで $\mathcal{L}$ の不変部分空間

$$\mathcal{H}_\rho = \overline{\pi(\mathcal{B}(\mathcal{H}))\Omega_\rho} \qquad (\text{バーは閉包を表わす})$$

($\mathcal{L}$ と一致することもある)と表現 π の $\mathcal{H}_\rho$ への制限

$$\pi_\rho(A) \equiv \pi(A)|_{\mathcal{H}_\rho}$$

を Ω_ρ とともに考えると，この 3 つ組は定理 2.18 の 2 条件をみたし，したがって定理 2.18 の一意性により GNS の 3 つ組であることがわかる.

密度行列で記述される混合状態も適当な表現のベクトル状態として表わされることがわかったのであるが，もとの $\mathcal{H}$ のベクトルによるベクトル状態との区別は後者が純粋状態であることにある．次の定理はこの区別に関する基本的なものである.

> **定理 2.20** C^* 環 $\mathfrak{A}$ の状態 φ と φ に付随する巡回表現 π_φ についての次の諸条件は同値である.
>
> (1) φ は純粋状態である.
>
> (2) 表現 π_φ は既約である．すなわち π_φ の不変部分空間は，$\mathscr{H}_\varphi$ と $\{0\}$ 以外にない.
>
> (3) すべての $\pi_\varphi(A)$ $(A\in\mathfrak{A})$ と可換な $\mathscr{H}_\varphi$ 上の線形作用素は恒等作用素の複素数倍以外にない．すなわち
>
> $$\pi_\varphi(\mathfrak{A})' \equiv \{B\in\mathcal{B}(\mathscr{H}_\varphi);\ \forall A\in\mathfrak{A} \Rightarrow B\pi_\varphi(A)=\pi_\varphi(A)B\} = C\mathbf{1}$$
>
> (4) $\mathscr{H}_\varphi$ の 2 ベクトル Ψ, Ψ' が同じベクトル状態を与える(任意の $A\in\mathfrak{A}$ に対し $(\Psi,\pi_\varphi(A)\Psi)=(\Psi',\pi_\varphi(A)\Psi')$)ならば Ψ' は Ψ に比例する．すなわち $\Psi'=\lambda\Psi$, $\lambda\in\boldsymbol{C}$, $|\lambda|=1$.

証明の概略　(2)⇔(3)：部分空間 $\mathscr{K}$ が不変ならば

$$\pi_\varphi(A)E(\mathscr{K})\Psi\in\mathscr{K},\qquad E(\mathscr{K})\pi_\varphi(A)E(\mathscr{K})\Psi=\pi_\varphi(A)E(\mathscr{K})\Psi$$

が任意の Ψ について成立するので

$$E(\mathscr{K})\pi_\varphi(A)E(\mathscr{K})=\pi_\varphi(A)E(\mathscr{K})$$

が成立する．A の代わりに A^* を代入し両辺の $*$ をとると

$$E(\mathscr{K})\pi_\varphi(A)E(\mathscr{K})=E(\mathscr{K})\pi_\varphi(A)$$

したがって $E(\mathscr{K})\in\pi_\varphi(\mathfrak{A})'$ を得て，(3)ならば $E(\mathscr{K})=\mathbf{0}$ または $E(\mathscr{K})=\mathbf{1}$ で(2)が成立する．逆に $A=A^*\in\pi_\varphi(\mathfrak{A})'$ とすると A のスペクトル射影作用素 E も(弱位相で A の多項式で近似できるので) $\pi_\varphi(\mathfrak{A})'$ に属し，$E\mathscr{H}_\varphi$ は不変部分空間になる．(2)ならば $E=\mathbf{0}$ または $E=\mathbf{1}$ なので $A=\lambda\mathbf{1}$ $(\lambda\in\boldsymbol{C})$ となる．一般の $A\in\mathfrak{A}$ については，$A+A^*=\lambda\mathbf{1}$，$i(A-A^*)=\lambda'\mathbf{1}$ となるから $2A=(\lambda-i\lambda')\mathbf{1}$ となって(3)が成立する.

(1)⇔(3)：射影作用素 $E\in\pi_\varphi(\mathfrak{A})'$ について

$$\Omega_1=E\Omega_\varphi,\qquad \Omega_2=(\mathbf{1}-E)\Omega_\varphi,\qquad \lambda_1=\|\Omega_1\|^2,\qquad \lambda_2=\|\Omega_2\|^2$$

とおくと，$\lambda_1=0$ ならば任意の $A\in\mathfrak{A}$ に対し

$$E\pi_\varphi(A)\Omega_\varphi = \pi_\varphi(A)E\Omega_\varphi = 0$$

が成立し，$\pi_\varphi(\mathfrak{A})\Omega_\varphi$ が $\mathcal{H}_\varphi$ で稠密なので $E=\mathbf{0}$ となる．同様に $\lambda_2=1-\lambda_1$ が 0 ならば $E=\mathbf{1}$ である．$\lambda_1\neq 0,1$ の場合は

$$\varphi_i(A) = (\Omega_i, \pi_\varphi(A)\Omega_i)/\lambda_i \qquad (A\in\mathfrak{A},\ i=1,2)$$

とおくと，$E_1\equiv E$，$E_2\equiv\mathbf{1}-E$ が $\pi_\varphi(A)$ と可換であるから

$$(\Omega_i, \pi_\varphi(A)\Omega_i) = (\Omega_\varphi, E_i\pi_\varphi(A)E_i\Omega_\varphi) = (\Omega_\varphi, \pi_\varphi(A)E_i\Omega_\varphi)$$

となり

$$\varphi(A) = \lambda_1\varphi_1(A)+\lambda_2\varphi_2(A) \tag{2.48}$$

が成立する．φ_1 も φ_2 も $\mathfrak{A}$ の状態なので，(1)が成立すれば $\varphi_1=\varphi_2=\varphi$ でなければならない．したがって

$$(\lambda^{-1}E\Omega_\varphi, \pi_\varphi(A)\Omega_\varphi) = \varphi_1(A) = \varphi(A) = (\Omega_\varphi, \pi_\varphi(A)\Omega_\varphi)$$

$\pi_\varphi(A)\Omega_\varphi$ の稠密性により $\lambda^{-1}E\Omega_\varphi=\Omega_\varphi$．したがって上と同様に $\lambda^{-1}E=\mathbf{1}$，すなわち $E=\mathbf{1}$ となる．よって(3)が成立．逆に状態 φ_1, φ_2 による凸分解(2.48)があったとする．

$$T\pi_\varphi(A)\Omega_\varphi = \pi_{\varphi_1}(A)\Omega_{\varphi_1} \tag{2.49}$$

により $\mathcal{H}_\varphi$ から $\mathcal{H}_{\varphi_1}$ への写像 T を定義すると

$$\varphi(A^*A) \geqq \lambda_1\varphi_1(A^*A)$$

が状態 φ_2 の正値性により成立するので

$$\|T\pi_\varphi(A)\Omega_\varphi\|^2 = \varphi_1(A^*A) \leqq \|\pi_\varphi(A)\Omega_\varphi\|^2/\lambda_1 \tag{2.50}$$

となり，(1°) $\Psi=\pi_\varphi(A)\Omega_\varphi=0$ ならば $T\Psi=0$ となり，したがって $\Psi_1=\Psi_2$ ならば $T\Psi_1-T\Psi_2=T(\Psi_1-\Psi_2)=0$ である．(2°) (2.49)の右辺が A について線形なので T は線形写像である．(3°) 不等式(2.50)により T は有界($\|T\|\leqq\lambda_1{}^{-1}$)であり，その閉包 $\bar{T}$ は $\mathcal{H}_\varphi$ から $\mathcal{H}_{\varphi_1}$ への有界線形写像になる．(4°) $\Psi=\pi_\varphi(B)\Omega_\varphi$ に対し

$$T\pi_\varphi(A)\Psi = T\pi_\varphi(AB)\Omega_\varphi = \pi_{\varphi_1}(A)\pi_{\varphi_1}(B)\Omega_{\varphi_1} = \pi_{\varphi_1}(A)T\Psi$$

すなわち T は π_φ と π_{φ_1} の 0 でない繋絡写像である．

$$\bar{T}\pi_\varphi(A) = \pi_{\varphi_1}(A)\bar{T}$$

この式の＊を考えると，T^* が π_{φ_1} と π_φ の繋絡写像である．

$$\pi_\varphi(A)T^* = T^*\pi_{\varphi_1}(A)$$

したがって $T^*\bar{T}$ は0でない $\pi_\varphi(\mathfrak{A})'$ の元になる．(3)が成立すれば $T^*\bar{T}=\lambda 1$ $(\lambda>0)$でなければならない．すると

$$\varphi_1(A) = (T\Omega_\varphi, T\pi_\varphi(A)\Omega_\varphi) = (\Omega_\varphi, T^*T\pi_\varphi(A)\Omega_\varphi) = \lambda\varphi(A)$$

規格化条件により $\|\varphi_1\|=\|\varphi\|=1$ なので $\lambda=1$ であり，$\varphi_1=\varphi$ である．すなわち(1)が示された．

(3)⇔(4)：Ψ_1 と Ψ_2 が同じベクトル状態を与えることは

$$T\pi_\varphi(A)\Psi_1 = \pi_\varphi(A)\Psi_2, \qquad \Phi \in (\pi_\varphi(\mathfrak{A})\Psi_1)^\perp \quad \text{なら} \quad T\Phi = 0$$

により定義される線形写像 T の閉包 $\bar{T}$ が $\pi_\varphi(\mathfrak{A})'$ に属し，$T^*\bar{T}$ が $(\overline{\pi_\varphi(\mathfrak{A})\Psi_1}$ への)射影作用素であることと同値である．したがって(3)⇔(1)と同様に証明される．▌

注意　2-1 節で考察の対象にした $\mathcal{B}(\mathcal{H})=\mathfrak{A}$ は上記定理(3)の条件をみたし，したがってベクトル状態が全部純粋状態になる(→定理 2.8)．それに対し，同じ $\mathfrak{A}=\mathcal{B}(\mathcal{H})$ についてでも，密度行列 ρ から定義された状態 φ では，付随する表現 π_φ が一般に既約ではなく，その表現におけるベクトル状態 φ は必ずしも純粋状態ではないのである．

C^* 環 $\mathfrak{A}$ について，Hilbert 空間 $\mathcal{H}$ 上の表現 π に自然に付随した状態(物理学者が取り扱う状態ともいえる)として，$\mathcal{H}$ の密度行列 ρ により与えられる状態

$$\varphi(A) = \mathrm{Tr}(\rho\pi(A)) \tag{2.51}$$

の全体を考えることができる．それを S_π と書く．

S_π は状態の混合について閉じている．すなわち $\mathfrak{A}$ の状態全体 $S(\mathfrak{A})$ の中で凸部分集合である．またノルム

$$\|\varphi-\psi\| \equiv \sup\{|\varphi(A)-\psi(A)|;\ A\in\mathfrak{A},\ \|A\|\leqq 1\} \tag{2.52}$$

で決まる位相について完備であり，$S(\mathfrak{A})$ の閉部分集合である．

状態の位相については，上記のノルム位相のほかに 1-6 節で導入した物理的位相がある．各 $A\in\mathfrak{A}$ に対し $\varphi_\alpha(A)\to\varphi(A)$ ならば φ_α が φ に収束すると定めて得られる位相である(汎弱位相ともいう)．この位相での閉包について $\bar{S}_{\pi_1}$ と $\bar{S}_{\pi_2}$ が一致すれば π_1 と π_2 は物理的に同値という定義を 1-6 節で与えた．こ

れについては表現 π の核

$$\ker \pi \equiv \{A \in \mathfrak{A} ; \pi(A) = 0\}$$

による次の判定条件が知られている.

定理 2.21 単位をもつ C^* 環について表現 π_1 が表現 π_2 を物理的に含有する(すなわち $\bar{S}_{\pi_1} \supset \bar{S}_{\pi_2}$ である)には,

$$\ker \pi_1 \subset \ker \pi_2$$

が必要十分である. 特に表現 π_1 と π_2 が物理的に等価(すなわち $\bar{S}_{\pi_1} = \bar{S}_{\pi_2}$)であるには,

$$\ker \pi_1 = \ker \pi_2$$

が必要十分である.

特に忠実な表現 π に対しては, S_π が $\mathfrak{A}$ の状態全体の中で物理的位相に関し稠密である.

2-4 量子力学の対称性

まず物理量として $\mathcal{B}(\mathcal{H})$ のすべての自己共役作用素のうち, スペクトルが有限個のもの全体(仮に $\mathcal{A}$ と書く)を考え, 状態としては正規状態全体(仮に Σ と書く)を考える. 1-8 節の定義に従えば, 対称性 s は Σ および $\mathcal{A}$ の全単射 $\varphi \in \Sigma \to s\varphi \in \Sigma$, $Q \in \mathcal{A} \to sQ \in \mathcal{A}$ を与え, 次の条件をみたす.

$$s\varphi(sQ) = \varphi(Q), \qquad sf(Q) = f(sQ) \tag{2.53}$$

補助定理 2.22 s は Σ の凸結合(混合)を保存し, 正規純粋状態の全単射を与える.

証明 $\varphi = \sum \lambda_i \varphi_i$ ならば(2.53)の第1式により

$$s\varphi(sQ) = \varphi(Q) = \sum \lambda_i \varphi_i(Q) = \sum \lambda_i s\varphi_i(sQ)$$

s は $\mathcal{A}$ の全射なので, この式は

$$s\varphi = \sum \lambda_i s\varphi_i$$

を意味する．すなわち s は凸結合を保存する．正規純粋状態は Σ の端点として特徴づけられ，端点は凸結合だけで定義されるので，s は Σ の端点の全単射を与える．

正規純粋状態 φ は $\mathscr{H}$ の単位ベクトル $\boldsymbol{\Phi}$ によるベクトル状態として表わせるが，$\boldsymbol{\Phi}$ は一意的ではなく

$$\boldsymbol{\Phi} \equiv \{e^{i\theta}\boldsymbol{\Phi};\ 0 \leqq \theta < 2\pi\}$$

に属するベクトルはすべて同じ φ を与える．$\boldsymbol{\Phi}$ を**単位射線**という．(幾何学的には $\boldsymbol{\Phi}$ は円であるが，もともと実線形空間では $\boldsymbol{R\Phi}$($\boldsymbol{\Phi}$ の実数倍)を射線といい，これを複素線形空間に拡張して $\boldsymbol{C\Phi}$ を射線といい，これを単位ベクトルに制限して単位射線という言葉になった.)

2つの単位射線 $\boldsymbol{\Phi}$ と $\boldsymbol{\Psi}$ のベクトルが直交するとき，対応する状態 φ と ψ も**直交する**という．同値な条件として，$\varphi(E)=1$，$\psi(E)=0$ をみたす射影作用素(質問)E が存在するとき φ と ψ は直交する．実際

$$\varphi(\mathbf{1}-E) = \|(\mathbf{1}-E)\boldsymbol{\Phi}\|^2 = 0, \qquad \psi(E) = \|E\boldsymbol{\Psi}\|^2 = 0$$

より

$$(\mathbf{1}-E)\boldsymbol{\Phi} = 0, \qquad E\boldsymbol{\Psi} = 0$$

が得られるので

$$(\boldsymbol{\Psi}, \boldsymbol{\Phi}) = (\boldsymbol{\Psi}, (\mathbf{1}-E)\boldsymbol{\Phi}) + (\boldsymbol{\Psi}, E\boldsymbol{\Phi}) = 0 + (E\boldsymbol{\Psi}, \boldsymbol{\Phi}) = 0$$

となる．逆に $(\boldsymbol{\Psi}, \boldsymbol{\Phi})=0$ なら E として1次元部分空間 $\boldsymbol{C\Phi}$ への射影作用素($|\boldsymbol{\Phi}\rangle\langle\boldsymbol{\Phi}|$ とも書かれる)をとれば条件をみたす．▌

φ と ψ が直交することを $\varphi\perp\psi$ と書く．

> **補助定理 2.23**　s は純粋状態の直交関係を保つ．すなわち $\varphi\perp\psi$ と $s\varphi\perp s\psi$ は同値.

証明　$E\in\mathscr{A}$(したがって $E^*=E$)が射影作用素であることは $E^2=E$ により特徴づけられるので，(2.53)の第2式により sE も射影作用素である．$\varphi(E)=1$，$\psi(E)=0$ なら

$$s\varphi(sE) = 1, \qquad s\psi(sE) = 0$$

が成立し $s\varphi \perp s\psi$ である．s^{-1} も対称性なので逆も成り立つ．▎

単位射線 $\boldsymbol{\Phi}$ および $\boldsymbol{\Psi}$ に対応する状態を φ, ψ とするとき，

$$|(\boldsymbol{\Phi}, \boldsymbol{\Psi})|^2 \equiv \langle \varphi, \psi \rangle \tag{2.54}$$

は φ と ψ だけできまり，**遷移確率**とよばれる．

> **補助定理 2.24**　任意の正規純粋状態 φ, ψ について
> $$\langle s\varphi, s\psi \rangle = \langle \varphi, \psi \rangle$$

証明　1次元部分空間 $\boldsymbol{C\Phi}$ への射影作用素

$$E_\varphi \equiv E(\boldsymbol{C\Phi})(=|\boldsymbol{\Phi}\rangle\langle\boldsymbol{\Phi}|) \in \mathscr{A}$$

は，$E_\varphi{}^2 = E_\varphi$，$\varphi(E_\varphi) = 1$，$\varphi' \perp \varphi$ ならば $\varphi'(E_\varphi) = 0$ の3条件をみたす $\mathscr{A}$ の元として特徴づけることができる．これらの条件は s で保存されるので

$$sE_\varphi = E_{s\varphi}$$

を得る．他方

$$\langle \varphi, \psi \rangle = \psi(E_\varphi) \tag{2.55}$$

が成立するので

$$\langle s\varphi, s\psi \rangle = s\psi(E_{s\varphi}) = s\psi(sE_\varphi) = \psi(E_\varphi) = \langle \varphi, \psi \rangle$$ ▎

以上により対称性 s は $\mathscr{H}$ の単位射線の遷移確率を保存する全単射を与えることがわかった．そのような全単射は次の **Wigner の定理**で特徴づけられる．

> **定理 2.25**　次元が3以上の $\mathscr{H}$ の単位射線の遷移確率を保存する全単射 s は $\mathscr{H}$ 上のユニタリまたは反ユニタリ写像 U により
> $$s\boldsymbol{\Phi} = U\boldsymbol{\Phi} \tag{2.56}$$
> と表わすことができる．

U がユニタリであるか反ユニタリであるかは s でどちらか一方に決まる．

定理の証明は多少複雑なので本節の終わりに示す．

(2.56)が成立すれば，(2.53)の第1式により

$$(\boldsymbol{\Phi}, Q\boldsymbol{\Phi}) = (U\boldsymbol{\Phi}, sQU\boldsymbol{\Phi}) = \begin{cases} (\boldsymbol{\Phi}, U^*(sQ)U\boldsymbol{\Phi}) \\ (U^*(sQ)U\boldsymbol{\Phi}, \boldsymbol{\Phi}) \end{cases}$$

右辺の上段は U がユニタリの場合，下段は反ユニタリの場合で，U^* の定義の違いによる．上式より

$$Q = U^*(sQ)U \quad \text{すなわち} \quad sQ = UQU^* \qquad (\text{ユニタリ})$$

$$Q^* = U^*(sQ)U \quad \text{すなわち} \quad sQ = UQ^*U^* \quad (\text{反ユニタリ})$$

U が反ユニタリの場合，$Q \in \mathscr{A}$ については $Q^*=Q$ なので Q^* は Q で置き換えても同じである．しかし $\mathscr{B}(\mathscr{H})$ の一般の元 Q にまで拡張して，$s\varphi(sQ) = \varphi(Q)$ をみたそうとすると，Q^* でなければならない．他方

$$sQ = UQU^*$$

として，その代わり U が反ユニタリのときは

$$s\varphi(sQ) = \overline{\varphi(Q)}$$

としてもよい．$Q=Q^*$ ならば $\varphi(Q)$ は実数で(2.53)の第1式と一致する．第2式については

$$sf(Q) = \bar{f}(sQ)$$

と変更する必要を生ずるが，f を実関数に限れば変更の必要はない．この選択は，自己共役作用素について物理的に与えられた対称性 s を一般の作用素に拡張する際の便宜性により定めればよいものである．

以上をまとめると，通常の量子力学における対称性 s は，Hilbert 空間 $\mathscr{H}$ 上のユニタリまたは反ユニタリ作用素 U_s により

$$\varphi(A) = (\boldsymbol{\Phi}, A\boldsymbol{\Phi}) \to s\varphi(A) = (U_s\boldsymbol{\Phi}, AU_s\boldsymbol{\Phi}) \tag{2.57}$$

$$sQ = \begin{cases} U_sQU_s^* & (U \text{ がユニタリ}) \quad (2.58) \\ U_sQ^*U_s^* & (U \text{ が反ユニタリ}) \quad (2.59) \end{cases}$$

と表わすことができる．与えられた s に対し U_s の選択は**ユニタリ射線**

$$\mathsf{U}_s = \{e^{i\theta}U_s;\, 0 \leqq \theta < 2\pi\} \tag{2.60}$$

の範囲に限られる．

(2.53)から出発してこの結論に到着するには Wigner による上述の遷移確率に注目する方法以外にいくつかの方法があり，またその一般化がある．

まず，すでに補助定理 2.23 の証明で，s は $P(\mathscr{H})$ の全単射を与える．$P(\mathscr{H})$ は次のような**直可補束**の論理構造(**量子論理**とよばれる)をもっている．$E_i \in$

$P(\mathscr{H})$ とする．

（i）$E_2E_1=E_1$ のとき $E_1 \leqq E_2$ と定義する．$E_1\mathscr{H} \subseteqq E_2\mathscr{H}$ と同値であり，$P(\mathscr{H})$ は順序集合になる．（論理関係としては，E_1 が真なら E_2 も真という**含意**である．）

（ii）最小上界 $E_1 \vee E_2$（$E \geqq E_1, E \geqq E_2$ をみたす最小の $E \in P(\mathscr{H})$）および最大下界 $E_1 \wedge E_2$（$E \leqq E_1, E \leqq E_2$ をみたす最大の $E \in P(\mathscr{H})$）が存在し，$P(\mathscr{H})$ は束をなす．（**結び** $E_1 \vee E_2$ は**論理和**，**交わり** $E_1 \wedge E_2$ は**論理積**である．）

（iii）$P(\mathscr{H})$ は最大元 $\mathbf{1}$，最小元 $\mathbf{0}$ をもつ．

（iv）$E^{\perp}=\mathbf{1}-E$ を E の**直補元**とすれば $P(\mathscr{H})$ は**直可補束**になる．すなわち次の諸性質が成り立つ．

$$E \vee E^{\perp} = \mathbf{1}, \quad E \wedge E^{\perp} = \mathbf{0}, \quad (E^{\perp})^{\perp} = E, \quad E_1 \leqq E_2 \Rightarrow E_1{}^{\perp} \geqq E_2{}^{\perp}$$

（$E^{\perp}$ は E の**否定**である．）

補助定理 2.26　対称性 s は直可補束 $P(\mathscr{H})$ の**直自己同形写像**を与える．すなわち s は $P(\mathscr{H})$ から $P(\mathscr{H})$ への全単射で，

$$s(E_1 \vee E_2) = sE_1 \vee sE_2, \quad s(E_1 \wedge E_2) = sE_1 \wedge sE_2 \tag{2.61}$$

$$s(E^{\perp}) = (sE)^{\perp} \tag{2.62}$$

証明　$E_1 \leqq E_2$ は $\varphi(E_1)=1$ ならば $\varphi(E_2)=1$ ($\varphi \in \Sigma$) と同等である．$\varphi(A)=(\boldsymbol{\Phi}, A\boldsymbol{\Phi})$ について補助定理 2.22 と 2.23 の間で証明したように，$\varphi(E)=1$ は $E\boldsymbol{\Phi}=\boldsymbol{\Phi}$，すなわち $\boldsymbol{\Phi} \in E\mathscr{H}$ と同値であり，$\boldsymbol{\Phi} \in E_1\mathscr{H}$ なら $\boldsymbol{\Phi} \in E_2\mathscr{H}$ ということは，$E_1\mathscr{H} \subset E_2\mathscr{H}$ と同値である．したがって

$$E_1 \leqq E_2 \Rightarrow sE_1 \leqq sE_2 \tag{2.63}$$

逆も成立し，ゆえに(2.61)が成立する．また

$$\begin{aligned} s\varphi(s(cA+dB)) &= \varphi(cA+dB) = c\varphi(A)+d\varphi(B) \\ &= cs\varphi(sA)+ds\varphi(sB) = s\varphi(csA+dsB) \end{aligned}$$

により，s の線形性

$$s(cA+dB) = csA+dsB$$

が得られる．また(2.63)により最大元は保存されるので

$$s\mathbf{1} = \mathbf{1}$$

である．したがって

$$s(E^{\perp}) = s(\mathbf{1}-E) = s\mathbf{1}-sE = \mathbf{1}-sE = (sE)^{\perp}$$

により(2.62)も成立する．▌

$P(\mathcal{H})$ の直自己同形については次の **Dye の定理**がある．

> **定理 2.27** $\mathcal{H}$ の次元が 3 以上のとき，$P(\mathcal{H})$ の直自己同形写像は，$\mathcal{B}(\mathcal{H})$ の＊自己同形写像または＊反自己同形写像に一意的に拡大できる．

＊自己同形写像とは自分自身への全単射で線形結合，積および＊を保存する写像であり，反がつくと積が保存されるかわりに

$$s(AB) = s(B)s(A) \tag{2.64}$$

のように順序が逆になる．

Wigner の定理の帰結(2.58)，(2.59)との関係は次の定理による．

> **定理 2.28** $\mathcal{B}(\mathcal{H})$ の＊自己同形写像 s は，$\mathcal{B}(\mathcal{H})$ のあるユニタリ元 U によるユニタリ変換
>
> $$sQ = UQU^*$$
>
> として表わすことができる．$\mathcal{B}(\mathcal{H})$ の＊反自己同形写像 s は，$\mathcal{H}$ 上の反ユニタリ作用素 U による反ユニタリ変換
>
> $$sQ = UQ^*U^*$$
>
> として表わすことができる．

Dye の定理 2.27 は一般の von Neumann 環 $\mathfrak{M}$ の射影作用素束 $P(\mathfrak{M})$ について Dye が証明している．この場合，I_2 型部分がないことが $\mathfrak{M}$ に対する前提条件になる．そのとき $\mathfrak{M}$ の中心射影作用素 E（中心とは E が $\mathfrak{M}$ の任意の元と可換であることをさす）により

$$\mathfrak{M} = \mathfrak{M}_1+\mathfrak{M}_2, \quad \mathfrak{M}_1 = \mathfrak{M}E, \quad \mathfrak{M}_2 = \mathfrak{M}(\mathbf{1}-E) \tag{2.65}$$

と分解され，$sE=E$ で，s は $\mathfrak{M}_1$ の＊自己同形写像 s_1 と $\mathfrak{M}_2$ の＊反自己同形写

像 s_2 の直和になる．

第1章でもふれたように，物理量の和の演算は

$$\varphi(A+B) = \varphi(A)+\varphi(B)$$

で決まる．また物理量に数をかける演算と次の **Jordan 積**の演算は物理量の関数を使って決まる．

$$A\circ B = (1/2)(AB+BA) = (1/2)((A+B)^2-A^2-B^2)$$

これら3種の演算で閉じた $\mathcal{B}(\mathcal{H})$ の部分集合を Jordan 環とよび，Jordan 環としての演算を保存する全単射を Jordan 同形写像という．次の定理は R. V. Kadison による．

定理 2.29 von Neumann 環 $\mathfrak{M}$ の Jordan 自己同形 s は，(2.65) の形の分解で $\mathfrak{M}_1$ の＊自己同形写像 s_1 と $\mathfrak{M}_2$ の＊反自己同形写像の直和に分解される．

$\mathcal{B}(\mathcal{H})$ の場合は $E=\mathbf{0}$ または $\mathbf{1}$ なので，s_1 と s_2 のどちらかだけになる．

状態の写像として対称性を特徴づけることもできる．Σ_0 を $\mathcal{B}(\mathcal{H})$ の正規状態の全体とする．

補助定理 2.30 対称性 s は状態の凸結合(混合)を保つ．

証明 補助定理 2.22 と同じである．

次の定理も Kadison による．

定理 2.31 $\mathcal{B}(\mathcal{H})$ の正規状態全体 Σ_0 から Σ_0 への全単射 s が凸結合を保存すれば，$\mathcal{B}(\mathcal{H})$ の＊自己同形写像または＊反自己同形写像 s があって

$$s\varphi(sQ) = \varphi(Q) \qquad (\text{すなわち } s\varphi(Q)=\varphi(s^{-1}Q)) \quad (2.66)$$

φ の密度行列を ρ とすれば，$s\varphi$ の密度行列は $s\rho$ である．

(2.66)の結論は $\mathcal{B}(\mathcal{H})$ の代わりに一般の von Neumann 環をとっても成立する．また C^* 環 $\mathfrak{A}$ の場合は，s が状態の汎弱位相について一様連続であるな

らば成立する．（Σ としてはたとえば $\mathfrak{A}$ の状態全体をとる．）

Wigner の定理 2.25 の証明*

（1）次の補助定理をくり返し使うのでまず証明する．

補助定理 2.32 （i） $\boldsymbol{\Phi}_1 \perp \boldsymbol{\Phi}_2$ ならば $s\boldsymbol{\Phi}_1 \perp s\boldsymbol{\Phi}_2$.

（ii） $\Phi_i \in \boldsymbol{\Phi}_i$ $(i=1,2)$，$\boldsymbol{\Phi}_1 \perp \boldsymbol{\Phi}_2$，$c_1 c_2 \neq 0$，$\Phi = c_1\Phi_1 + c_2\Phi_2$，$\Phi' \in s\boldsymbol{\Phi}$（$\boldsymbol{\Phi}$ は Φ を含む単位射線）ならば，$\Phi_1' \in s\boldsymbol{\Phi}_1$，$\Phi_2' \in s\boldsymbol{\Phi}_2$ が存在して

$$\Phi' = c_1\Phi_1' + c_2\Phi_2' \tag{2.67}$$

証明 (i)は補助定理 2.23 である．(ii)において $\boldsymbol{\Phi}_1$ と $\boldsymbol{\Phi}_2$ を固定して $\boldsymbol{\Phi}$ の全体を考えると，それは $\boldsymbol{\Phi}_1$ および $\boldsymbol{\Phi}_2$ に直交する任意の $\boldsymbol{\Phi}$ と直交する単位射線全体として特徴づけられる．(i)によりこの特徴づけは s で保存されるので，$s\boldsymbol{\Phi}$ の全体は(2.67)で与えられる $\boldsymbol{\Phi}'$ の全体と一致する．また $|c_1|, |c_2|$ は

$$|c_i|^2 = |(\Phi_i, \Phi)|^2 = |(\Phi_i', \Phi')|^2$$

が遷移確率の保存により成立するので，任意の $\Phi' \in s\boldsymbol{\Phi}$，$\Phi_1' \in s\boldsymbol{\Phi}_1$，$\Phi_2' \in s\boldsymbol{\Phi}_2$ に対して

$$\Phi' = c_1'\Phi_1' + c_2'\Phi_2', \qquad |c_1'| = |c_1|,\ |c_2'| = |c_2|$$

が成立する．したがって Φ_1' と Φ_2' を適当に選べば(2.67)が成立する．▌

（2）定理の帰結の U は，存在すれば次のようにほぼ決まってしまう．

$\Phi_0 \in \mathcal{H}$ を固定し，$\Phi_0' \in s\boldsymbol{\Phi}_0$ を選んで

$$U\Phi_0 = \Phi_0' \tag{2.68}$$

と決める．Φ_0' の選び方に $e^{i\theta}$ だけの不定性がある．

$\boldsymbol{\Psi} \perp \boldsymbol{\Phi}_0$ でなければ，$\Psi \in \boldsymbol{\Psi}$，$\Psi' \in s\boldsymbol{\Psi}$ を

$$(\Psi, \Phi_0) > 0, \qquad (\Psi', \Phi_0') > 0 \tag{2.69}$$

のように選ぶ．このような Ψ, Ψ' は存在して一意的である．そこで

$$U\Psi = \Psi' \tag{2.70}$$

* U. Uhlhorn: Arkiv Fysik **23** (1963) 307-340 にそれまでの文献が詳しく引用されている．なお，E. H. Lieb, B. Simon and A. S. Wightman (ed.): *Studies in Mathematical Physics*, (Princeton University Press, 1976) の pp. 327-349 にある B. Simon の論文も参照．

と定義する．

$\boldsymbol{\Psi}\perp\boldsymbol{\Phi}_0$ ならば，$\Psi\in\boldsymbol{\Psi}$ を選び，$(\boldsymbol{\Phi}_0+\Psi,\boldsymbol{\Phi}_0)=1>0$ なので

$$U\Psi=\sqrt{2}\,U\{2^{-1/2}(\boldsymbol{\Phi}_0+\Psi)\}-\boldsymbol{\Phi}_0' \tag{2.71}$$

と定義する．U が存在すれば(2.71)も成立するはずである．

(3) まず $U\Psi\in s\boldsymbol{\Psi}$ を示す．(2.71)のときだけが問題である．補助定理 2.32 により，(2.71)の右辺の第 1 項は $s\boldsymbol{\Phi}_0$ と $s\boldsymbol{\Psi}$ のベクトルの線形結合であるから，$U\Psi$ もそうである．$s\boldsymbol{\Phi}_0$ は $\boldsymbol{\Phi}_0'$ を含み，$s\boldsymbol{\Psi}$ と直交しているので，$U\Psi$ が $\boldsymbol{\Phi}_0'$ と直交していることがわかれば，$U\Psi$ は $s\boldsymbol{\Phi}_0$ の成分を含まず，$s\boldsymbol{\Psi}$ に属することがわかる．

そこで $(\boldsymbol{\Phi}_0',U\Psi)$ を計算する．遷移確率の保存と正条件(2.69)により

$$(U\{2^{-1/2}(\boldsymbol{\Phi}_0+\Psi)\},\boldsymbol{\Phi}_0')=2^{-1/2}(\boldsymbol{\Phi}_0+\Psi,\boldsymbol{\Phi}_0)=2^{-1/2}$$

である．したがって

$$(U\Psi,\boldsymbol{\Phi}_0')=\sqrt{2}\,2^{-1/2}-(\boldsymbol{\Phi}_0',\boldsymbol{\Phi}_0')=0$$

がわかる．

(4) 以上により各射線からベクトルを 1 つずつ選んで U の作用を定め，$U\Psi\in s\boldsymbol{\Psi}$ を確かめた．次に

$$(U\Psi_1,U\Psi_2)=(\Psi_1,\Psi_2) \tag{2.72a}$$

$$(U\Psi_1,U\Psi_2)=(\Psi_2,\Psi_1) \tag{2.72b}$$

のいずれかが成立していることを示す．そこで $\Psi\perp\boldsymbol{\Phi}_0$,

$$\Psi(\lambda,\theta)=(1-\lambda^2)^{1/2}\boldsymbol{\Phi}_0+\lambda e^{i\theta}\Psi \qquad (0<\lambda<1) \tag{2.73}$$

を考える．補助定理 2.32 と(2.69)により

$$U\Psi(\lambda,\theta)=(1-\lambda^2)^{1/2}\boldsymbol{\Phi}_0'+\lambda e^{i\omega}\Psi'$$

である．ただし $\Psi'\in s\boldsymbol{\Psi}$ を自由に固定する．ω は λ と θ によるかもしれない．次に

$$(\Psi(\lambda_1,\theta_1),\Psi(\lambda_2,\theta_2))=(1-\lambda_1{}^2)^{1/2}(1-\lambda_2{}^2)^{1/2}+\lambda_1\lambda_2e^{i(\theta_2-\theta_1)}$$

$$(U\Psi(\lambda_1,\theta_1),U\Psi(\lambda_2,\theta_2))=(1-\lambda_1{}^2)^{1/2}(1-\lambda_2{}^2)^{1/2}+\lambda_1\lambda_2e^{i(\omega_2-\omega_1)}$$

を比較する．遷移確率の保存により，2 式の絶対値は等しいので

$$\cos(\theta_2-\theta_1)=\cos(\omega_2-\omega_1) \tag{2.74}$$

上式で $\theta_1=0$, $\lambda_1=\lambda_0$ を固定し，対応する ω_1 を ω_0 とおいて $\omega=\omega_2$ を求めると，

$$\omega = \omega_0+\sigma\theta \qquad (\mathrm{mod}\ 2\pi)$$

ここに σ は 1 または -1 で λ,θ によるかもしれない．これを(2.74)の θ_1,θ_2 に代入すると，σ が θ,λ によらないことがわかる．これを上の内積の表式に代入すると，(2.72)の 2 式のいずれかがすべての λ,θ に共通に成立することがわかる．なお $\lambda=0$ が入っても U の定義により(2.72)の 2 式の区別がなくなり両方とも成立する．

次に σ の Ψ への依存性を考えるため，$\boldsymbol{\Phi}\perp\Psi$, $\boldsymbol{\Phi}\perp\boldsymbol{\Phi}_0$ として

$$\boldsymbol{\Phi}(\lambda,\theta,\mu) = \mu\Psi(\lambda,\theta)+(1-\mu^2)^{1/2}\boldsymbol{\Phi} \qquad (0<\mu\leqq 1)$$

を考える．補助定理 2.32 と(2.69)により

$$U\boldsymbol{\Phi}(\lambda,\theta,\mu) = \mu U\Psi(\lambda,\theta)+(1-\mu^2)^{1/2}\boldsymbol{\Phi}', \qquad \boldsymbol{\Phi}'\in s\boldsymbol{\Phi}$$

である．そこで

$$(\Psi(\lambda_1,\theta_1),\boldsymbol{\Phi}(\lambda,\theta,\mu)) = \mu(\Psi(\lambda_1,\theta_1),\Psi(\lambda,\theta))$$

$$(U\Psi(\lambda_1,\theta_1),U\boldsymbol{\Phi}(\lambda,\theta,\mu)) = \mu(U\Psi(\lambda_1,\theta_1),U\Psi(\lambda,\theta))$$

を比較すると，(2.72)が成立し，a, b のいずれになるかは前と同じである．

単位射線 $\boldsymbol{\Psi}_1$ と $\boldsymbol{\Psi}_2$ が $\boldsymbol{\Phi}_0$ と等しくなく，$\boldsymbol{\Phi}_0$ と直交せず，

$$(\Psi_1,\boldsymbol{\Phi}_0)>0, \qquad (\Psi_2,\boldsymbol{\Phi}_0)>0$$

ならばいつでも $\Psi_1=\Psi(\lambda,\theta)$, $\Psi_2=\boldsymbol{\Phi}(\lambda,\theta,\mu)$ のように書ける．したがって，この場合(2.72)のどちらかが成立することがわかった．また(2.72a)と(2.72b)のいずれになるかは，Ψ_1 を固定(それを $\Psi(\lambda,\mu)$ にとる)すると，Ψ_2 については共通であり，Ψ_2 を固定(それを $\Psi(\lambda,\mu)$ にとる)すれば Ψ_1 について共通であることがわかった．

いま $\boldsymbol{\Psi}_1,\boldsymbol{\Psi}_2,\boldsymbol{\Psi}_1',\boldsymbol{\Psi}_2'$ がすべて $\boldsymbol{\Phi}_0'$ に等しくないとすると，$\boldsymbol{\Phi}_0$ に等しくもなく，直交もしない Ψ_3 であって，Ψ_1,Ψ_1' との内積がいずれも実でない単位ベクトル Ψ_3 が存在する．そこで，$\{\Psi_1,\Psi_2\}$, $\{\Psi_1,\Psi_3\}$, $\{\Psi_1',\Psi_3\}$, $\{\Psi_1',\Psi_2'\}$ の各対における選択がみな同じになり，したがって任意の対 $\{\Psi_1,\Psi_2\}$ と $\{\Psi_1',\Psi_2'\}$ での選択が同じであることがわかる．

定義(2.71)の右辺はすでに内積が(2.72a)または(2.72b)を共通にみたすこ

とがわかったベクトルの線形結合なので，$\boldsymbol{\varPhi}_0$ に直交する $\boldsymbol{\varPsi}$ についても(2.71)により同じ結果がいえたことになる．

以上により(2.72a)または(2.72b)のいずれかが，U を定義したすべてのベクトルに対して成立することがわかる．

(5) U はすでに各射線から1つずつ選ばれたベクトルの上で定義してあるので，一般のベクトルについて，(2.72a)が成立している場合には

$$U(c\varPsi) = cU\varPsi$$

(2.72b)が成立している場合には

$$U(c\varPsi) = \bar{c}U\varPsi$$

のように定義すると，(2.72a)または(2.72b)が任意のベクトルについて成立する．また s が全射なので U も全射となり，U はユニタリまたは反ユニタリである．▌

注意 U の構成から，ユニタリ射線 $\boldsymbol{U}$ は s によって一意的に決まる．

以上の議論では1つの対称性を考えた．対称性 r, s に対し，状態および物理量に対する変換の積の意味で，対称性の積 sr を対称性と考えることができて，対応するユニタリまたは反ユニタリ射線の間に

$$\boldsymbol{U}_{sr} = \boldsymbol{U}_s\boldsymbol{U}_r \tag{2.75}$$

という関係が成立する．これを使ってユニタリと反ユニタリのいずれかを決定できる場合がある．2例をあげる．

(1) 対称性 s と r が $s=r^2$ の関係にある場合，

$$\boldsymbol{U}_s = (\boldsymbol{U}_r)^2$$

であるから，$\boldsymbol{U}_r$ がユニタリであっても反ユニタリであっても $\boldsymbol{U}_s$ はユニタリになる．

対称性がある連結 Lie 群 G をなす場合，まず単位元の適当な近傍の元 $s \in G$ は上の性質をみたすので $\boldsymbol{U}_s$ はユニタリである．G の任意の元は，この近傍に属する有限個の元の積で表わされるので，結局 G の元はすべてユニタリ射線で表現されることになる．

(2) 時間の平行移動についての対称性は

$$U(t) = e^{itH}$$

のようにユニタリ作用素の1変数群で表わされる．次章の3-6節でも説明するように，生成作用素 H はエネルギーと解釈され，正定値 $H \geqq 0$ が要請されることが起こる．この条件のもとで，空間座標の反転 P $(\boldsymbol{x} \to -\boldsymbol{x})$ や時間反転 T $(t \to -t)$ が対称性の場合，次の関係式が要請される．

$$PU(t)P^* = \lambda(t)U(t), \qquad TU(t)T^* = \mu(t)U(-t) \tag{2.76}$$

ここに $\lambda(t)$ や $\mu(t)$ は不定な絶対値1の数である．

$$VU(t)V^* = e^{iVHV^*} \qquad (V \text{がユニタリ})$$

$$VU(t)V^* = e^{-iVHV^*} \qquad (V \text{が反ユニタリ})$$

となるが，VHV^* のスペクトルは V がユニタリであっても反ユニタリであっても H のスペクトルと同じなので，生成作用素のスペクトルが上に有界か下に有界かを(2.76)の両辺で比較することにより($\lambda(t)$ や $\mu(t)$ は単にスペクトルをずらすだけなので)，P はユニタリ，T は反ユニタリでなければならないことが帰結される．(物理的要請により H は非有界である．)

＊自己同形と＊自己反同形についてもまったく同じ議論ができて，たとえば連結 Lie 群をなす対称性は＊自己同形で表わされる．

2-5 代数的観点での対称性

物理量全体をある C^* 環 $\mathfrak{A}$ で表わす代数的観点では，前節で議論したように対称性は＊自己同形または反同形写像で表わされ，特に連結 Lie 群 G の場合，各 $g \in G$ に $\mathfrak{A}$ の自己同形写像 α_g が対応して，

$$\alpha_{gh} = \alpha_g \alpha_h \tag{2.77}$$

をみたす．

前節では，対称性 g にユニタリ作用素 U_g が対応する場合も論じ，その場合には物理量 Q について

$$\alpha_g(Q) = (\mathrm{Ad}\, U_g)Q \equiv U_g Q U_g^*$$

が成立する．ただし Q が Hilbert 空間上の作用素として具体的に与えられて

いて，U_gはその Hilbert 空間上の作用素である．Ad U は U によるユニタリ変換を表わす．

ここではα_gが与えられたとき，対応するU_gが構成できる場合を考える．

自己同形写像α_gを状態φの写像に転置すると

$$(\alpha_g{}'\varphi)(Q) \equiv \varphi(\alpha_g Q)$$

となる．対称性gによる状態φの写像は，$(g\varphi)(gQ)=\varphi(Q)$の条件から$\alpha_{g^{-1}}{}'$で与えられる．特に$g$で変わらない(すなわち対称な)状態を$g$の**不変状態**という．

$$\varphi(\alpha_g Q) = \varphi(Q) \tag{2.78}$$

がすべての$Q\in\mathfrak{A}$について成立することがその条件である．

定理 2.33 φが対称性gの不変状態のとき，φに付随する巡回表現空間$\mathcal{H}_\varphi$上のユニタリ作用素U_gで次の条件をみたすものが存在し，一意的である($Q\in\mathfrak{A}$)．

$$U_g\Omega_\varphi = \Omega_\varphi, \qquad U_g\pi_\varphi(Q)U_g^* = \pi_\varphi(\alpha_g(Q)) \tag{2.79}$$

証明 $\mathcal{H}_\varphi$で稠密な部分集合$\pi_\varphi(\mathfrak{A})\Omega_\varphi$上で$U_g$を

$$U_g\pi_\varphi(Q)\Omega_\varphi = \pi_\varphi(\alpha_g Q)\Omega_\varphi \tag{2.80}$$

により定義すると，U_gの値域も稠密集合$\pi_\varphi(\mathfrak{A})\Omega_\varphi$であり，

$$(\pi_\varphi(\alpha_g Q_1)\Omega_\varphi, \pi_\varphi(\alpha_g Q_2)\Omega_\varphi) = \varphi(\alpha_g(Q_1{}^*Q_2))$$
$$=\varphi(Q_1{}^*Q_2) = (\pi_\varphi(Q_1)\Omega_\varphi, \pi_\varphi(Q_2)\Omega_\varphi)$$

によりU_gは等長である(第2等号はφの不変性)．ゆえにU_gの閉包は値域が稠密な等長作用素，すなわちユニタリ作用素になる．

$\mathbf{1}\in\mathfrak{A}$のときは$Q=\mathbf{1}$とおけば$\alpha_g Q$も$\mathbf{1}$なので(2.79)の第1式が得られる．$\mathbf{1}\notin\mathfrak{A}$ならば$Q$として近似的単位$f_\nu$をとると$\alpha_g Q$も近似的単位となり，$\nu$についての極限をとることにより(2.79)の第1式が得られる．定義式より

$$U_g\pi_\varphi(Q)U_g{}^*\{\pi_\varphi(\alpha_g Q')\Omega_\varphi\} = U_g\pi_\varphi(Q)U_g{}^*\{U_g\pi_\varphi(Q')\Omega_\varphi\}$$
$$= U_g\pi_\varphi(Q)\pi_\varphi(Q')\Omega_\varphi = U_g\pi_\varphi(QQ')\Omega_\varphi$$
$$= \pi_\varphi(\alpha_g(QQ'))\Omega_\varphi = \pi_\varphi(\alpha_g Q)\pi_\varphi(\alpha_g Q')\Omega_\varphi$$

が得られる．$\alpha_g(\mathfrak{A})=\mathfrak{A}$ であり $\pi_\varphi(\mathfrak{A})\Omega_\varphi$ は $\mathcal{H}_\varphi$ で稠密なので，$\pi_\varphi(\alpha_g Q')\Omega_\varphi$ の全体は(Q' を $\mathfrak{A}$ 全体で動かせば)稠密である．したがって(2.79)の第2式が得られた．すなわち(2.79)をみたすユニタリ作用素 U_g が得られた．

逆にユニタリ作用素 U_g が(2.79)をみたせば

$$U_g\pi_\varphi(Q)\Omega_\varphi = U_g\pi_\varphi(Q)U_g{}^*U_g\Omega_\varphi = \pi_\varphi(\alpha_g Q)\Omega_\varphi$$

となるので(2.80)が成立し，$\pi_\varphi(\mathfrak{A})\Omega_\varphi$ が稠密なので，そのような U_g は一意的である．▌

対称性 g が群 G をなし，(2.77)が成立すれば，(2.80)の定義から U_g は群 G の表現($U_gU_h=U_{gh}$)になる．

最後に連続性について説明を加える．

物理的に自然な連続性は各状態 φ と物理量に対し

$$g\in G \to \varphi(\alpha_g Q)$$

の連続性である．C^* 環 $\mathfrak{A}$ に対し $\varphi(Q)$ で定まる $Q\in\mathfrak{A}$ の位相は，Banach 空間としての弱位相(状態 $\varphi_1,\cdots,\varphi_n$ と正数 $\varepsilon_1,\cdots,\varepsilon_n$ について，

$$\{Q'\in\mathfrak{A}\,;\,|\varphi_i(Q'-Q)|<\varepsilon_i\ (i=1,\cdots,n)\}$$

を $Q\in\mathfrak{A}$ の近傍とする)で，$g\in G\to\alpha_g Q\in\mathfrak{A}$ が $\mathfrak{A}$ のこの位相について連続というのが上記 $\varphi(\alpha_g Q)$ の連続性である．

$\mathfrak{A}$ が von Neumann 環の場合には状態 φ を正規状態に制限したり(作用素の σ 弱位相とよばれる)，作用素の弱位相や強位相をとることも考えられる．($\alpha_g(Q)$ については $\|\alpha_g(Q)\|=\|Q\|$ の一様有界性と $\alpha_g(Q)^*\alpha_g(Q)=\alpha_g(Q^*Q)$ により，これら3者は同値である.)

他方 C^* 環の自然な位相であるノルム位相について

$$g\in G\to\alpha_g Q\in\mathfrak{A} \tag{2.81}$$

の連続性も有用であり，しばしば仮定される．実際この連続性はしばしば適当な $\mathfrak{A}$ を使うことで実現される．

たとえば $\mathfrak{A}$ が von Neumann 環で，(2.81)が作用素の σ 弱位相，あるいは弱位相について連続であるとする．このとき $Q\in\mathfrak{A}$ と台がコンパクトな G 上の C^∞ 級関数 f に対し積分

$$Q(f) = \int_G \alpha_h(Q) f(h) dh$$

を $\mathfrak{A}$ の作用素として定義できて,

$$\alpha_g Q(f) = \int_G \alpha_g \alpha_h(Q) f(h) dh = \int_G \alpha_{gh}(Q) f(h) dh$$
$$= \int_G \alpha_{h'}(Q) f(g^{-1}h') dh' = Q(l_g h)$$

となる. ただし dh は G 上の左側不変測度とし, $h'=gh$ という変数変換 $h\to h'$ を行なった. また l_g は左側正則表現

$$(l_g f)(h) = f(g^{-1}h)$$

である. α_h が自己同形写像なので $\|\alpha_g(Q)\|=\|Q\|$ だから,

$$\|\alpha_g(Q(f)) - \alpha_{g'}(Q(f))\|$$
$$\leqq \int_G \|\alpha_h(Q)\| \, |l_g f(h) - l_{g'} f(h)| dh$$
$$= \|Q\| \|l_g f - l_{g'} f\|_1$$

となる. 右辺は $g\to g'$ で 0 に収束するので $g\in G\to\alpha_g(Q(f))$ は $\mathfrak{A}$ のノルム位相で連続である. そこで $Q\in\mathfrak{A}$ と f を動かして生成される C^* 環 $\mathfrak{A}_1$ を考えると, $\alpha_h\mathfrak{A}_1\subset\mathfrak{A}_1$ が $h=g, g^{-1}$ で成立することから $\alpha_g\mathfrak{A}_1=\mathfrak{A}_1$ となり, α_g は $\mathfrak{A}_1$ の自己同形写像を与え, そこではノルム位相について(2.81)が連続になる.

他方, G の単位元 e に対して $\alpha_e Q=Q$ なので, $\mathfrak{A}$ で仮定した位相について $\alpha_h Q\to Q$ が $h\to e$ で成立する. そこで $f(h)\geqq 0$, $\int f(h)=1$ をみたし台が e に近づく関数 f の族を考えると, 位相を定める状態 φ について

$$\varphi(Q(f)) = \int \varphi(\alpha_h Q) f(h) dh \to \varphi(Q)$$

が成立するので, $\mathfrak{A}_1$ ははじめに考えた位相について $\mathfrak{A}$ で稠密である.

定理 2.33 の U_g の連続性について述べるために, 記号を導入しよう. 与えられた状態 φ に対し

$$S_0(\varphi) \equiv \{\psi\in S(\mathfrak{A});\, \exists Q\in\mathfrak{A},\, \psi(\cdot) = \varphi(Q^*\cdot Q)\}$$

とおく．別の言葉でいうと，表現 π_φ における $\pi_\varphi(Q)\Omega_\varphi$ によるベクトル状態全体である($S(\mathfrak{A})$ は $\mathfrak{A}$ の状態全体)．

> **系 2.34**　α_G の不変状態 φ について，各 $Q\in\mathfrak{A}$ と $\psi\in S_0(\varphi)$ に対し $\psi(\alpha_g Q)$ が連続であることは，U_g が作用素の強位相につき連続であることと同値である．

証明　前半の条件から後半を導くには，極性等式

$$\varphi(Q'\alpha_g Q) = \sum_{n=0}^{3} i^{-n}\varphi_n(\alpha_g Q)/4 \tag{2.82}$$

$$\psi_n(\cdot) \equiv \varphi((Q'+i^n\mathbf{1})^*\cdot(Q'+i^n\mathbf{1})) \qquad (n=0,1,2,3)$$

において，$\psi_n(\mathbf{1})^{-1}\psi_n\in S_0(\varphi)$ なので，前半の条件から(2.82)が連続である．したがって $g'\to g$ のとき

$$\begin{aligned}
&\|\pi_\varphi(\alpha_{g'}Q)\Omega_\varphi-\pi_\varphi(\alpha_g Q)\Omega_\varphi\|^2\\
&\quad= \varphi(\alpha_{g'}(Q)^*\alpha_{g'}Q)+\varphi(\alpha_g(Q)^*\alpha_g Q)-\varphi(\alpha_{g'}(Q)^*\alpha_g Q)-\varphi(\alpha_g(Q)^*\alpha_{g'}Q)\\
&\quad= 2\varphi(Q^*Q)-\varphi(Q^*\alpha_{g'^{-1}g}Q)-\varphi(Q^*\alpha_{g^{-1}g'}Q)\to 0
\end{aligned}$$

(2.80)により U_g が $\pi_\varphi(\mathfrak{A})\Omega_\varphi$ 上で強連続である．$\pi_\varphi(\mathfrak{A})\Omega_\varphi$ の $\mathcal{H}_\varphi$ における稠密性と $\|U_g\|=1$ の一様有界性により，U_g は強連続であることが証明される．

逆に U_g が強連続ならば，(2.80)が強連続であり，

$$\varphi(Q'^*\alpha_g(Q)Q') = \varphi(\alpha_{g^{-1}}(Q')^*Q\alpha_{g^{-1}}Q') = (\Psi_g,\pi_\varphi(Q)\Psi_g)$$

$$\Psi_g \equiv \pi_\varphi(\alpha_{g^{-1}}Q')\Omega_\varphi$$

の連続性が従う．▌

3 相対論的対称性

本章では，量子力学的な対称性として特殊相対性理論を扱う．非斉次 Lorentz 群の既約ユニタリ表現として，粒子を理解する．

3-1 Minkowski 空間

特殊相対性理論の1つのポイントは，時間と空間を同等に扱い，時空点

$$x = (x^{\mu})_{\mu=0,1,2,3} = (x^0, \boldsymbol{x}) \tag{3.1}$$

全体のなす4次元空間 M を考えることである．ここに，x^0 は時刻，$\boldsymbol{x} = (x^j)_{j=1,2,3}$ は空間の点を表わす3次元ベクトルである．

光速度が1となる単位系を使うと，

$$(x, y) = x^0 y^0 - \boldsymbol{x}\cdot\boldsymbol{y} = \sum g_{\mu\nu} x^{\mu} y^{\nu} \tag{3.2}$$

で与えられる双1次形式が特殊相対性理論で重要な役割を演ずる．ここに計量テンソル $g_{\mu\nu}$ は

$$g_{00} = -g_{11} = -g_{22} = -g_{33} = 1, \qquad g_{\mu\nu} = 0 \qquad (\mu \neq \nu) \tag{3.3}$$

である．行列で書くと

$$g=(g_{\mu\nu})=\begin{pmatrix}1&0&0&0\\0&-1&0&0\\0&0&-1&0\\0&0&0&-1\end{pmatrix}\tag{3.4}$$

M の4次元ベクトル x は次のように分類される．

（i） $(x,x)>0\ (|x^0|>|\boldsymbol{x}|)$ のとき，**時間的**という．特に $x^0>0$ か $x^0<0$ に従い，**正時間的，負時間的**という．

（ii） $(x,x)=0\ (|x^0|=|\boldsymbol{x}|)$ のとき，**光的**という．特に，$x^0>0$，$x^0=0$，$x^0<0$ に従い，**正光的，零，負光的** という．

（iii） $(x,x)<0\ (|x^0|<|\boldsymbol{x}|)$ のとき，**空間的**という．

光的ベクトル全体は**光錐**という．また

$$V_+=\{x\in M;(x,x)>0,\ x^0>0\}=\{\text{正時間的ベクトル}\}$$

$$\bar{V}_+=\{x\in M;(x,x)\geqq 0,\ x^0\geqq 0\}$$

$$V_-=\{x\in M;(x,x)>0,\ x^0<0\}=\{\text{負時間的ベクトル}\}$$

$$\bar{V}_-=\{x\in M;(x,x)\geqq 0,\ x^0\leqq 0\}$$

を，それぞれ**開未来錐，閉未来錐，開過去錐，閉過去錐**という．空間的ベクトル全体は**側錐**という．

この分類の物理的意味は次のようである．時空の2点 x,y について $x-y$ が空間的ならば，点 x における事象と点 y における事象は相互に影響を及ぼさない．あるいは x と y の間に信号の授受ができない．このことは第4章で物理量の数学的性質として定式化する．

M の部分集合 S に対し，S の点と因果関係にはない点の全体

$$S'\equiv\{x\in M;\ \text{任意の}\ y\in S\ \text{に対し}\ x-y\ \text{は空間的}\}\tag{3.5}$$

を S の**因果的余集合**という．この記号も第4章で使う．

$x-y$ が空間的でなければ，x と y は因果的関係をもち得る．特に $x-y\in\bar{V}_+$ ならば y から x へ信号を送ることが可能である．このとき $(x-y,x-y)^{1/2}$ は x と y の間の**固有時間**という．x と y の空間座標が同一であるような座標系で測ったときの y から x までの時間である．

$x-y$が正光的なら，yから発した光がxを通る．

3-2 非斉次 Lorentz 群

前節で記述した相対論的因果関係を保存する変換は次の定理で特徴づけられる．

定理 3.1 MからMへの全単射κが条件

$$x-y \in \bar{V}_+ \Longleftrightarrow \kappa x-\kappa y \in \bar{V}_+$$

をみたすためには，κが次の形の1次変換であることが必要十分である．

$$\kappa x = \lambda(\Lambda x+a), \qquad (\Lambda x)^\mu = \sum_\nu \Lambda_\nu{}^\mu x^\nu \tag{3.6}$$

ここにλは正の実数，$a \in M$，$\Lambda=(\Lambda_\nu{}^\mu)$は

$${}^t\Lambda g \Lambda = g \qquad ({}^t\Lambda \text{ は } \Lambda \text{ の転置行列}: ({}^t\Lambda)_\nu{}^\mu=\Lambda_\mu{}^\nu) \tag{3.7}$$

をみたす4行4列の行列で，$\Lambda_0{}^0>0$である．

ここで(3.7)式は，任意の2点$x, y \in M$のMinkowski内積の不変性

$$(\Lambda x, \Lambda y) = (x, y) \tag{3.8}$$

と同値である．

(3.8)式をみたす1次変換Λを**(斉次)Lorentz変換**とよぶ．その全体は群をなし，**全(斉次)Lorentz群**とよび，$O(1,3)$または$\mathscr{L}$と書く．そのようなΛによる$\bar{V}_+$の像は，$\bar{V}_+$または$\bar{V}_-$である．前者の場合は上のように$\Lambda_0{}^0>0$で特徴づけられ，**順時Lorentz変換**とよぶ．その全体は**順時(斉次)Lorentz群**とよび，$\mathscr{L}^\uparrow$と略記する．(3.7)式の両辺の行列式をとることにより，Λの行列式$\det(\Lambda)$は± 1であることがわかる．特に$\det(\Lambda)=1$のものを**固有Lorentz変換**，その全体を**固有(斉次)Lorentz群**とよび，$\mathscr{L}_+$と略記する．$\mathscr{L}_+$と$\mathscr{L}^\uparrow$の共通部分は**制限(斉次)Lorentz群**とよび，$\mathscr{L}_+{}^\uparrow$と略記する．

$\mathscr{L}_+{}^\uparrow$は$O(1,3)$の恒等変換の連結成分であり，$\mathscr{L}_+{}^\uparrow$の変換は微小変換の積み重ねとして得られる．$\mathscr{L}_+{}^\uparrow$の典型的な変換は，時間軸を変えない3次元回転

$$\Lambda(x^0, \boldsymbol{x}) = (x^0, R\boldsymbol{x}) \qquad (R \text{ は回転を表わす行列})$$

と，3次元空間の単位ベクトル $\boldsymbol{e}$ 方向の**純 Lorentz 変換**

$$\Lambda(x^0, \boldsymbol{x}) = (x^0 \cosh\lambda, \boldsymbol{x}_\perp + (\sinh\lambda)\boldsymbol{x}_{/\!/}) \tag{3.9}$$

である．ここに $\boldsymbol{x}_\perp$, $\boldsymbol{x}_{/\!/}$ はそれぞれ $\boldsymbol{x}$ の $\boldsymbol{e}$ に垂直および平行な成分である．

$$\boldsymbol{x}_{/\!/} = (\boldsymbol{e}\cdot\boldsymbol{x})\boldsymbol{e}, \qquad \boldsymbol{x}_\perp = \boldsymbol{x} - \boldsymbol{x}_{/\!/}$$

$\mathcal{L}_+{}^\uparrow$ の一般の変換はこの2つの積である．$O(1,3)$ の一般の変換は，$\mathcal{L}_+{}^\uparrow$ の変換と次のいずれかの変換の積である．

恒等変換　$x \to x$

空間反転　$(x^0, \boldsymbol{x}) \to (x^0, -\boldsymbol{x})$　（P で表わす）

時間反転　$(x^0, \boldsymbol{x}) \to (-x^0, \boldsymbol{x})$　（T で表わす）

時空反転　$x \to -x$

このうち前2者が順時 Lorentz 変換である．

(3.6)式で $a \in M$ の関与する部分は変換 $x \to x+a$ で，**並進**とよぶ．並進と Lorentz 変換をあわせた変換 $x \to \Lambda x + a$ の全体は**全非斉次 Lorentz 群**とよび，Λ に制限をつけたものは斉次の場合と同様に**順時非斉次 Lorentz 群**，**固有非斉次 Lorentz 群**，**制限非斉次 Lorentz 群**とよぶ．それぞれ非斉次 Lorentz 群とよぶ代わりに **Poincaré 群**ともよび，$\mathcal{P}, \mathcal{P}^\uparrow, \mathcal{P}_+, \mathcal{P}_+{}^\uparrow$，等の記号で表わす．

定理3.1により，相対論的な因果関係を保存する時空点の変換は，順時非斉次 Lorentz 変換にスケールの変換($x \to \lambda x$)を組み合わせたものである．特に(粒子の質量等)スケールを与える物理量があって，それを変えないという条件をつけると $\mathcal{P}^\uparrow$ の変換だけが許されることになる．

3-3　量子力学における相対論的対称性

特殊相対性理論では，$\mathcal{P}_+{}^\uparrow$ の変換はすべて1-8節の能動的な意味における対称性であると仮定する．具体的には，対象系の状態の準備や物理量の測定に使う器具の位置や使用時刻を一斉にずらして測定を行なうのが並進であり($a = (a^0, \boldsymbol{a})$ のうち a^0 が時刻のずらし，$\boldsymbol{a}$ が位置のずらしである)，方向を一斉にずらす($\boldsymbol{x} \to R\boldsymbol{x}$)のが回転である．また，すべての器具を等速運動している系にのせるのが，(3.9)の純 Lorentz 変換である．ただし，等速運動系の速度 $\boldsymbol{v}$ と(3.9)のパラメタとは光速度1の単位系で

$$\boldsymbol{v} = (\tanh\lambda)\boldsymbol{e}$$

により関係している．以上，3つの変換を組み合わせると，$\mathcal{P}_+{}^{\uparrow}$ の任意の変換の能動的解釈が与えられる．そのような変換を一斉に行なったとき測定結果が変わらないというのが，相対論的対称性の内容である．

2-4節の Wigner の定理に従ってこの対称性を考えると，各変換 $g\in\mathcal{P}_+{}^{\uparrow}$ に対応して g による状態および物理量の変換を与えるユニタリ作用素 $U(g)$ が定まる．ただし絶対値1の複素数 λ をかけた $\lambda U(g)$ も $U(g)$ とまったく同じ変換を生じるので，その分だけ $U(g)$ の定め方に不定性が残る．(単位元の近傍では任意の g は $g=h^2$ のように書けるので，$U(g)=\lambda(h,h)^{-1}U(h)^2$ となり((3.10)式)，$U(h)$ がユニタリでも反ユニタリでも $U(g)$ はユニタリになる.)

2つの変換 g_1, g_2 を引き続き行なった結果が積 $g_2 g_1$ であるから，$U(g_2)U(g_1)$ は状態および物理量に $g_2 g_1$ という変換をひきおこす．上にのべた λ の不定性のため

$$U(g_2)U(g_1) = \lambda(g_2, g_1)U(g_2 g_1) \tag{3.10}$$

が成立する．ただし $\lambda(g_2, g_1)$ は絶対値1の複素数で，**乗法因子**とよぶ．群の各元 g に対しユニタリ作用素 $U(g)$ が定まり，(3.10)式をみたすとき，**群の射影表現**とよぶ．特に $\lambda(g_2, g_1)=1$ の場合は，**群の表現**とよぶ．対称性のなす群 G に対応して，量子力学では Wigner の定理により G の射影表現が存在して，各対称性 g による状態および物理量の変換は，その表現ユニタリ作用素 $U(g)$ により

$$\boldsymbol{\Psi}_{g\alpha} = U(g)\boldsymbol{\Psi}_{\alpha}, \qquad gQ = U(g)QU(g)^* \tag{3.11}$$

のように表わすことができるのである．ただし，$\boldsymbol{\Psi}_{\alpha}$ は純粋状態 α を表わす単位射線であり，Q は物理量(を表わす作用素)である．特に相対論的対称性では $G=\mathcal{P}_+{}^{\uparrow}$ である．

次に射影表現と表現の関係を考える．要するに(3.10)式に現われる $\lambda(g_1, g_2)$ について詳しく考察しよう．まず積 $U(g_1)U(g_2)U(g_3)$ を，結合法則 $(AB)C=$

$A(BC)$により2通りの方法で計算すると，

$$\lambda(g_1,g_2)\lambda(g_1g_2,g_3) = \lambda(g_1,g_2g_3)\lambda(g_2,g_3) \tag{3.12}$$

という関係式が成立することがわかる．この式をみたすλをGの2次の**双対輪体**という．他方$U(g)$の不定さを利用して，各$g\in G$ごとに絶対値1の複素数$\mu(g)$を定めて

$$U'(g) = \mu(g)U(g) \tag{3.13}$$

とおくと，$U'(g)$も(3.11)式をみたすので$U(g)$の代わりに使うことができる．$U'(g)$に対する(3.10)式のλをλ'と表わすと，$U(g)$に対するλとの関係は

$$\lambda'(g_1,g_2) = \partial\mu(g_1,g_2)\lambda(g_1,g_2) \tag{3.14}$$

$$\partial\mu(g_1,g_2) \equiv \frac{\mu(g_1)\mu(g_2)}{\mu(g_1g_2)} \tag{3.15}$$

で与えられる．(3.15)式の$\partial\mu$は**双対境界輪体**とよばれ，これを関係式(3.12)のλに代入すると自動的にこの等式をみたす．双対輪体λとλ'が双対境界輪体により(3.14)の関係式をもつとき同値と定義して定まる同値類は，2次の**コホモロジー**とよび，その全体を$H^2(G,\boldsymbol{T})$と書く．($\boldsymbol{T}$は絶対値1の複素数全体の乗法群を表わす.) それは乗法について群をなし，**コホモロジー群**とよぶ.

上記の説明から，群の射影表現にはコホモロジーが対応し，特にそれが自明($\lambda(g_1,g_2)=1$の同値類)の場合にかぎり，(3.13)式のような$U(g)$のとりなおしにより乗法因子を1にしてユニタリ表現が得られることがわかる．特にコホモロジー群が自明(1の同値類だけ)ならば，射影表現は本質的に表現であることになる.

群がLie群の場合，乗法因子の問題は次のようにLie環の問題と，普遍被覆群の問題にわけて考えると便利である.

Lie群Gの1径数部分群$g(t)$, $t\in\boldsymbol{R}$ $(g(s)g(t)=g(s+t))$に対応してLie環$\mathfrak{g}$の元$\mathfrak{l}$が定まり，$g(t)=e^{t\mathfrak{l}}$と書く．1径数群については(少なくとも$t=0$の近傍で)(3.13)のとりなおしで乗法因子を除けることが知られているので，$U(g(t))$はユニタリ作用素の1径数群(少なくとも$t=0$の近傍で)にできて，自己共役作用素$\mathrm{d}U(\hat{\mathfrak{l}})$により

$$U(g(t)) = \exp\{it\,\mathrm{d}U(\hat{\mathfrak{l}})\} \tag{3.16}$$

と書ける．物理学の習慣に従い i をとり出したので，$\mathfrak{l}$ の代わりに $\hat{\mathfrak{l}}$ と書いたが，数学では $\mathrm{d}U(\mathfrak{l})=i\mathrm{d}U(\hat{\mathfrak{l}})$ を取り扱う．

Lie 環 $\mathfrak{g}$ は実線形空間であって，Lie 積が定義される．$\mathfrak{g}$ の基底を $\mathfrak{l}_j$ とすると Lie 積は

$$[\mathfrak{l}_j, \mathfrak{l}_k] = \sum_m c_{jk}{}^m \mathfrak{l}_m \tag{3.17}$$

のように構造定数 $c_{jk}{}^m$ (実数)で記述される．

射影表現の場合，表現作用素の交換子 $[x, y]=xy-yx$ について，次のような関係式が成立する．

$$[\mathrm{d}U(\hat{\mathfrak{l}}_j), \mathrm{d}U(\hat{\mathfrak{l}}_k)] = -i\{\sum c_{jk}{}^m \mathrm{d}U(\hat{\mathfrak{l}}_m)+\lambda_{jk}\} \tag{3.18}$$

ここに λ_{jk} は乗法因子のために生ずる実数で，添字について反対称 ($\lambda_{jk}=-\lambda_{kj}$) であり，交換子の Jacobi 恒等式により

$$\sum_m (c_{jk}{}^m \lambda_{ml} + c_{kl}{}^m \lambda_{mj} + c_{lj}{}^m \lambda_{mk}) = 0 \tag{3.19}$$

をみたす．他方，乗法因子の取り換えによる λ の変化は

$$\lambda'_{jk} = \lambda_{jk} - \sum c_{jk}{}^m \mu_m \tag{3.20}$$

ここに μ_m は任意の実数である．(これは $\mathrm{d}U(\hat{\mathfrak{l}}_j) \to \mathrm{d}U(\hat{\mathfrak{l}}_j)+\mu_j=\mathrm{d}U'(\hat{\mathfrak{l}}_j)$ というおきかえに対応する.) 特に(3.19)と反対称性から

$$\lambda_{jk} = \sum c_{jk}{}^m \lambda_m \tag{3.21}$$

と書けることが分かれば，$\mu_m=\lambda_m$ と取ると $\lambda'_{jk}=0$ となる．このとき $\mathfrak{l}=\sum a^j\mathfrak{l}_j$ に対して

$$U(e^{t\mathfrak{l}}) = \exp\left\{it \sum_j a^j(\mathrm{d}U(\hat{\mathfrak{l}}_j)+\lambda_j)\right\} \tag{3.22}$$

のように表現作用素 $U(g)$ を取りなおすことにより，G の単位元の近傍では乗法因子を消して表現を得ることができる．

2 次元以上の可換 Lie 環では $c_{jk}{}^m=0$ となるためこれは不可能で，表現にはならない射影表現が存在する(たとえば正準交換関係)が，相対論的不変性を与

える $\mathcal{P}_+{}^\uparrow$ についてはこれが可能である．これを多少詳しく説明すると次のようである．

$\mathcal{P}_+{}^\uparrow$ の Lie 環の基底としては符号を適当にとったとき x 軸，y 軸，z 軸のまわりの回転に対応して $\mathfrak{m}_{23}, \mathfrak{m}_{31}, \mathfrak{m}_{12}$，$x$ 軸，y 軸，z 軸各方向の純 Lorentz 変換に対応して $\mathfrak{m}_{01}, \mathfrak{m}_{02}, \mathfrak{m}_{03}$，時間軸，$x$ 軸，y 軸，z 軸各方向の並進に対応して $\mathfrak{p}_0$, $\mathfrak{p}_1, \mathfrak{p}_2, \mathfrak{p}_3$ の総計 10 個をとることができる．交換関係は

$$[\mathfrak{p}_\mu, \mathfrak{p}_\nu] = 0, \qquad [\mathfrak{m}_{\mu\nu}, \mathfrak{p}_\rho] = g_{\mu\rho}\mathfrak{p}_\nu - g_{\nu\rho}\mathfrak{p}_\mu \tag{3.23}$$

$$[\mathfrak{m}_{\mu\nu}, \mathfrak{m}_{\rho\sigma}] = g_{\mu\rho}\mathfrak{m}_{\nu\sigma} + g_{\nu\sigma}\mathfrak{m}_{\mu\rho} - g_{\mu\sigma}\mathfrak{m}_{\nu\rho} - g_{\nu\rho}\mathfrak{m}_{\mu\sigma} \tag{3.24}$$

である．ただし添字は 0, 1, 2, 3 を動き，$g_{\mu\nu}$ は Minkowski 計量である．

$[\mathfrak{p}_\mu, \mathfrak{p}_\nu]$ に対応する $\lambda_{\mu\nu}$ は，反対称性と(3.19)により 0 であることが示せる．$[\mathfrak{m}_{\mu\nu}, \mathfrak{p}_\rho]$ に対応する $\lambda_{\mu\nu\rho}$ は，$\mu_\sigma = \sum g^{\mu\rho}\lambda_{\mu\sigma\rho}/2$ とおくことにより，$\mathrm{d}U(\mathfrak{p}_\sigma)$ のとりかえに対応して(3.21)の形に書ける．$[\mathfrak{m}_{\mu\nu}, \mathfrak{m}_{\rho\sigma}]$ に対応する $\lambda_{\mu\nu\rho\sigma}$ は，$\mu_{\alpha\beta} = \sum \lambda_{\beta\mu\nu\alpha}g^{\mu\nu}$ とおくことにより，$\mathrm{d}U(\mathfrak{m}_{\alpha\beta})$ のとりかえに対応して(3.21)の形に書ける．以上により，すべての乗法因子が Lie 環のレベルで取り除くことができる．

次に，$\tilde{G}$ を連結群 G の普遍被覆群とする．すなわち $\tilde{G}$ から G への準同形 π（被覆写像）があって，単位元の近傍では π は全単射であり，$\tilde{G}$ は連結かつ単連結である．G の単位元の近傍でユニタリ表現が得られているとすると，それは $\tilde{G}$ の単位元の近傍でのユニタリ表現とみなせる．そこで $g = g_1 g_2 \cdots g_n$ でかつ $g_1, g_2, \cdots, g_n$ が単位元の近傍にあるとき，すでに与えられている $U(g_j)$ を使って

$$U(g) \equiv U(g_1)U(g_2)\cdots U(g_n)$$

と定義すると，$\tilde{G}$ の単連結性により $U(g)$ は，g を $g_1, \cdots, g_n$ の積と書く書き方にはよらずに定まり，しかも $\tilde{G}$ の表現になっていることが証明できる．すなわち単位元の近傍の表現は $\tilde{G}$ の表現に拡大できる．

$G = \mathcal{P}_+{}^\uparrow$ の場合，$\tilde{G}$ は $\mathcal{P}_+{}^\uparrow$ における $\mathcal{L}_+{}^\uparrow$ をその普遍被覆群である $SL(2C)$ で置き換えたものになる．$SL(2C)$ は行列式が 1 である 2 行 2 列複素行列のなす乗法群で，$SL(2C)$ から $\mathcal{L}_+{}^\uparrow$ への被覆写像 π は次のように記述される．

(3.1)の x に対し2行2列行列 $\tilde{x}$ を

$$\tilde{x} = \sum x^{\mu}\sigma_{\mu}$$

$$\sigma_0 = \begin{pmatrix} 1 & 0 \\ 0 & 1 \end{pmatrix}, \quad \sigma_1 = \begin{pmatrix} 0 & 1 \\ 1 & 0 \end{pmatrix}, \quad \sigma_2 = \begin{pmatrix} 0 & -i \\ i & 0 \end{pmatrix}, \quad \sigma_3 = \begin{pmatrix} 1 & 0 \\ 0 & -1 \end{pmatrix} \tag{3.25}$$

により定義する．$\tilde{x}$ から成分 x^{μ} を求める公式は

$$x^{\mu} = \frac{1}{2}\mathrm{Tr}(\tilde{x}\sigma_{\mu}) \tag{3.26}$$

ただし Tr は行列のトレース(対角要素の和)である．そこで $A \in SU(2C)$ に対応する $\pi(A) \in \mathcal{L}_+^{\uparrow}$ は

$$\widetilde{\pi(A)x} = A\tilde{x}A^* \tag{3.27}$$

により定まる．π は2：1の写像で，1つの $\Lambda \in \mathcal{L}_+^{\uparrow}$ に対し $\pm A(\Lambda) \in SU(2C)$ が定まる．特に $\mathcal{L}_+^{\uparrow}$ の単位元に対応する A は $A = \pm\mathbf{1}$ である．

$\mathcal{P}_+^{\uparrow}$ の普遍被覆群 $\tilde{\mathcal{P}}_+^{\uparrow}$ の元は $A \in SU(2C)$ と $a \in \boldsymbol{R}^4$ の対 (A, a) で指定され，その積は

$$(a_1, A_1)(a_2, A_2) = (a_1 + \pi(A_1)a_2, A_1A_2) \tag{3.28}$$

で与えられる．

そこで，相対論的不変性により，$\mathcal{P}_+^{\uparrow}$ のユニタリ表現

$$(a, A) \in \tilde{\mathcal{P}}_+^{\uparrow} \to U(a, A)$$

が存在し，それは $\mathcal{P}_+^{\uparrow}$ の射影表現を与える．後の条件から

$$u = U(0, -\mathbf{1}) \tag{3.29}$$

は単位作用素の複素数倍であり，$u^2 = U(0, \mathbf{1}) = \mathbf{1}$ により

$$u = \pm\mathbf{1}$$

である．$u = \mathbf{1}$ の場合は $\mathcal{P}_+^{\uparrow}$ の表現になり，$u = -\mathbf{1}$ の場合は $\mathcal{P}_+^{\uparrow}$ の2価表現とよばれる．各 $(a, \Lambda) \in \mathcal{P}_+^{\uparrow}$ に対し2つのユニタリ作用素 $\pm U(a, A)$ $(\pi(A) = \Lambda)$ が定まるからである．u 自体は**ユニバレンス超選択則**とよばれる．

以上を要約すると，量子力学における相対論的不変性は，制限非斉次 Lorentz 群 $\mathcal{P}_+^{\uparrow}$ の普遍被覆群 $\tilde{\mathcal{P}}_+^{\uparrow}$ のユニタリ表現という数学的対象にまとめ

ることができる．それは $u=\pm 1$ の2つの場合があり，それぞれ $\mathcal{P}_+^\uparrow$ のユニタリ表現および2価表現になる．（数学的にはそれら2種類の表現の直和も可能である．）なお，表現は作用素の強位相で連続であると仮定する（弱位相での連続性と同値である）．

3-4 既約表現と1粒子状態

量子力学の特徴は，Hilbert 空間のベクトルの線形結合に対応して純粋状態の重ね合わせ（混合とは異なる）を考えるところにある．相対論的不変性からは，$\tilde{\mathcal{P}}_+^\uparrow$ のユニタリ表現が要求される．この2つをみたす最小単位は**既約表現**の概念で，次の定理に述べる相互に同値な条件で定義される（定理2.20参照）．

> **定理 3.2** 群 G のユニタリ表現 $g\in G\to U(g)$ について，次の諸条件は等価である．
>
> (1) 自明でない不変部分空間をもたない．すなわち表現空間の部分空間（閉線形部分集合）$\mathcal{K}$ が，$\boldsymbol{\Psi}\in\mathcal{K}$ ならば任意の $g\in G$ に対して $U(g)\boldsymbol{\Psi}\in\mathcal{K}$ という不変性をもてば，$\mathcal{K}=\{0\}$ かまたは $\mathcal{K}$ は表現空間全体である．
>
> (2) すべての $U(g), g\in G$ と可換な有界線形作用素は単位作用素 $\mathbf{1}$ の複素数倍である．
>
> (3) 単位射線は $U(g)$ の期待値で定まる．すなわち2個のベクトル $\boldsymbol{\Psi},\boldsymbol{\Phi}$ について $(\boldsymbol{\Psi}, U(g)\boldsymbol{\Psi})=(\boldsymbol{\Phi}, U(g)\boldsymbol{\Phi})$ が成立すれば必ずある複素数 z について $\boldsymbol{\Psi}=z\boldsymbol{\Phi}$, $|z|=1$ である．

$\tilde{\mathcal{P}}_+^\uparrow$ の既約ユニタリ表現はすべてわかっている．その分類は次の2段階にわけるのが自然である．

(I) 運動量・エネルギーのスペクトルによる分類

$\tilde{\mathcal{P}}_+^\uparrow$ の部分群として並進 $(a,\mathbf{1})$ 全体のなす群 $\boldsymbol{R}^4$ をとりだし，そのユニタリ表現 $T(a)=U((a,\mathbf{1}))$ を考えよう．それは一般論（Stone, Naimark,

Ambrose, Godement の頭文字をとって SNAG の定理とよばれる)により,

$$T(a) = \exp i(P, a) \tag{3.30}$$

$$(P, a) = a^0P^0 - a^1P^1 - a^2P^2 - a^3P^3 \tag{3.31}$$

と書ける. ここに

$$P = (P^0, P^1, P^2, P^3) \tag{3.32}$$

は可換な(非有界)自己共役作用素の組で, Hilbert 空間 $\mathcal{H}$ は次のようにスペクトル分解される.

$$\mathcal{H} = \int \mathcal{H}_p d\mu(p) \ni \Psi = \int \Psi_p d\mu(p), \quad \Psi_p \in \mathcal{H}_p \quad (p = (p^0, p^1, p^2, p^3),\ p^\mu \in \boldsymbol{R}) \tag{3.33}$$

$$(P^\mu \Psi)(p) = p^\mu \Psi(p) \tag{3.34}$$

$$(T(a)\Psi)(p) = e^{i(p,a)}\Psi(p) \tag{3.35}$$

$\boldsymbol{R}^4$ の可測な部分集合 $\varDelta$ に対するスペクトル射影作用素は

$$E(\varDelta)\mathcal{H} = \int_\varDelta \mathcal{H}_p d\mu(p) = \{\Psi \in \mathcal{H}\,;\, p \notin \varDelta \text{ ならば } \Psi(p) = 0\} \tag{3.36}$$

で定義される. これを使って次の表示もできる.

$$T(a) = \int e^{i(p,a)} E(dp) \tag{3.37}$$

$\tilde{\mathcal{P}}_+^\uparrow$ の乗法の規則に基づいて計算すると,

$$U(A)T(a)U(A)^* = T(\pi(A)a) \qquad (U(A) = U(0, A)) \tag{3.38}$$

が成立する. スペクトルの観点からは

$$U(A)E(\varDelta)U(A)^* = E(\pi(A)\varDelta) \tag{3.39}$$

$$U(A)E(\varDelta)\mathcal{H} = E(\pi(A)\varDelta)\mathcal{H} \qquad (\Lambda\varDelta = \{\Lambda p\,;\, p \in \varDelta\}) \tag{3.40}$$

となって, $U(A)$ により $p \to \pi(A)p$ という Lorentz 変換が生じる.

制限 Lorentz 群 $\mathcal{L}_+^\uparrow$ の変換で移り合う点 p の集合を**軌道**という. 軌道には次のような種類がある. ($m \geqq 0$)

$$m_+ : \{p\,;\,(p, p) = m^2,\ p^0 > 0\}$$

$$m_- : \{p\,;\,(p, p) = m^2,\ p^0 < 0\}$$

$$0 \ : p=0 \text{ 一点}$$

$$im \ : \{p\,;(p,p)=-m^2\}$$

$\mathscr{L}_+{}^{\uparrow}$ の表現 $U(A)$ が(3.40)のようにスペクトルを変換するので，スペクトル測度 μ の台は $\mathscr{L}_+{}^{\uparrow}$ で不変でなくてはならない．したがって，それがある軌道の1点を含めば，その軌道全部を含む．また2つ以上の軌道を含むと，$\mathscr{L}_+{}^{\uparrow}$ で不変な可測集合 $\varDelta$ で $\varDelta$ およびその補集合 $\varDelta^c$ の μ 測度が0でないものが存在する．そのとき $E(\varDelta)\mathscr{H}$ は $\tilde{\mathscr{P}}_+{}^{\uparrow}$ の自明でない不変部分空間になり，表現は既約でない．したがって $\tilde{\mathscr{P}}_+{}^{\uparrow}$ の既約ユニタリ表現は，P^μ のスペクトルが1つの軌道に集中していて，その軌道によって分類される．

3-6節の議論により，P^0 はエネルギー，P^1, P^2, P^3 は運動量ベクトルと解釈される．したがって，軌道 m_+ のパラメタ m は質量の意味をもつ．

軌道をきめると測度 μ の同値類が一意的にきまり，自明な0軌道の場合を除いて次式で与えられる．

$$d\mu(\boldsymbol{p}) = (2|p^0|)^{-1}d^3\boldsymbol{p}, \qquad d^3\boldsymbol{p} \equiv dp^1dp^2dp^3 \tag{3.41}$$

ただし変数を $\boldsymbol{p}=(p^1,p^2,p^3)$ にとり，軌道 im の場合は $p^0 \gtrless 0$ の2部分ができる．この式は $\delta((p,p)-m^2)d^4p$ からきたもので，変換 $p\to\Lambda p$ $(\Lambda\in\mathscr{L}_+{}^{\uparrow})$ に対して不変な測度である．

軌道上の各 p の $\mathscr{H}_p$ の次元は一様でなければならないが，それが1の場合(スピン0という)，既約ユニタリ表現は次のように定まる．

$$\mathscr{H} = \left\{\Psi(\boldsymbol{p})\,;\|\Psi\|^2 \equiv \int|\Psi(\boldsymbol{p})|^2d\mu(\boldsymbol{p}) < \infty\right\} \tag{3.42}$$

$$[U((a,\Lambda))\Psi](\boldsymbol{p}) = e^{i(a,p)}\Psi(\Lambda^{-1}\boldsymbol{p}) \tag{3.43}$$

ただし $\Lambda\boldsymbol{p}$ は Λp の空間部分を表わし，

$$p = (p^0, \boldsymbol{p}), \qquad p^0 = \sqrt{\boldsymbol{p}\cdot\boldsymbol{p}+m^2} \tag{3.44}$$

表現のユニタリ性は測度 $d\mu$ の $\mathscr{L}_+{}^{\uparrow}$ 不変性による．

(II) スピンによる分類

軌道上の点 p をきめたとき，p を不変にする部分群

$$G(p) \equiv \{A\in SL(2C)\,;\pi(A)p=p\} \tag{3.45}$$

を**小群**という．$U(A)=U((0,A))$ の作用は $\mathscr{H}_p$ を $\mathscr{H}_{\pi(A)p}$ へ写像する部分と $\mathscr{H}_p$ 上の小群の作用に分解できる．また，異なる p に対する小群は

$$G(\pi(B)p) = BG(p)B^{-1} \tag{3.46}$$

により互いに同形で，$\mathscr{H}_p$ 上の $G(p)$ の作用は特定の $p=p_0$ に対するものに帰着することができる．そこで各軌道上に標準点 p_0 を定め，軌道上の各点 p に対し $L(p)\in SL(2C)$ を

$$\pi(L(p))p_0 = p$$

となるように選び，$\mathscr{H}_p$ を，いわば $\mathscr{H}_{p_0}$ の $U(L(p))$ による像と同一視し，$A\in G(p_0)$ に対する $U(A)$ を $\mathscr{K}=\mathscr{H}_{p_0}$ 上の $G(p_0)$ の既約ユニタリ表現 $D(A)$ とみなすことにより，次のような表現 U の構造が定まる．

$$\mathscr{H} = \left\{\Psi(\boldsymbol{p})\in\mathscr{K}\,;\|\Psi\|^2\equiv\int\|\Psi(\boldsymbol{p})\|_{\mathscr{K}}^2 d\mu(\boldsymbol{p})<\infty\right\} \tag{3.47}$$

$$\begin{aligned}[U((a,A))\Psi](\boldsymbol{p}) &= e^{i(a,p)}[D(R(A,p))\Psi](\pi(A)^{-1}p)\\ R(A,p) &= L(p)^{-1}AL(\pi(A)^{-1}p)\in G(p_0)\end{aligned} \tag{3.48}$$

ただし，測度に関係した微妙な議論は省略した．

上記により，$\tilde{\mathscr{P}}_+^\uparrow$ の既約ユニタリ表現は，軌道と小群の既約ユニタリ表現 D で分類されることになる．

正質量 $m>0$ の軌道 m_+ の場合，$p_0=(m,0,0,0)$ と取れば，小群は3次元固有回転群の普遍被覆群である

$$SU(2) = \{e^{i\boldsymbol{x}\cdot\boldsymbol{\sigma}}\,;\boldsymbol{x}\in\boldsymbol{R}^3\}$$

になる．ここで $\boldsymbol{\sigma}=(\sigma_1,\sigma_2,\sigma_3)$ は(3.25)で定義したPauliのスピン行列で，$e^{i\boldsymbol{x}\cdot\boldsymbol{\sigma}}$ は行列式が1の2行2列ユニタリ行列をつくす．$\pi(e^{i\boldsymbol{x}\cdot\boldsymbol{\sigma}})$ は $\boldsymbol{x}$ 方向を軸とする角度 $-2|\boldsymbol{x}|$ の回転である．その既約ユニタリ表現は角運動量の2乗の固有値 $j(j+1)$ を与えるパラメタ

$$j = 0,\ \frac{1}{2},\ 1,\ \frac{3}{2},\cdots$$

により完全に分類される．j をその**スピン**という．$\tilde{\mathscr{P}}_+^\uparrow$ のLie環の言葉を使うと，Lie環の包絡環に属する多項式のうち，他のすべての元と可換なものと

して

$$(\mathfrak{p}, \mathfrak{p}) = \sum g^{\mu\nu} \mathfrak{p}_\mu \mathfrak{p}_\nu \tag{3.49}$$

$$(\mathfrak{w}, \mathfrak{w}) = \sum g_{\mu\nu} \mathfrak{w}^\mu \mathfrak{w}^\nu, \qquad \mathfrak{w}^\kappa = \frac{1}{2} \sum_{\lambda, \mu, \nu} \varepsilon^{\kappa\lambda\mu\nu} \mathfrak{p}_\lambda \mathfrak{m}_{\mu\nu} \tag{3.50}$$

がある．ただし $\varepsilon^{\kappa\lambda\mu\nu}$ は添字の置換に対し完全反対称で $\varepsilon^{0123}=1$ である．前者の固有値が $-m^2$ を与え，後者の固有値が $-m^2 j(j+1)$ を与え，$m>0$ の場合の $\tilde{\mathcal{P}}_+^\uparrow$ の既約ユニタリ表現を分類する．(Lie 環の元には物理学での通常の表記法の i が含まれているので $(\mathfrak{p}, \mathfrak{p})$ は m^2 ではなく $-m^2$ になる.) スピン j が整数の場合が $\mathcal{P}_+^\uparrow$ の表現になる．

他の軌道について簡単にふれておこう．

質量0の軌道 0_+ (0_- でも同様)では $p_0=(1,0,0,1)$ と取れば，小群は

$$\left\{ A = A(z,\theta) = \begin{pmatrix} \alpha & z\bar{\alpha} \\ 0 & \bar{\alpha} \end{pmatrix},\ \alpha = e^{i\theta},\ z \in \boldsymbol{C} \right\}$$

で2次元 Euclid 群の2重被覆群に同形である．($A(z,0)$ は複素平面の並進 $w \to w+z$ を表わし，$A(0,\theta)$ は角度 2θ の回転を表わす.) その既約ユニタリ表現のうち，1次元表現は

$$U(A(z,\theta)) = e^{2ik\theta}, \qquad k = 0, \pm\frac{1}{2}, \pm 1, \cdots$$

で与えられ，$|k|$ を**スピン**，k の符号を**ヘリシティー**という．これ以外の小群の既約ユニタリ表現はすべて無限次元で通常物理学で使用しないので，ここでは省略する．

軌道0の小群は $\mathcal{L}_+^\uparrow$ に同形で，自明な表現 $U(g)=\mathbf{1}$ 以外はすべて無限次元表現である．自明な表現以外は通常，物理学で使用しないので，ここでは省略する．

軌道 im のとき $p_0=(0,0,0,1)$ に取れば，小群は3次元制限 Lorentz 群になる．その既約ユニタリ表現は，自明なもの以外すべて無限次元である．この軌道は負エネルギーの状態をもち，タキオンとよばれる．これも本書では使用しないので省略する．

量子論の枠内で相対論的対称性をもつ最小単位として，$\tilde{\mathcal{P}}_+^\uparrow$ の既約ユニタリ表現を考察した．それは，相対論的な1粒子系の定式化と解釈される．運動学的にはそれ以上分解して考えられないという意味である．(いわゆる多粒子系の束縛状態も，安定なかぎりこの意味の1粒子系と考える.)

そのうち正質量のものは，静止系(p_0をさす)における回転に対する性質により，スピンjにより完全に分類され，質量$m>0$，スピンjの表現は(3.47)，(3.48)で記述される．ただし，Dは回転を表わす$SU(2)$のスピンjの表現である．

3-5 自由粒子系と Fock 空間

前節で記述した1粒子系がいくつか集まった多粒子系について，粒子間の相互作用がない場合，すなわち自由粒子系の場合を本節では考察する．

Hilbert 空間$\mathcal{H}_i$ $(i=1,2)$ で記述される2つの粒子が相互作用をしない場合，それらからなる2粒子系の物理量は，個々の粒子の物理量のなす作用素環$B(\mathcal{H}_1)$, $B(\mathcal{H}_2)$から生成され，粒子1と2の物理量は同時測定可能(相互作用なしの仮定の1つの定式化)，すなわち互いに可換であるとすれば，そのような von Neumann 環はテンソル積(→付録A)により

$$B(\mathcal{H}_1)\otimes B(\mathcal{H}_2) = B(\mathcal{H}_1\otimes\mathcal{H}_2)$$

のように，Hilbert 空間のテンソル積$\mathcal{H}_1\otimes\mathcal{H}_2$上の作用素全体で表わされる．

状態の立場からながめると，$B(\mathcal{H}_i)$の正規純粋状態φ_i $(i=1,2)$ の積状態$\varphi_1\otimes\varphi_2$が$A_i\in B(\mathcal{H}_i)$に対し

$$(\varphi_1\otimes\varphi_2)(A_1\otimes A_2) = \varphi_1(A_1)\varphi_2(A_2) \tag{3.51}$$

をみたすものと要請すると，それは必然的に$B(\mathcal{H}_1\otimes\mathcal{H}_2)$の正規純粋状態になり，$\varphi_i$をベクトル状態として表わす$\mathcal{H}_i$のベクトル$\boldsymbol{\Psi}_i$のテンソル積$\boldsymbol{\Psi}_1\otimes\boldsymbol{\Psi}_2\in\mathcal{H}_1\otimes\mathcal{H}_2$によるベクトル状態になる．(3.51)式は確率における独立事象を特徴づける関係式になっている．

同様に$i=1,2,\cdots,n$と有限個の1粒子が互いに相互作用をしない多粒子系

はテンソル積

$$\bigotimes_{i=1}^{n} B(\mathcal{H}_i) = B\left(\bigotimes_{i=1}^{n} \mathcal{H}_i\right) \tag{3.52}$$

を使って記述する.

上記は粒子の種類が異なる場合に適用できるが，同種粒子の多粒子系については，それらの粒子が区別できないという事情がある．(3.52)で $i=1,\cdots,n$ の粒子がすべて同一種類の場合，粒子 $1,\cdots,n$ の置換 P を表わす作用素

$$S_P(\boldsymbol{\Phi}_{P(1)}\otimes\cdots\otimes\boldsymbol{\Phi}_{P(n)}) = \boldsymbol{\Phi}_1\otimes\cdots\otimes\boldsymbol{\Phi}_n$$

を定義すると，それは置換群の表現を与える($S_{P_1}S_{P_2}=S_{P_1P_2}$)．物理量としてはすべての S_P と可換なものをとり，その既約表現を考える．それは置換群の既約表現に対応して非同値なものが得られるが，現在まで自然界にみつかっているのは完全対称と完全反対称の場合である．$\mathcal{H}_i=\mathcal{H}$ の n 重テンソル積 $\mathcal{H}^{\otimes n}=\mathcal{H}_1\otimes\cdots\otimes\mathcal{H}_n$ からそれぞれの既約表現の部分空間への射影作用素は

$$S_n^+ = (n!)^{-1}\sum S_P, \qquad \text{(完全対称)} \tag{3.53}$$

$$S_n^- = (n!)^{-1}\sum (\mathrm{sign}\,P)S_P \qquad \text{(完全反対称)} \tag{3.54}$$

により与えられる．(sign P は偶置換で 1，奇置換で -1 である.) これらは，部分 m 粒子系 ($m<n$) へ制限して考えても別の対称性が現われないという特徴をもっている.

任意個数 n の場合を同時に考えるには，異なる n の場合の直和をとって

$$F_\pm(\mathcal{H}) = \bigoplus_n F_\pm{}^n(\mathcal{H}), \qquad F_\pm{}^n(\mathcal{H}) = S_n{}^\pm(\mathcal{H}^{\otimes n}) \tag{3.55}$$

F_+ と F_- は，**Bose粒子**および**Fermi粒子**の**Fock空間**とよぶ．ただし n についての和は0およびすべての自然数にわたり，$F_\pm{}^0$ は粒子がいない**真空状態**を表わす1次元空間である．$F_\pm{}^0$ のベクトル Ω を1つ定めて**Fock真空**とよぶ.

$f\in\mathcal{H}$ に対し，**生成作用素** (a^*,f) を

$$\begin{aligned}(a^*,f)S_n{}^\pm(\boldsymbol{\Phi}_1\otimes\cdots\otimes\boldsymbol{\Phi}_n) &= \sqrt{n+1}\,S_{n+1}{}^\pm(f\otimes\boldsymbol{\Phi}_1\otimes\cdots\otimes\boldsymbol{\Phi}_n)\\ (a^*,f)\Omega &= f\end{aligned} \tag{3.56}$$

により定義する．$F_{\pm}(\mathscr{H})$ の稠密な定義域

$$D_0{}^{\pm} \equiv \left\{ \Psi \in \bigoplus_{j=0}^{n} F_{\pm}{}^{j}(\mathscr{H})\,;\, n=0,1,2,\cdots \right\} \tag{3.57}$$

で定義された可閉な線形演算子である．$f_j \in \mathscr{H}$ に対し

$$\boldsymbol{\Phi}_{\pm}(f_1\cdots f_n) = (a^*, f_1)\cdots(a^*, f_n)\Omega = \sqrt{n!}\,S_n{}^{\pm}(f_1 \otimes \cdots \otimes f_n) \tag{3.58}$$

という記号を導入すると，内積は

$$(\boldsymbol{\Phi}_{\pm}(f_1\cdots f_n),\ \boldsymbol{\Phi}_{\pm}(g_1\cdots g_m)) = \delta_{nm} \sum_{P} \varepsilon_P{}^{\pm}(f_1, g_{P(1)})\cdots(f_n, g_{P(n)}) \tag{3.59}$$

である．ただし $\varepsilon_P{}^{+}=1$，$\varepsilon_P{}^{-}=\mathrm{sign}\,P$．

(a^*, f) の共役作用素を $D_0{}^{\pm}$ に制限したものを (f, a) と書き，**消滅作用素**という．具体的には

$$(f, a)\boldsymbol{\Phi}_{\pm}(f_1\cdots f_n) = \sum_{j=1}^{n} (\pm 1)^{j-1}(f, f_j)\boldsymbol{\Phi}_{\pm}(f_1\cdots \hat{j} \cdots f_n) \tag{3.60a}$$

$$(f, a)\Omega = 0 \tag{3.60b}$$

ここで右辺の $\boldsymbol{\Phi}_{\pm}$ の変数からは f_j を除く．（これを $\hat{j}$ と略記.）

$F_{+}(\mathscr{H})$ では生成・消滅作用素両者とも非有界で，共通の定義域 $D_0{}^{+}$ を不変にし，f について (a^*, f) は線形，(f, a) は共役線形で，**正準交換関係**とよばれる次の関係式を $D_0{}^{+}$ 上でみたす．ただし，$[X, Y]=XY-YX$ である．

$$\left.\begin{aligned} &[(a^*, f_1), (a^*, f_2)] = [(f_1, a), (f_2, a)] = 0 \\ &[(f_1, a), (a^*, f_2)] = (f_1, f_2)\mathbf{1} \end{aligned}\right. \tag{3.61}$$

$F_{-}(\mathscr{H})$ では生成・消滅作用素は有界で

$$\|(a^*, f)\| = \|(f, a)\| = \|f\|\,(=(f, f)^{1/2})$$

次の**正準反交換関係**とよばれる関係式が $D_0{}^{-}$ 上で成立する．ただし $[X, Y]_{+}=XY+YX$．

$$\left.\begin{aligned} &[(a^*, f_1), (a^*, f_2)]_{+} = [(f_1, a), (f_2, a)]_{+} = 0 \\ &[(f_1, a), (a^*, f_2)]_{+} = (f_1, f_2)\mathbf{1} \end{aligned}\right. \tag{3.62}$$

$\mathscr{H}$ 上の作用素 A に対し，$D_0{}^{\pm}$ 上の作用素 $\Gamma(A)$ を

$$\Gamma(A)S_n{}^{\pm}(f_1 \otimes \cdots \otimes f_n) = S_n{}^{\pm}(Af_1 \otimes \cdots \otimes Af_n)$$

により定義する．$\Gamma(A)$ は $F_{\pm}{}^n$ 上で $A^{\otimes n}$ である．特に

$$\Gamma(A)\Omega = \Omega \tag{3.63}$$

とする．$\Gamma(A)$ は各 $F_{\pm}{}^n$ を不変にし，$D_0{}^{\pm}$ 上で次式をみたす．

$$\Gamma(A)\Gamma(B) = \Gamma(AB), \qquad \Gamma(\mathbf{1}) = \mathbf{1} \tag{3.64}$$

特にユニタリ作用素 U に対し $\Gamma(U)$ はユニタリであり，群 G の $\mathcal{H}$ 上のユニタリ表現 $U(g), g\in G$ が与えられれば，対応する $F_{\pm}(\mathcal{H})$ 上のユニタリ表現 $\Gamma(U(g)), g\in G$ が得られる．生成・消滅作用素は $\Gamma(U)$ により次のように変換する．

$$\Gamma(U)(a^*, f)\Gamma(U)^* = (a^*, Uf) \tag{3.65a}$$

$$\Gamma(U)(f, a)\Gamma(U)^* = (Uf, a) \tag{3.65b}$$

$f\in\mathcal{H}$ に対応する Segal 場 $\phi(f)$ を

$$\phi(f) = (a^*, f) + (f, a) \tag{3.66}$$

と定義する．$\phi(f)$ は本質的に自己共役である．

$$W(f) = e^{i\overline{\phi(f)}} \qquad (\overline{\phi(f)}\text{ は }\phi(f)\text{ の閉包}) \tag{3.67}$$

はユニタリ作用素で次の関係式をみたす．

$$W(f_1)W(f_2) = W(f_1+f_2)\exp[-i\,\mathrm{Im}(f_1, f_2)] \tag{3.68}$$

ここに $\mathrm{Im}\,z$ は複素数 z の虚部を表わす．

次に，質量 $m>0$ スピン 0 の既約表現(3.42),(3.43)について Fock 空間を考える．4 次元時空 M 上のよい実関数(台コンパクトで C^∞ 級としよう) $h(x)$ に対し，Fourier 変換

$$\tilde{h}(p) = (2\pi)^{-3/2}\int e^{i(p,x)}h(x)d^4x \tag{3.69}$$

を軌道 m_+ に制限したものを(3.42)の Hilbert 空間 $\mathcal{H}$ のベクトルと考え，$\hat{h}$ と書く．このとき(3.66)により

$$A(h) = \int A(x)h(x)d^4x \equiv \phi(\hat{h})$$

を定義する．$A(h)$ は h について実線形であり，$D_0{}^{\pm}$ のベクトル $\boldsymbol{\Psi}, \boldsymbol{\Phi}$ に対し

$$h \to (\boldsymbol{\Psi}, A(h)\boldsymbol{\Phi})$$

はSchwartzの超関数である．この意味で$A(x)$を作用素値超関数という．特にここで定義した$A(x)$は(**中性**)**スカラー自由場**という．$A(h)^*=A(h)$がD_0^+上で成立する．

場$A(x)$は次のKlein-Gordon方程式をみたす．

$$(\Box+m^2)A(x)=0, \qquad \Box=(\partial/\partial x^0)^2-\sum_{k=1}^{3}(\partial/\partial x^k)^2 \tag{3.70}$$

また次の4次元交換関係をみたす．

$$[A(x),A(y)]=i\varDelta(x-y) \tag{3.71}$$

$$\varDelta(x)=-(2\pi)^{-3}\int_{m_+}\sin(p,x)d\boldsymbol{p}/p^0 \tag{3.72}$$

これらの式は，各変数ごとに性質のよい関数$h(x)$をかけて積分し，微分作用素は形式的部分積分でhに作用させたものが成立することを意味する．(3.70)は，$A((\Box+m^2)h)=0$が任意のhで成立することを意味し，それは$h_1=(\Box+m^2)h$に対し$\tilde{h}_1$を作ると，$m_\pm$の上で自動的に0になることからすぐわかる．(3.71)は

$$[A(h_1),A(h_2)]=2\,\mathrm{Im}\int_{m_+}\tilde{h}_1(p)^*\tilde{h}_2(p)d\mu(\boldsymbol{p})\mathbf{1}$$

を表わす．$d\mu$は(3.41)の不変測度である．これらの式は，$F_+(\mathscr{H})$で稠密な定義域D_0^+のベクトルに作用させたとき成立するものである．

中性スカラー自由場$A(x)$は，次章でふれるWightman場の1例である．特に$x-y$が空間的のとき(3.71)から

$$[A(x),A(y)]=0 \tag{3.73}$$

がいえる．(h_1の台とh_2の台が空間的のとき

$$[A(h_1),A(h_2)]\Psi=0, \qquad \Psi\in D_0^+$$

を意味する．)

スピンが0でない場合にも自由場が定義できる(→付録C)が，半奇数スピンでは(3.73)が，反交換子$[X,Y]_+=XY+YX$について成立する．このことの深い理由は第6章で議論される．

3-6 エネルギー運動量

エネルギーΠ^0および運動量ベクトル$\boldsymbol{\Pi}=(\Pi^1,\Pi^2,\Pi^3)$は，非有界な物理量を表わす自己共役作用素として，次の諸条件をみたすことが要請される．

（1） 同時測定可能である．すなわち共通のスペクトル分解をもち，(3.33)，(3.40)とまったく同様の式がΠ^μについて成立する．（Pの分解と同じとは要請しない.）

（2） 時空の並進のもとでは保存し，斉次 Lorentz 変換のもとでは 4 次元ベクトルとして変換する．

$$U(a,A)\Pi^\mu U(a,A)^* = \sum_\nu \pi(A^{-1})_\nu{}^\mu \Pi^\nu \tag{3.74}$$

（3） 独立な系の合成については加法的である．すなわち$\mathscr{H}_i$で記述される系で$\Pi_i{}^\mu$の場合，$\otimes\mathscr{H}_i$では

$$\Pi^\mu = \sum_i \mathbf{1}\otimes\cdots\otimes\mathbf{1}\otimes\Pi_i{}^\mu\otimes\mathbf{1}\otimes\cdots\otimes\mathbf{1} \tag{3.75}$$

まず質量$m>0$，スピンjの既約ユニタリ表現では，Πが3-4節で定義した並進の生成作用素P^μに比例する．

$$\Pi^\mu = \alpha P^\mu \tag{3.76}$$

簡単に理由を述べると次のようである．Π^μが$T(a)$と可換なことから

$$\Pi^\mu = \int \Pi^\mu(p)d\mu(\boldsymbol{p})$$

ということがわかる．さらにすべての$U((a,A))$と(P,Π)との可換性から，表現の既約性により，ある実数αに対して

$$(P,\Pi) = \int (p,\Pi(p))d\mu(\boldsymbol{p}) = \alpha m^2\mathbf{1}$$

がわかる．次に$p=p_0$では，$\Pi^k(p)\,(k=1,2,3)$が回転のもとで3次元ベクトルとして変換することがわかる．回転群の既約射影ユニタリ表現の Wigner-

Eckartの定理により，それは回転群のLie環の生成元のなすベクトルに比例する．(3.50)で導入した$\mathfrak{w}^\mu$は並進で不変なので$\int \mathfrak{w}^\mu(p)d\mu(p)$と表わすことができて，$p=p_0$で$\Pi^k(p)$は$\mathfrak{w}^k(p)$に比例することになる．ちなみに$(\mathfrak{p},\mathfrak{w})=0$なので，$p=p_0$で$\mathfrak{w}^0(p)=0$である．そこで$U(A)$のもとでの変換性も考えると

$$\Pi^\mu(p) = \alpha p^\mu + \beta(p)\mathfrak{w}^\mu(p)$$

でなければならない．条件(1)から

$$0 = [\Pi^\mu(p), \Pi^\nu(p)] = \beta(p)^2[\mathfrak{w}^\mu(p), \mathfrak{w}^\nu(p)]$$

を得て，$\beta(p)=0$となる．したがって(3.76)が成立する．

同様の議論は質量0，スピンjの表現でも成立する．

次に自由粒子系の場合，条件(3)を使うと，Fock空間ではP^μも(3.75)と同じ式をみたすので，(3.76)が各粒子のFock空間で成立することになる．この段階ではαは粒子ごとに異なるかもしれない．

ここから先の議論は，都合のよい状況を仮定した上の話である．まず時刻を十分大きくとると，安定な粒子はすべてまっすぐ進んで相互の距離が(確率1で)無限に大きくなり自由粒子系に近づくであろうと考える．(この事情は第5章の散乱理論で説明する.) そこでは上の議論が適用できて(3.76)が各安定粒子ごとに成立する．同様な事情は時刻$t\to-\infty$でも仮定する．最後に，実際の現象では，任意の安定粒子については他の粒子による対生成が可能である．この過程で相対論的不変性によりP^μは時間の並進のもとで不変であり，Π^μは条件(2)により同じ性質をみたす．そこで$t=+\infty$と$t=-\infty$でのPおよびΠを各粒子についての(3.76)と(3)により計算して比較すると，1種類の粒子の系で他の種類の粒子の対生成が生じた場合，両方の粒子のαが同一でなければならないことがわかる．

この議論によりαはすべての粒子に共通の定数ということがわかれば，$t=+\infty$の散乱状態の議論と条件(3)により，(3.76)が一般に成立することになる．αは通常Planckの定数を(2π)で割った$\hbar$の逆数とし，特にそれが1になる単位系を使う．そのときP^μを**エネルギー運動量**とよぶことができる．

4 局所物理量

本章では，時空領域に対応してそこで測定可能な物理量の集合を考え，その基本的性質を，特に真空状態との関連で議論する．

4-1 局所物理量の一般的性質

物理量の測定の1つ1つは，それぞれ特定の限られた時空領域で行なわれる．たとえば空間的に限定された領域 A の実験室で，時間的に限定された期間 T の間に測定された物理量は，$T\times A$ という時空領域内で測定された物理量といえる．そこで，各時空領域 D で測定できる物理量の全体 $\mathcal{O}(D)$ という考え方が可能であろう．時空点と物理量の関係を追求するのが場の理論の本質であり，特に時空領域 D により定まる物理量の集合 $\mathcal{O}(D)$ の理論が，本書の眼目である．本節ではその出発点として，$\mathcal{O}(D)$ のみたすべき基本的な性質を公理として掲げ，その物理的意味を説明しよう．

第2章，第3章で記述した相対論的量子論を基礎におく．したがって $\mathcal{O}(D)$ は物理量のなす C^* 環 $\mathfrak{A}$ の部分集合であり，相対論的対称性は，非斉次 Lorentz 群 $\mathcal{P}_+^\uparrow$ で表わされ，各変換 $g\in\mathcal{P}_+^\uparrow$ は $\mathfrak{A}$ の自己同形写像 α_g で表現される．（Hilbert 空間とその上のユニタリ表現は，少し先で状態を議論するときに現われる.）$\alpha_g(Q)$ は g について連続とする．

$\mathcal{O}(D)$ について次の 4 つの基本的仮定をする．

局所物理量についての公理　（D は有界時空領域）

（1）**単調性**　$D_1 \supset D_2$　ならば　$\mathcal{O}(D_1) \supset \mathcal{O}(D_2)$

（2）**共変性**　$g=(a, \Lambda) \in \mathcal{P}_+^{\uparrow}$ について，$g\mathcal{O}(D)=\mathcal{O}(gD)$

ただし　$gD=\{\Lambda x+a\,;x \in D\}$

（3）**局所性**　D_1 と D_2 が空間的ならば $\mathcal{O}(D_1)$ と $\mathcal{O}(D_2)$ は可換

（4）**生成条件**　$\bigcup_D \mathcal{O}(D)$ は $\mathfrak{A}$ を C^* 環として生成する

次に各公理の意味を説明しよう．

（1）ある領域 D_2 で測定できる物理量は，より大きな領域 D_1 でも測定できると考えるので，当然の仮定である．

（2）1-8 節の対称性についての説明と，3-3 節に述べた相対論的対称性の意味から，時空領域 D で測定できる物理量を g で変換すれば，変換された時空領域 gD で測定できる物理量になるので，$g\mathcal{O}(D) \subset \mathcal{O}(gD)$ であるが，

$$g^{-1}\mathcal{O}(gD) \subset \mathcal{O}(g^{-1}gD) = \mathcal{O}(D)$$

も成立するので，両方をあわせて $g\mathcal{O}(D)=\mathcal{O}(gD)$ となる．

（3）この仮定は 3-1 節で予告した相対論的因果律に関するものである．D_1 と D_2 が空間的とは，D_1 の各点 x と D_2 の各点 y について $x-y$ が空間的であることを意味する．3-1 節の定義によれば，D_1 の因果的補集合 D_1' に D_2 が含まれることと同じである．特殊相対性理論によれば，D_1 内の事象と D_2 内の事象は互いに影響を及ぼさないので，D_1 内の測定と D_2 内の測定は両方を行なっても，それぞれ 1 つの測定を行なった場合と変わらない結果を与える．すなわち物理量 $Q_1 \in \mathcal{O}(D_1)$ の D_1 内での測定と物理量 $Q_2 \in \mathcal{O}(D_2)$ の D_2 内での測定は同時測定可能であり，1-3 節と(2.1)式により Q_1 と Q_2 は可換である．すなわち $\mathcal{O}(D_1), \mathcal{O}(D_2)$ の作用素は可換であるという局所性の仮定に到達する．

（4）これは有界な時空領域で測定できる物理量だけを考えようという仮定で

ある．C^* 環として生成するという意味は，有界な時空領域で測定できる物理量に対応する作用素をいくつも考え，複素係数の多項式を作り，係数も物理量も変えてノルム位相での極限をすべてとり入れるということである．

物理量に対応する作用素は通常，自己共役作用素である．したがって $\mathcal{O}(D)$ は C^* 環 $\mathfrak{A}$ の自己共役作用素の集合であるという以上の仮定を設けていない．しかし $\mathcal{O}(D)$ が生成する C^* 部分環 $\mathfrak{A}(D)$ を考えることができて，上記の公理は $\mathfrak{A}(D)$ に対してもまったく同じ形で成立する．

（1） 単調性　$D_1 \supset D_2$　ならば　$\mathfrak{A}(D_1) \supset \mathfrak{A}(D_2)$

（2） 共変性　$g\mathfrak{A}(D) = \mathfrak{A}(gD)$

（3） 局所性　$D_1' \supset D_2$　ならば　$\mathfrak{A}(D_1)' \supset \mathfrak{A}(D_2)$

（4） 生成条件　$\bigcup_D \mathfrak{A}(D)$ は $\mathfrak{A}$ でノルム位相につき稠密

ここで $\mathfrak{A}(D)'$ は $\mathfrak{A}(D)$ のすべての作用素と可換な作用素の全体を表わし，ここでは $\mathfrak{A}$ の中で考えている．また各 $\mathfrak{A}(D)$ が C^* 環なので，生成条件は単にノルム極限を加えれば $\mathfrak{A}$ になるという条件になった．

通常 $\mathfrak{A}(D)$ の作用素も，（自己共役あるいは正規でない作用素を含めて）領域 D の**局所物理量**とよばれる．また上の 4 性質をみたす $\{\mathfrak{A}(D)\}$ を，**局所 C^* 系**と略称する．

数学的な推論では，各局所環 $\mathfrak{A}(D)$ が von Neumann 環であるほうが好都合なことがある．そのような系は，局所 C^* 系の適当な表現（次に議論する真空状態に付随する表現など）π を考え，各 $\pi(\mathfrak{A}(D))$ が生成する von Neumann 環を $W(D)$ とおけば，仮定(1)，(2)，(3)は $W(D)$ について成立する．$\mathfrak{A}$ はすべての $W(D)$ で生成される C^* 環とする．各局所環 $\mathfrak{A}(D)$ が von Neumann 環のとき**局所 W^* 系**とよぶ．この場合 α_g の連続性については，各 D について $Q \in \mathfrak{A}(D) \to \alpha_g(Q)$ が von Neumann 環の作用素の弱位相（強位相でも同値）について連続と仮定するのが適当である．

有界領域 D の形についてはなるべく単純なものという意味で，次の 2 重錐を考える．

$$V_q^p \equiv \{x\,;\, p - x \in V_+,\ x - q \in V_+\} \tag{4.1}$$

p を頂点とする開過去錐 $p+V_-$ と q を頂点とする開未来錐 $q+V_+$ の共通部分で，$p-q$ は正時間的とする．線分 $\overline{pq}$ を直交 2 等分する超平面上，$\overline{pq}$ との交点を中心とし半径 $|p-q|/2$ の球を底，p および q を頂点とする 2 円錐の合併である．

4-2 真空状態

真空状態の定義を述べるために，エネルギー増減作用素の考え方を説明しよう．

4 次元有界閉集合 Δ に対し，台が Δ に含まれる C^∞ 級関数 $\tilde{g}$ の Fourier 変換

$$g(x) = (2\pi)^{-4}\int \tilde{g}(p)e^{-i(p,x)}d^4p \tag{4.2}$$

と任意の $Q\in\mathfrak{A}$ とから作られる $\mathfrak{A}$ の作用素

$$Q(g) = \int \alpha_{(x,1)}(Q)g(x)d^4x \tag{4.3}$$

を，**エネルギー運動量を Δ だけ増やす作用素**と名づける．ここに $(p,x)=p^0x^0-\boldsymbol{p}\cdot\boldsymbol{x}$ は 3-1 節に導入した記号である．この名前の由来は次のようである．

第 3 章の議論が通用するような $\mathfrak{A}$ の表現 π を考え，相対論的対称性が $\tilde{\mathcal{P}}_+^\uparrow$ のユニタリ表現 $U(a,A)$ により

$$\pi(\alpha_{(a,\Lambda)}(Q)) = U(a,A)\pi(Q)U(a,A)^* \tag{4.4}$$

のように表わされているとする．ただし $\Lambda=\Lambda(A)$ である．さらに並進 $U(a,\mathbf{1})$ の生成作用素に対しエネルギー運動量の解釈が 3-6 節のように与えられ，比例定数が 1 になる単位系を使うことにする．次の補助定理が成立する．

> **補助定理 4.1** Hilbert 空間のベクトル ξ のエネルギー運動量スペクトルが閉集合 F ならば，$Q(g)\xi$ のエネルギー運動量スペクトルは $F+\Delta$ に含まれる．

並進 $U(a,\mathbf{1})$ のスペクトル分解を

$$U(a,\mathbf{1}) = \int e^{i(a,p)}E(d^4p) \tag{4.5}$$

とすると，測度 $\|E(d^4p)\xi\|^2$ の台が ξ のエネルギー運動量スペクトルである．上のスペクトル分解を(4.3), (4.4)に代入して形式的に計算をすれば，

$$Q(g)\xi = \int E(d^4p)Q\tilde{g}(p-P)\xi = \int E(d^4p)Q\tilde{g}(p-q)E(d^4q)\xi$$

となり，$E(d^4q)\xi$ の台 F と，Δ に含まれる $\tilde{g}$ の台の和が p 積分の範囲になり，$Q(g)\xi$ のエネルギースペクトルを含むことがわかる．これを数学的な証明にするのは容易であるが，ここでは省略する．

この補助定理から，$Q(g)$ についての上記の解釈が得られる．真空の定義には，もう1つ補助定理が必要である．

> **補助定理 4.2**　C^∞ 級関数 $\tilde{g}$ の有界な台が $\bar{V}_+$ と共通部分をもたないときは，有限個の正時間的単位ベクトル e_i $(i=1,\cdots,n)$ と，
>
> $$\{p;(p,e_i)<0\} \equiv M_-(e_i) \tag{4.6}$$
>
> に台が含まれる C^∞ 級関数 $\tilde{g}_i$ $(i=1,\cdots,n)$ があって
>
> $$\tilde{g} = \tilde{g}_1+\cdots+\tilde{g}_n \tag{4.7}$$
>
> と書ける．

証明の概略　$\bar{V}_+$ の補集合は，正時間的単位ベクトル e のすべてについて $M_-(e)$ の合併をとったものに等しい．$M_-(e)$ は開集合で，$\tilde{g}$ の台は仮定によりコンパクトなので，有限個の e_i $(i=1,\cdots,n)$ が存在し $M_-(e_i)$ の合併集合が $\tilde{g}$ の台を含む．そこで各 $M_-(e_i)$ に台をもつ正値 C^∞ 級関数 h_i で，$\tilde{g}$ の台上で

$$\sum h_i(p) = 1$$

となるものが存在する(1の分解)．そこで $\tilde{g}_i=\tilde{g}h_i$ とおけば，補助定理が成立する．▌

時間軸が e_i と重なる座標系をとると，(p,e_i) は p の0成分でエネルギーの意味をもつ．$\tilde{g}_i$ の Fourier 変換(4.2)を g_i と書くと，$Q(g_i)$ はこの座標系でエネルギーを減少させる作用素であると解釈できる．

各状態 φ に対し，φ を零にする作用素の全体

$$\ker\varphi \equiv \{Q\in\mathfrak{A},\ \varphi(Q^*Q)=0\} \tag{4.8}$$

は2-3節の議論により$\mathfrak{A}$の左イデアルである.

定義 4.3 任意の座標系と，その座標系でエネルギーを減少させる任意の作用素 $Q\in\mathfrak{A}$ について，$Q\in\ker\varphi$ となる状態 φ を**真空**とよぶ.

真空は局所摂動についてエネルギー最低(したがって安定)な状態である，というのが上の定義の意味である.

系 4.4 台が有界で閉未来錐 $\bar{V}_+$ と共通部分がない任意の C^∞ 級関数 $\tilde{g}$ と，任意の $Q\in\mathfrak{A}$ に対し，(4.2),(4.3)で定義される $Q(g)$ が $\ker\varphi$ に属することと，φ が真空状態であることは同値である.

これは補助定理4.2から明らかである.

定理 4.5 (1) 真空状態は並進不変である．すなわち任意の $Q\in\mathfrak{A}$ につき $\varphi(\alpha_{(a,1)}Q)=\varphi(Q)$.

(2) 真空状態 φ の GNS 表現空間上に

$$T_\varphi(a)\pi_\varphi(Q)\Omega_\varphi\equiv\pi_\varphi(\alpha_{(a,1)}Q)\Omega_\varphi \tag{4.9a}$$

をみたす並進のユニタリ表現 T_φ が定義され,

$$T_\varphi(a)=\int e^{i(p,a)}E_\varphi(d^4p) \tag{4.9b}$$

で定義されるスペクトル(射影作用素値)測度 E_φ の台は $\bar{V}_+$ に含まれる.

証明の概略 (1) 関数

$$h(x)=\varphi(\alpha_{(x,1)}Q)$$

は有界($|h(x)|\leqq\|Q\|$)連続($\alpha_g(Q)$ の連続性の仮定による)関数であるが，それが定数であることを示せばよい.

台が有界で原点を含まない C^∞ 級関数 $\tilde{g}(p)$ を考える．補助定理4.2の証明と同様に，有限個の正時間的単位ベクトル e_i と符号 σ_i (＋または－)および

$$M_{\sigma_i}(e_i)=\{p\,;\sigma_i(p,e_i)>0\}$$

の中に台をもつ C^∞ 級関数 g_i $(i=1,\cdots,n)$ が存在して

$$\tilde{g} = \tilde{g}_1+\cdots+\tilde{g}_n$$

と分解できる．$\sigma_i=-$ ならば $Q(g_i)\in\ker\varphi$，また $\sigma_i=+$ ならば $Q(g_i)^*=Q^*(\bar{g}_i)\in\ker\varphi$ なので，いずれにしても

$$\int h(x)g_i(x)d^4x = \varphi(Q(g_i))\,(=\overline{\varphi(Q(g_i)^*)}) = 0$$

となる．ここで g_i は(4.2)による $\tilde{g}_i$ の Fourier 変換である．i について和をとることにより，$\tilde{g}$ の台が原点を含まなければ，(4.2)による Fourier 変換 g は

$$\int h(x)g(x)d^4x = 0$$

をみたす．これは超関数の意味での h の Fourier 変換 $\tilde{h}$ の台が原点であることを示し，従って $\tilde{h}$ は δ 関数とその有限階微分の有限和である．ゆえに $h(x)$ は変数の多項式でなければならない．h の有界性から $h(x)$ は定数である．

(2) 2-5 節の定理 2.33 および系 2.34 により，(4.9)をみたす並進群の連続ユニタリ表現 T_φ の存在は従う．また $\tilde{g}$ の台が $\bar{V}_+$ と共通点をもたなければ，系 4.4 により

$$\int T_\varphi(a)g(a)da\,\pi_\varphi(Q)\Omega_\varphi = \pi_\varphi(Q(g))\Omega_\varphi = 0$$

となる．すなわち，そのような $\tilde{g}$ につき

$$\int T_\varphi(a)g(a)da = \int \tilde{g}(p)E_\varphi(d^4p) = 0$$

が成立し，E_φ の台は $\bar{V}_+$ に含まれる．▌

4-3 既約性

本節では，真空状態 φ が並進不変なだけでなく $\mathcal{P}_+^\uparrow$ 不変と仮定する．次の定理により，真空状態の解析は本質的に π_φ が既約表現で，並進不変ベクトルは 1 次元 $\boldsymbol{C}\Omega_\varphi$ である(この 2 条件は互いに同値)場合に帰着されることになる．

定理 4.6 (1) $\mathcal{P}_+^\uparrow$ 不変な真空状態 φ に対し，φ に付随する巡回表現の可換子環 $\pi_\varphi(\mathfrak{A})'$ は可換環で，$T_\varphi(a)$ とも可換である．

(2) 真空状態について次の条件は同値である．($\mathcal{P}_+^\uparrow$ 不変性は仮定しない．)

(a) $\pi_\varphi(\mathfrak{A})''$ は因子環である．($\pi_\varphi(\mathfrak{A})''\cap\pi_\varphi(\mathfrak{A})'=\boldsymbol{C}\mathbf{1}$)

(b) $\pi_\varphi(\mathfrak{A})$ は既約である．($\pi_\varphi(\mathfrak{A})'=\boldsymbol{C}\mathbf{1}$)

(c) 並進不変なベクトルは $\boldsymbol{\Omega}_\varphi$ に比例する．

注 $\pi_\varphi(\mathfrak{A})'$ が可換環ならば，$\pi_\varphi(\mathfrak{A})''\supset\pi_\varphi(\mathfrak{A})'$ となるので，それは $\pi_\varphi(\mathfrak{A})''$ の中心に一致する．また $T_\varphi(a)\in\pi_\varphi(\mathfrak{A})''$ なので，中心分解で $\pi_\varphi(\mathfrak{A})$ と $T_\varphi(a)$ はともに分解される．特に $\mathfrak{A}$ が可分ならば，φ は $\pi_\psi(\mathfrak{A})''$ が因子環(中心が $\boldsymbol{C}\mathbf{1}$ である von Neumann 環)であるような真空状態 ψ の直積分に書けて，$\pi_\varphi, \boldsymbol{\Omega}_\varphi$, T_φ も $\pi_\psi, \boldsymbol{\Omega}_\psi, T_\psi$ の直積分に書ける．このように分解された各 ψ については，定理の(2)が適用できて表現 π_ψ は既約になり，$T_\psi(a), a\in\boldsymbol{R}^4$ で不変なベクトルは $\boldsymbol{\Omega}_\psi$ に比例するものに限られる(表現空間での真空の一意性)．以下の解析では，これらの性質を仮定する．その結果は，直積分により一般の真空状態に適用可能である．

証明の概略 (1)の証明は5段階にわけて行なう．

(i) $S\in\pi_\varphi(\mathfrak{A})'$ に対し，$[S, T_\varphi(a)]=0$ を示す．$Q\in\mathfrak{A}$ とし

$$Q(x) = \alpha_{(x,1)}Q, \qquad \pi_\varphi(Q(x)) = T_\varphi(x)\pi_\varphi(Q)T_\varphi(x)^*$$

とする．$S\in\pi_\varphi(\mathfrak{A})'$ より S と $\pi_\varphi(Q(x))$ は可換なので

$$(\boldsymbol{\Omega}_\varphi, \pi_\varphi(Q(x))S\boldsymbol{\Omega}_\varphi) = (\boldsymbol{\Omega}_\varphi, S\pi_\varphi(Q(x))\boldsymbol{\Omega}_\varphi)$$

$\pi_\varphi(Q(x))$ の表式を代入し，$T_\varphi(x)^*\boldsymbol{\Omega}_\varphi=\boldsymbol{\Omega}_\varphi$ を使うと

$$(\boldsymbol{\Omega}_\varphi, \pi_\varphi(Q)T_\varphi(-x)S\boldsymbol{\Omega}_\varphi) = (\boldsymbol{\Omega}_\varphi, ST_\varphi(x)\pi_\varphi(Q)\boldsymbol{\Omega}_\varphi)$$

その Fourier 変換は，複素測度

$$(\boldsymbol{\Omega}_\varphi, \pi_\varphi(Q)E_\varphi(-d^4p)S\boldsymbol{\Omega}_\varphi) = (\boldsymbol{\Omega}_\varphi, SE_\varphi(d^4p)\pi_\varphi(Q)\boldsymbol{\Omega}_\varphi)$$

となり，その台は右辺が $\bar{V}_+$，左辺が $-\bar{V}_+$ に含まれるので結局1点 $\{0\}$ である．ゆえに，もとの関数は定数で

$$(\pi_\varphi(Q)^*\Omega_\varphi, T_\varphi(-x)S\Omega_\varphi) = (\pi_\varphi(Q)^*\Omega_\varphi, S\Omega_\varphi)$$

となる(右辺は $x=0$ の値). $\pi_\varphi(\mathfrak{A})\Omega_\varphi$ が稠密なので

$$T_\varphi(x)S\Omega_\varphi = S\Omega_\varphi \quad \text{すなわち} \quad S(x)\Omega_\varphi = S\Omega_\varphi$$

を得る. ただし $S(x)=T_\varphi(x)ST_\varphi(x)^*$. $S\in\pi_\varphi(\mathfrak{A})'$ により

$$[S(x), \pi_\varphi(Q)] = T_\varphi(x)[S, \pi_\varphi(\alpha_{(-x,1)}Q)]T_\varphi(x)^* = 0$$

が任意の $Q\in\mathfrak{A}$ について成立する. したがって

$$S(x)\pi_\varphi(Q)\Omega_\varphi = \pi_\varphi(Q)S(x)\Omega_\varphi = \pi_\varphi(Q)S\Omega_\varphi = S\pi_\varphi(Q)\Omega_\varphi$$

ふたたび $\pi_\varphi(\mathfrak{A})\Omega_\varphi$ の稠密性により

$$S(x) = S \quad \text{すなわち} \quad [T_\varphi(x), S] = 0$$

が成立する(E_φ の台についての仮定だけを使った).

(ii) 並進不変ベクトル全体の部分空間への射影作用素を E_0 と書き, $x\neq 0$ のときに次式を証明する.

$$\text{w-lim}\, T_\varphi(\lambda x) = E_0 \tag{4.10}$$

$\mathcal{P}_+^\uparrow$ 不変性の仮定により, $\mathcal{H}_\varphi$ 上に $\mathcal{P}_+^\uparrow$ のユニタリ表現があり, $T_\varphi(a)$ はその一部分である. 第3章の $\mathcal{P}_+^\uparrow$ のユニタリ表現の解析から, $E_0\Psi=0$ に対しては, $(\boldsymbol{\Phi}, T_\varphi(\lambda x)\boldsymbol{\Psi})$ の $\lambda\in\boldsymbol{R}$ についての Fourier 変換は絶対連続な測度になる. したがって適当な L_1 関数 $f(l)$ が存在して

$$(\boldsymbol{\Phi}, T_\varphi(\lambda x)\boldsymbol{\Psi}) = \int e^{i\lambda l}f(l)dl$$

ゆえに Lebesgue の補題により $\lambda\to\infty$ で 0 に収束する. 他方, $T_\varphi(x)E_0=E_0$ なので(4.10)を得る.

(iii) x が空間的ならば, 任意の $Q_1, Q_2\in\mathfrak{A}$ について

$$\lim_{\lambda\to\infty} \|[Q_1, \alpha_{(\lambda x,1)}Q_2]\| = 0 \tag{4.11}$$

が成立することを示す(漸近可換性という).

生成条件(4)により, 任意の $\varepsilon>0$ に対し有界な時空領域 D_1, D_2 と $Q_i'\in\mathfrak{A}(D_i)$ $(i=1,2)$ が存在して

$$\|Q_1'-Q_1\| < \varepsilon, \quad \|Q_2'-Q_2\| < \varepsilon$$

のように近似できる．λが十分大きければ，D_1と$D_2+\lambda x$はたがいに空間的になり，$\alpha_{(\lambda x,1)}Q_2'\in\mathfrak{A}(D_2+\lambda x)$なので

$$[Q_1', \alpha_{(\lambda x,1)}Q_2'] = 0 \qquad (\text{局所性}(3))$$

他方，次の近似計算が成立する．

$$\begin{aligned}&\|[Q_1, \alpha_{(\lambda x,1)}Q_2]-[Q_1', \alpha_{(\lambda x,1)}Q_2']\|\\ &\quad\leqq \|[Q_1-Q_1', \alpha_{(\lambda x,1)}Q_2]\|+\|[Q_1', \alpha_{(\lambda x,1)}(Q_2-Q_2')]\|\\ &\quad\leqq 2\varepsilon\|Q_2\|+2\varepsilon\|Q_1'\|\end{aligned}$$

したがって(4.11)が成立する．

（iv） $E_0\pi_\varphi(\mathfrak{A})''E_0$は可換環であることを示す．

まず(i)により$T_\varphi(a)\in\pi_\varphi(\mathfrak{A})''$，従って$E_0\in\pi_\varphi(\mathfrak{A})''$．これから$E_0\pi_\varphi(\mathfrak{A})''E_0$が環($W^*$環)を作ることがわかる．可換性を示すために，$Q, Q'\in\mathfrak{A}$とすると(iii)から

$$\lim_{\lambda\to\infty} E_0[\pi_\varphi(Q), T_\varphi(\lambda x)\pi_\varphi(Q')T_\varphi(\lambda x)^*]E_0 = 0$$

となる．他方，$T_\varphi(x)^*E_0=E_0=E_0T_\varphi(x)$により

$$\begin{aligned}&E_0[\pi_\varphi(Q), T_\varphi(x)\pi_\varphi(Q')T_\varphi(x)^*]E_0\\ &\quad= E_0\pi_\varphi(Q)T_\varphi(x)\pi_\varphi(Q')E_0-E_0\pi_\varphi(Q')T_\varphi(-x)\pi_\varphi(Q')E_0\end{aligned}$$

ゆえに(ii)により

$$\operatorname*{w-lim}_{\lambda\to\infty} E_0[\pi_\varphi(Q), T_\varphi(\lambda x)\pi_\varphi(Q')T_\varphi(\lambda x)^*]E_0 = [E_0\pi_\varphi(Q)E_0, E_0\pi_\varphi(Q')E_0]$$

2つの極限式から可換性

$$[E_0\pi_\varphi(Q)E_0, E_0\pi_\varphi(Q')E_0] = 0$$

が得られる．Q, Q'について極限をとれば$E_0\pi_\varphi(\mathfrak{A})''E_0$の可換性を得る．

（v） $\pi_\varphi(\mathfrak{A})'$の可換性を示す．

$E_0\in\pi_\varphi(\mathfrak{A})''$がわかっているので，一般論により

$$E_0\pi_\varphi(\mathfrak{A})' = (E_0\pi_\varphi(\mathfrak{A})''E_0)'E_0 \qquad (E_0\mathcal{H}_\varphi\text{ 上の可換子環})$$

他方，$\pi_\varphi(\mathfrak{A})\Omega_\varphi$が稠密なので，

$$(E_0\pi_\varphi(\mathfrak{A})''E_0)\Omega_\varphi = E_0\pi_\varphi(\mathfrak{A})''\Omega_\varphi$$

は $E_0\mathcal{H}_\varphi$ で稠密である．再び一般論により，$E_0\pi_\varphi(\mathfrak{A})''E_0$ は極大可換である（一般論は付録 B 参照）．したがって

$$(E_0\pi_\varphi(\mathfrak{A})''E_0)'E_0 = E_0\pi_\varphi(\mathfrak{A})''E_0$$

よって

$$E_0\pi_\varphi(\mathfrak{A})' = E_0\pi_\varphi(\mathfrak{A})''E_0$$

（iv）により右辺は可換である．また $S\in\pi_\varphi(\mathfrak{A})'$ が $E_0S=0$ ならば $S\Omega_\varphi=SE_0\Omega_\varphi=E_0S\Omega_\varphi=0$ なので

$$S\pi_\varphi(Q)\Omega_\varphi = \pi_\varphi(Q)S\Omega_\varphi = 0$$

となり，$\pi_\varphi(\mathfrak{A})\Omega_\varphi$ の稠密性により $S=0$ になる．従って，$\pi_\varphi(\mathfrak{A})'$ は $E_0\pi_\varphi(\mathfrak{A})'$ に同形であり，ゆえに可換である．

（2）の証明は（c）→（b）→（a）→（c）の順に示す．上の証明（i）により $E_0\in\pi_\varphi(\mathfrak{A})''$ である．

（c）ならば E_0 が 1 次元なので $E_0\pi_\varphi(\mathfrak{A})'$ と同形な $\pi_\varphi(\mathfrak{A})'$ も 1 次元で $\boldsymbol{C}\mathbf{1}$ になる．ゆえに（b）が成立する．

（b）が成立すれば，$\pi_\varphi(\mathfrak{A})''=\mathcal{B}(\mathcal{H}_\varphi)$ で（a）が成立する．

（a）から次の**クラスター性**が従う．

$$\lim_{\lambda\to\infty}\varphi(Q_1\alpha_{(\lambda x,1)}Q_2) = \varphi(Q_1)\varphi(Q_2) \tag{4.12}$$

ただし x は空間的とし，Q_1, Q_2 は $\mathfrak{A}$ の任意の元である．

この式の証明はあとまわしにして，まず（4.12）から（c）を導く．$\boldsymbol{C}\boldsymbol{\Omega}_\varphi$ への 1 次元射影作用素を E_Ω とおくと

$$\varphi(Q_1)\varphi(Q_2) = (\pi_\varphi(Q_1{}^*)\Omega_\varphi, E_\Omega\pi_\varphi(Q_2)\Omega_\varphi)$$

である．他方（4.12）の左辺の表式は

$$(\Omega_\varphi, \pi_\varphi(Q_1)T_\varphi(\lambda x)\pi_\varphi(Q_2)\Omega_\varphi)$$

である．$\pi_\varphi(\mathfrak{A})\Omega_\varphi$ の稠密性と一様有界性 $\|T_\varphi(\lambda x)\|=1$ から

$$\text{w-lim}\ T_\varphi(\lambda x) = E_\Omega \tag{4.13}$$

が（4.12）と同値である．（4.13）に E_0 をかけると $\Omega\in E_0\mathcal{H}_\varphi$ により右辺は E_Ω のままで，$T_\varphi(\lambda x)E_0=E_0$ により左辺は E_0 になるので，$E_0=E_\Omega$ を得て（c）が成

立する．

クラスター性(4.12)の証明：

$$Q_\varphi(x) = \pi_\varphi(\alpha_{(x,1)}Q) \tag{4.14}$$

とおく．$\|Q_\varphi(x)\| \leqq \|Q\|$ と $\mathcal{B}(\mathcal{H})$ の単位球の弱コンパクト性により $Q_\varphi(\lambda x)$ の集積点

$$Q_\infty \in \bigcap_L \overline{\{Q_\varphi(\lambda x)\,;\,|\lambda| \geqq L\}}^w \tag{4.15}$$

が存在する．ここで $\overline{\{\cdots\}}^w$ は $\{\cdots\}$ の弱閉包を表わす．

$Q_\varphi(\lambda x) \in \pi_\varphi(\mathfrak{A})$ より $Q_\infty \in \pi_\varphi(\mathfrak{A})''$ である．他方(4.11)により，Q_∞ は $\pi_\varphi(Q)$，$Q \in \mathfrak{A}$ と可換である．したがって

$$Q_\infty \in \pi_\varphi(\mathfrak{A})'' \cap \pi_\varphi(\mathfrak{A})' = \pi_\varphi(\mathfrak{A})'' \text{ の中心}$$

となる．仮定(a)により右辺は $\boldsymbol{C}\mathbf{1}$ なので，

$$Q_\infty = c\mathbf{1}$$

複素数 c は，Q_∞ が $Q_\varphi(\lambda x)$ の集積点であることから

$$c = (\boldsymbol{\Omega}_\varphi, Q_\infty \boldsymbol{\Omega}_\varphi) = \lim\,(\boldsymbol{\Omega}_\varphi, Q_\varphi(\lambda x)\boldsymbol{\Omega}_\varphi) = \varphi(Q)$$

のように定まる．すなわち集積点の集合(4.15)は1点 $c\mathbf{1}$ からなる．したがって次式が示された．

$$\text{w-lim}\, Q_\varphi(x) = \varphi(Q)\mathbf{1} \tag{4.16}$$

したがって，(4.12)の左辺

$$\varphi(Q_1 \alpha_{(\lambda x,1)} Q_2) = (\boldsymbol{\Omega}_\varphi, \pi_\varphi(Q_1) Q_{2\varphi}(\lambda x) \boldsymbol{\Omega}_\varphi)$$

に代入することによりクラスター性(4.12)を得る．▌

注1　定理4.6(1)により φ の中心分解は真空状態 ψ を与えるが，それはもはや $\mathcal{P}_+^\uparrow$ 不変かどうかわからない．しかし定理4.6(2)の証明は $\mathcal{P}_+^\uparrow$ 不変性を要しないのでこの ψ にも適用でき，ψ は条件(a)，(b)，(c)をすべてみたす．

注2　真空は安定状態，すなわちエネルギー極小の状態(基底状態)という観点を強調するために，真空の定義に $\mathcal{P}_+^\uparrow$ 不変性をいれなかった．以下では定理4.6(2)の条件をみたす(すなわち純粋)真空状態を考察するが，必要な場合には φ の $\mathcal{P}_+^\uparrow$ 不変性の仮定を導入する．

注3 (4.10)式を稠密集合 $\pi_\varphi(\mathfrak{A})\Omega_\varphi$ のベクトルではさむと，(4.10)と同値な条件として

$$\lim \varphi(Q_1\alpha_{(\lambda x,1)}Q_2) = (\Omega_\varphi, \pi_\varphi(Q_1)E_0\pi_\varphi(Q_2)\Omega_\varphi)$$

が得られる．特に定理4.6(2)の条件がみたされれば，E_0 が $\boldsymbol{C}\Omega_\varphi$ への1次元射影作用素 E_Ω に一致し，上式はクラスター性(4.14)になる．すなわち $\mathcal{P}_+^\uparrow$ 不変な真空純粋状態 φ は，空間的な x だけではなく任意の x についてクラスター性(4.14)をもつ．

4-4 質量間隙と指数的クラスター性

本節ではエネルギー運動量スペクトルの中で0が孤立している，すなわち真空ベクトル Ω_φ とその直交補空間のエネルギーに間隙がある場合には，(4.12)よりずっと強い形のクラスター性が成立することを示す．それは空間的に離れた2領域 D_1, D_2 の物理量に対して，真空は非常によい近似で積状態になっていることを意味する．

最初に単純な方法で，エネルギーのスペクトルに関する条件と局所性から純粋真空状態の指数的クラスター性を導く．4-5節ではもっと複雑な方法による結果を引用して，指数として最善のものを導く．

定理4.7 次の2条件を仮定する．

(a) 真空状態 φ について，$\Omega_\varphi{}^\perp$ における E_φ のスペクトルは，$\{p; p^0 \geqq m\}$ (エネルギーが m 以上)に含まれる．

(b) 領域 D_1 と D_2 は $|t|<T$ に対し D_1 と D_2+te が空間的に離れている ($D_1' \supset D_2+te$)．ただし $e=(1,0,0,0)$．

このとき任意の $Q_1 \in \mathfrak{A}(D_1), Q_2 \in \mathfrak{A}(D_2)$ に対し

$$|\varphi(Q_1Q_2) - \varphi(Q_1)\varphi(Q_2)| \leqq Gk(mT/2) \tag{4.17}$$

$$k(a) = \frac{1}{2}((\pi a)^{-1/2} + (\pi a)^{-1})e^{-a}$$

$$G = [\varphi(Q_1Q_1{}^*)\varphi(Q_2{}^*Q_2)]^{1/2} + [\varphi(Q_1{}^*Q_1)\varphi(Q_2Q_2{}^*)]^{1/2}$$

証明

$$\left.\begin{aligned}\varphi(Q_1\alpha_{(te,1)}Q_2)-\varphi(Q_1)\varphi(Q_2) &= \int e^{its}d\mu_1(s)\\ \varphi(\alpha_{(te,1)}(Q_2)Q_1)-\varphi(Q_1)\varphi(Q_2) &= \int e^{-its}d\mu_2(s)\end{aligned}\right\} \qquad (*)$$

とおく．$E_\varphi'(\cdot)\equiv E_\varphi(\cdot)(\mathbf{1}-E_\Omega)$ と書けば

$$\mu_1(\Delta) = (\pi_\varphi(Q_1^*)\Omega_\varphi, E_\varphi'(\{p\,;p^0\in\Delta\})\pi_\varphi(Q_2)\Omega_\varphi)$$
$$\mu_2(\Delta) = (\pi_\varphi(Q_2^*)\Omega_\varphi, E_\varphi'(\{p\,;p^0\in\Delta\})\pi_\varphi(Q_1)\Omega_\varphi)$$

となる．μ_1,μ_2 の台は $[m,\infty)$ に含まれ，

$$\|\mu_1\| = \int|\mu_1(ds)| \leqq \|\pi_\varphi(Q_1^*)\Omega_\varphi\|\cdot\|\pi_\varphi(Q_2)\Omega_\varphi\|$$

$$\|\mu_2\| = \int|\mu_2(ds)| \leqq \|\pi_\varphi(Q_2^*)\Omega_\varphi\|\cdot\|\pi_\varphi(Q_1)\Omega_\varphi\|$$

が成立する．（測度 μ のノルム $\|\mu\|$ は $\left|\int gd\mu\right|\leqq\|\mu\|\sup|g|$ をみたす最小の正数 $\|\mu\|$ である．）

局所性と条件(b)により，$|t|<T$ で

$$\varphi(t) \equiv \varphi([Q_1,\alpha_{(te,1)}Q_2]) = 0$$

が成立する．$\varphi(t)$ は(*) 2 式の差なので，

$$\int\varphi(t)f(t)dt = \int\tilde{f}(s)d\mu_1(s)-\int\tilde{f}(-s)d\mu_2(s) \qquad (**)$$

が，任意の L_1 関数 $f(t)$ とその Fourier 変換

$$\tilde{f}(s) = \int e^{its}f(t)dt$$

に対し成立する．$f(t)$ として次の $f_\varepsilon(t)$ を使う．

$$f_\varepsilon(t) = f_{1\varepsilon}(t)f_2(t) \qquad (\varepsilon>0, l>0)$$
$$f_{1\varepsilon}(t) = (2\pi)^{-1}(it+\varepsilon)^{-1}, \qquad f_2(t) = e^{-t^2/4l}$$

Fourier 変換は $\tilde{f}_{1\varepsilon}$ と $\tilde{f}_2$ の計算により

$$\tilde{f}_\varepsilon(s) = (l/\pi)^{1/2}\int_{-\infty}^{s} e^{-lu^2+\varepsilon u-\varepsilon s}du$$

$\varepsilon\to+0$ の極限で，f_ε は $|t|\geqq T$ で L_1 収束，$\tilde{f}_\varepsilon$ は一様収束する．そこで(**)の f に f_ε を代入し，$\varepsilon\to+0$ の極限をとると，f に f_0 を代入した(**)式を得る．

その両辺を評価すると

$$\left|\int \varphi(t)f_0(t)dt\right| \leqq \sup|\varphi(t)|\left(\int_{-\infty}^{-T}+\int_{T}^{\infty}\right)|f_0(t)|dt$$

$$= \sup|\varphi(t)|\int_T^{\infty} e^{-t^2/4l}dt/(\pi t)$$

$$= \sup|\varphi(t)|\int_{(T^2/4l)}^{\infty} e^{-t'}dt'/(2\pi t')$$

$$\leqq \sup|\varphi(t)|(2l/\pi T^2)\exp(-T^2/4l)$$

$$\sup|\varphi(t)| \leqq G$$

$$\left|\int \tilde{f}_0(-s)d\mu_2(s)\right| \leqq \|\mu_2\|\sup\{|\tilde{f}_0(-s)|\,;s\geqq m\}$$

$$= \|\mu_2\|(l/\pi)^{1/2}\int_{-\infty}^{-m}\exp(-lu^2)du$$

$$= \|\mu_2\|\int_{lm^2}^{\infty} e^{-v}dv/(4\pi v)^{1/2} \leqq \|\mu_2\|e^{-lm^2}/(2m\sqrt{\pi l})$$

$$\left|\int(1-\tilde{f}_0(s))d\mu_1(s)\right| \leqq \|\mu_1\|\sup\{|1-\tilde{f}_0(s)|\,;s\geqq m\}$$

$$\leqq \|\mu_1\|e^{-lm^2}/(2m\sqrt{\pi l})$$

($1-\tilde{f}_0(s)=\tilde{f}_0(-s)$ を用いた.) したがって

$$|\varphi(Q_1Q_2)-\varphi(Q_1)\varphi(Q_2)| = \left|\int d\mu_1(t)\right|$$

$$\leqq \left|\int\varphi(t)f_0(t)dt\right|+\left|\int\tilde{f}_0(-s)d\mu_2(s)\right|+\left|\int(1-\tilde{f}_0(s))d\mu_1(s)\right|$$

$$\leqq G\{(2l/\pi T^2)\exp(-T^2/4l)+(2m\sqrt{\pi l})^{-1}\exp(-lm^2)\}$$

とくに $l=T/(2m)$ とおくと

$$|\varphi(Q_1Q_2)-\varphi(Q_1)\varphi(Q_2)| \leqq G\left\{\frac{1}{\pi mT}+\frac{1}{\sqrt{2\pi mT}}\right\}e^{-(mT/2)} \qquad \blacksquare$$

注 (4.17)式の評価で $G(Tm/2)$ はエネルギースペクトルについての条件(すなわち m)と，2つの領域の相互関係(すなわち T)によりきまる量であり，G は

$$|G| \leqq 2\|Q_1\|\cdot\|Q_2\|$$

のように物理量 Q_1, Q_2 の大きさによりきまる量である．

D_1 と D_2 が定時刻超平面 $\{x ; x^0=t\}$ 上の球 S_1, S_2 を底とする 2 重錐の場合，T としては S_1 と S_2 の空間的距離 R をとることができる．すなわち(4.17)式は領域 D_1 と D_2 の距離についての指数的なクラスター性を表わしている．

実はもっと複雑な議論により(定理 4.7 の仮定よりはもっとたくさんの情報を使って)，指数を e^{-mR} まで強めることができる．そのような指数的クラスター性は，湯川理論による物理的解釈が可能である．すなわち距離 R における物理量の相関は，エネルギー(湯川理論では粒子)の交換によって生じ，その有効半径は，時間とエネルギーの不確定性原理により許される到達距離として交換されるエネルギーの逆数で定まるという考えである．湯川ポテンシャルは e^{-mR} の形(R の逆ベキを無視すれば)で減少する．

e^{-mR} の形のクラスター性は次節の JLD 表示を使うと得られる．(JLD は Jost, Lehmann, Dyson の頭文字である.)

4-5 JLD 表示

定理 4.8 局所物理量 $Q_1 \in \mathfrak{A}(D_1)$，$Q_2 \in \mathfrak{A}(D_2)$ と純粋真空状態 φ について，局所物理量の共変性および局所性と純粋真空状態の定義(エネルギー運動量スペクトルについての条件)の帰結として，次の **JLD 表示**が成立する．

$$\varphi(Q_1 Q_2(x)) - \varphi(Q_1)\varphi(Q_2)$$
$$= \int d\xi^0 \int_{S_\varepsilon} d\boldsymbol{\xi} \int_0^\infty \rho(d\kappa, \xi)\{2\varphi(\xi^0)(\partial/\partial x^0)\Delta_\kappa^+(\xi - x) - \varphi'(\xi^0)\Delta_\kappa^+(\xi - x)\} \tag{4.18}$$

ここで，$\varphi(\xi^0)$ は便宜上導入した C^∞ 級の関数で，

$$\int \varphi(\xi^0) d\xi^0 = 1$$

をみたす任意の関数でよいが，ある $\varepsilon>0$ と t について，

$$\{\xi^0 ; |\xi^0-t|<\varepsilon\}$$

に台をもつものとする．$\rho(d\kappa,\xi)$ は各 ξ ごとに変数 κ の測度で，次式で定義される．

$$\int_0^\infty g(\kappa)\rho(d\kappa,\xi) = (2\pi)^{-4}\int g((p,p)^{1/2})e^{i(p,\xi)}\mu(d^4p)$$

(p,p) と (p,ξ) は 3-1 節に導入した Minkowski 内積で，測度 $d\mu$ は前節の $d\mu_1-d\mu_2$ と同様に，複素測度として

$$\varphi([Q_1,Q_2(x)]) = \int e^{i(p,x)}\mu(d^4p) \tag{4.19}$$

で定義される．ただし x だけ移動した物理量 Q に対し

$$\alpha_{(x,1)}Q = Q(x) \tag{4.20}$$

という記法を用いた．φ の定義により測度 μ の台の上では $(p,p)\geqq 0$ なので，ρ の定義に $(p,p)^{1/2}$ が使える．また真空ベクトルの一意性（φ が純粋真空状態なので）により，点 0 の ρ 測度は 0 である．(4.18)式の $\varDelta_\kappa^+$ は

$$\varDelta_\kappa^+(x) = -i(2\pi)^{-3}\int(2p^0)^{-1}e^{-i(p,x)}d^3\boldsymbol{p} \tag{4.21}$$

で与えられる超関数である（$p^0=(\boldsymbol{p}^2+\kappa^2)^{1/2}$）．ただし，空間的な点 x では次の関数で置きかえることができる．

$$\varDelta_\kappa^+(x) = -i(2\pi)^{-2}\kappa K_1(\kappa s)/s, \qquad s=(-(x,x))^{1/2} \tag{4.22}$$

K_1 は変形 Bessel 関数で，無限遠で指数的に減少する．

(4.18)式の $\boldsymbol{\xi}$ 積分の領域 S_ε は次のように定める．共変性と局所性から(4.19)の左辺は領域

$$D_1-D_2 = \{x-y ; x\in D_1,\ y\in D_2\}$$

の因果的補集合 $(D_1-D_2)'$ で 0 になる．時刻一定の超平面 $\{x ; x^0=s\}$ 上で $(D_1-D_2)'$ の切り口の補集合を $\{(s,\boldsymbol{x}) ; \boldsymbol{x}\in S^s\}$ とおき，S^s の凸包を S_0^s とする．S^s は $x_0=s$ 平面に D_1-D_2 を因果的に投影したものの $\boldsymbol{x}$ 座標の集合である．$|s-t|\leqq\varepsilon$ をみたす s について S_0^s の和集合を S_ε とし（$S_0=S_0^t$ である），

$$D = [t-\varepsilon, t+\varepsilon] \times S_\varepsilon \tag{4.23}$$

とする．特にD_1とD_2が$x^0=t$に底をもつ2重錐ならば，S_0は2重錐D_1-D_2の底($x^0=t$の切り口)である．

一般のxに対して，(4.18)式は台がコンパクトなC^∞関数$f(x)$をかけてxで積分したときに意味をもつ．そのとき右辺では，まずx積分を超関数の意味で行ない，その上でκ積分とξ積分を行なうことになる．しかしxがDと空間的に離れている場合は，(4.22)式を使って通常の積分計算を行なえばよい．

(4.18)式の左辺は

$$\begin{aligned}
&(\Omega_\varphi, \pi_\varphi(Q_1)T_\varphi(x)\pi_\varphi(Q_2)\Omega_\varphi)-\varphi(Q_1)\varphi(Q_2)\\
&=\int_{V_+} e^{i(p,x)}(\Omega_\varphi, \pi_\varphi(Q_1)E_\varphi(d^4p)\pi_\varphi(Q_2)\Omega_\varphi)
\end{aligned}$$

と書ける．ただしE_φは並進を表わすT_φのスペクトル射影作用素である．(4.18)の両辺の Fourier 変換をとって，ξ積分の領域Dがコンパクトであることを使うと，E_φの台は各$\kappa>0$に対し，双曲面

$$\{p \in V_+ ; (p,p)=\kappa^2,\ p^0>0\}$$

全部を含むか，全部を含まない．すなわち Borchers による次の結果を得る．

系 4.9 真空状態φについてエネルギー運動量

$$P^\mu = \int p^\mu E_\varphi(d^4p)$$

の台は Lorentz 不変である．

特に定理4.7の場合のようにエネルギーに間隙があれば質量間隙ができ，(4.18)のκ積分はmから始まることになる．この状況では次の評価が成立する．

系 4.10 定理4.7(a)の条件のもとで，D_1-D_2-xが空間的ならば次式が成立する．

$$\begin{aligned}
&|\varphi(Q_1Q_2(x))-\varphi(Q_1)\varphi(Q_2)|\\
&\leqq (2\pi)^{-6}G|S_\varepsilon|\{2m^2(|t-x^0|+\varepsilon)d^{-2}(-K_1'(md))\\
&\quad +2\varepsilon^{-1}md^{-1}K_1(md)\}
\end{aligned} \tag{4.24}$$

ここに d は D と x の最小不変距離である．

$$d^2 = \inf\{-(x-y, x-y)\,;\, y \in D \equiv [t-\varepsilon, t+\varepsilon] \times S_\varepsilon\}$$

また G は定理 4.7 と同じである．

注 $K_1(z), K_1'(z)$ はともに大きな z で $(\pi/2z)^{1/2}e^{-z}$ のようにふるまうので，(4.24)式は $d^{-3/2}e^{-md}$ という指数的減少を与える．ここに d は Q_1 と $Q_2(x)$ の台の空間的距離を表わすと考えてよい．

証明 (4.18)式の括弧内の各項をとって評価する．仮定により，$\xi-x$ は空間的なので，(4.22)式を使う．ただし

$$s = (-(x-\xi, x-\xi))^{1/2}$$

$$(\partial/\partial x^0)\Delta_\kappa^+(\xi-x) = (\xi^0-x^0)s^{-1}(\partial/\partial s)\Delta_\kappa^+(\xi-x)$$

(4.22)の絶対値は $(zK_1(z))' = -zK_0(z) < 0$ により κ につき単調減少であり，$\kappa \geqq m$ の範囲では $\kappa = m$ で最大値をとる．また

$$|(\partial/\partial s)\Delta_\kappa^+| = (2\pi)^{-2}(2s^{-2}\kappa K_1(\kappa s) + s^{-1}\kappa^2 K_0(\kappa s))$$

$$(\partial/\partial\kappa)(2s^{-2}\kappa K_1(\kappa s) + s^{-1}\kappa^2 K_0(\kappa s)) = -\kappa^2 K_1(\kappa s) < 0$$

により $|(\partial/\partial s)\Delta_\kappa^+|$ も $\kappa = m$ で最大値をとる．そこで

$$\begin{aligned} &|\varphi(Q_1 Q_2(x)) - \varphi(Q_1)\varphi(Q_2)| \\ &\leqq \int d\xi^0 \int_{S_\varepsilon} d\boldsymbol{\xi} \|\rho\| \{2|\varphi(\xi^0)(\partial/\partial x^0)\Delta_m^+(\xi-x)| + |\varphi'(\xi^0)\Delta_m^+(\xi-x)|\} \end{aligned} \tag{4.25}$$

を得る．$\|\rho\| = (2\pi)^{-4}\|\mu\|$ で $\|\mu\|$ は G で評価できる．

κ についての単調性の計算を利用すると

$$(\partial/\partial s)(s^2|\Delta_\kappa^+(\xi-x)|) = \kappa s(\partial/\partial\kappa)|\Delta_\kappa^+(\xi-x)| < 0$$

$$(\partial/\partial s)(s^3|(\partial/\partial s)\Delta_\kappa^+|) = \kappa s^2(\partial/\partial\kappa)|(\partial/\partial s)\Delta_\kappa^+| < 0$$

が得られ，s^{-2}, s^{-4} は単調減少なので

$$|\Delta_m^+(\xi-x)| = s^{-2}|s^2\Delta_m^+(\xi-x)|$$

$$s^{-1}|(\partial/\partial s)\Delta_m^+(\xi-x)| = s^{-4}(s^3|(\partial/\partial s)\Delta_m^+(\xi-x)|$$

はともに s について単調減少である．そこで，(4.25)式でこれらの変数 s をその最小値 d で置き換える．また

$$|\xi^0-x^0| \leqq |\xi^0-t|+|t-x^0| \leqq \varepsilon+|t-x^0|$$

$$\int|\varphi(\xi^0)|d\xi^0 = 1, \quad \int|\varphi'(\xi^0)|d\xi^0 = 2\sup\varphi(\xi^0) < 2/\varepsilon$$

を用いる．ここに φ として正値で極大値を1回だけとる関数をえらび，最大値が ε^{-1} 以下のものを使う．以上の評価を(4.25)に代入すると(4.24)式が得られる．▌

注1　上記の評価のため，関数 φ の入ったJLD表示を導入したが，通常のJLD表示には φ は入っていない．たとえば $Q_2(x)$ が微分可能のとき，φ を含まないJLD表示は

$$\begin{aligned}&\varphi(Q_1Q_2(x))-\varphi(Q_1)\varphi(Q_2)\\&\quad=\int_{S_0}d\boldsymbol{\xi}\int_m^\infty\{\rho'(d\kappa,\xi)\Delta_\kappa^+(\xi-x)+\rho(d\kappa,\xi)(\partial/\partial x^0)\Delta_\kappa^+(\xi-x)\}_{\xi^0=t}\end{aligned} \tag{4.26}$$

ただし複素測度 ρ' は定理4.8の ρ の定義式の μ を次の μ' で置き換えたものである．($\mu'(dp)=ip^0\mu(dp)$ となる．)

$$\varphi([Q_1,\dot{Q}_2(x)]) = \int e^{i(x,p)}\mu'(d^4p)$$

ここに $\dot{Q}_2(x)=(\partial/\partial x^0)Q_2(x)$ であり，定理4.7の G の定義で Q_2 を $\dot{Q}_2=\dot{Q}_2(0)$ で置き換えたものを G' とすれば，$\|\mu'\|<G'$ のように評価できる．微分可能な局所物理量は

$$Q_2 = \int Q(\xi)\varphi(\xi)d^4\xi \tag{4.27}$$

のように得られる．$Q\in\mathfrak{A}(D)$ で φ の台が D_1 なら $Q_2\in\mathfrak{A}(D+D_1)$ であり，φ が微分可能なら，$\dot{\varphi}(\xi)=(\partial/\partial\xi^0)\varphi(\xi)$ を使って

$$Q_2(x) = \int Q(\xi+x)\varphi(\xi)d^4\xi, \quad \dot{Q}_2 = -\int Q(\xi)\dot{\varphi}(\xi)d^4\xi$$

により Q_2 が微分可能になる．

注2　JLD表示の証明には関数

$$H(x, x^4) = \int e^{i(p,x)} \cos(x^4(p,p)^{1/2})\mu(d^4p)$$

を導入する．H は $(x^0, \boldsymbol{x}, x^4)$ について5次元の波動方程式をみたすので，$x^0=t$ の初期値 H および $\dot{H}$ を使って表示できる．$x^4=0$ では H が $(D_1-D_2)'$ で0になることから，波動方程式の解についての Asgeirsson の定理を用いて，H が $x^0=s$ 平面上任意の x^4 について $\boldsymbol{x} \notin S_0^s$ で0になることがわかる．特に $x^4=0$ とおくと JLD 表示(4.26)を得る．$x^0=s$ を初期値とする表示に $\varphi(s)$ をかけて積分しておくと，JLD 表示(4.18)が得られる*.

4-6 載端期待値と多重クラスター性

前2節で議論したクラスター性は，2つの物理量の台を空間方向に引き離したときの漸近的ふるまいであった．本節では，n 個の物理量を相互に空間方向に引き離した場合のクラスター性を議論する．

2つの物理量の真空期待値については，中間状態が真空の場合の寄与(真空への射影作用素を2つの物理量の間に挿入したもので $\varphi(Q_1)\varphi(Q_2)$ の項をさす)を差し引いたものが指数的に0に近づく．n 個の物理量の場合も，それをどの2つのグループにわけても，中間状態が真空である寄与が自動的に差し引かれている表式を作れば，それが指数的に0に近づくことが期待される．そのような表式が次に導入する**載端**(truncated)関数である．

純粋真空状態 φ に対し，n 個の物理量 $Q_1, \cdots, Q_n$ の載端期待値 φ^{T} を次式で定義する．

$(1, 2, \cdots, n)$ の部分集合

$$I = \{i_1, i_2, \cdots, i_k\}, \qquad i_1 < i_2 < \cdots < i_k$$

に対して

---

* たとえば1960年 Les Houches 夏の学校講義録，C. DeWitt and R. Omnes ed.: *Dispersion Relations and Elementary Particles* (Hermann, 1961) の中の A. S. Wightman の2番目の論文参照.

$$Q(I) = Q_{i_1}Q_{i_2}\cdots Q_{i_k}$$

と定義する．このとき次式で φ^{T} を定義する．

$$\varphi^{\mathrm{T}}(Q(I)) = \sum_{m=1}^{|I|}\sum_{\{I_\nu\}}(-1)^{m-1}(m-1)!\prod_{\nu=1}^{m}\varphi(Q(I_\nu)) \tag{4.28}$$

ここに I_ν $(\nu=1,\cdots,m)$ は共通部分をもたず，和集合が I になる部分集合で，和はそのような I の分割すべてにわたる．$|I|$ は I の元の個数である．この式を逆に解くと

$$\varphi(Q(I)) = \sum_{m=1}^{|I|}\sum_{\{I_\nu\}}\prod_{\nu=1}^{m}\varphi^{\mathrm{T}}(Q(I_\nu)) \tag{4.29}$$

が得られる．

両者の関係は，可換なベキ零不定元 t_n $(n\in\boldsymbol{N})$ の形式的ベキ級数を使うと

$$1+\sum_I t(I)\varphi(Q(I)) = \exp\sum_I t(I)\varphi^{\mathrm{T}}(Q(I))$$

$$\sum_I t(I)\varphi^{\mathrm{T}}(Q(I)) = \log\{1+\sum_I t(I)\varphi(Q(I))\}$$

により与えられる．ただし $t(I)=\Pi\{t_n\,;\,n\in I\}$, $t_n{}^2=0$.

定理 4.11 有界領域 $D_1,\cdots,D_n$ について，添字の 2 分割 $\{J,J^c\}$, $J\subset\{1,\cdots,n\}$ (J^c は J の補集合)があって，任意の $i\in J, j\in J^c$ に対し D_i-D_j+te が $|t|<T$ で空間的である(D_i と D_j が空間的に T 程度以上離れている)とする．ただし $e=(1,0,0,0)$．このとき n だけできまる組合せ的定数 A_n があって，任意の $Q_i\in\mathfrak{A}(D_i)$ に対し

$$|\varphi^{\mathrm{T}}(Q_1\cdots Q_n)| \leqq A_n\Big(\prod_j\|Q_j\|\Big)k(mT/2) \tag{4.30}$$

ただし k は定理 4.7 の関数で指数的に減少する．また既約真空状態 φ について，定理 4.7(a)の仮定をする．

証明 まず

$$|\varphi(Q(I))| \leqq \|Q(I)\| \leqq \prod_{j\in I}\|Q_j\|$$

が成立するので，(4.28)より

$$|\varphi^{\mathrm{T}}(Q(I))| \leqq c_n \prod_{j\in I} \|Q_j\|, \qquad c_n = \sum_m (m-1)!S(|I|, m) \quad (4.31)$$

を得る．ただし $S(k,m)$ は k 個の添字を m 個に分割する方法の総数(第2種 Stirling 数)である．$(c_n = \sum_1^\infty 2^{-k} k^{n-1})$

そこで(4.30)を n についての数学的帰納法により証明する．$I=\{1,\cdots,n\}$ に対する(4.29)式の右辺の和を

(a) $m=1$ の項: $\varphi^{\mathrm{T}}(Q_1\cdots Q_n)$

(b) (J, J^{c}) の細分割の和$=\varphi^{\mathrm{T}}(Q(J))\varphi^{\mathrm{T}}(Q(J^{\mathrm{c}}))$

(c) その他: $m\geqq 2$ で J と J^{c} にまたがる I_ν がある

の3つにわけ，移項すると次式を得る．

$$\varphi^{\mathrm{T}}(Q_1\cdots Q_n) = \varphi(Q_1\cdots Q_n) - \varphi(Q(J))\varphi(Q(J^{\mathrm{c}})) - \sum{}^{(\mathrm{c})}$$

ここに $\sum^{(\mathrm{c})}$ は(c)の部分の和である．

$i\in J, j\in J^{\mathrm{c}}$ について，D_i と D_j は仮定($t=0$ とおく)により空間的に離れているので，Q_i と Q_j は可換であるから

$$\varphi(Q_1\cdots Q_n) = \varphi(Q(J)Q(J^{\mathrm{c}}))$$

となる．そこで定理4.7により

$$|\varphi(Q_1\cdots Q_n) - \varphi(Q(J))\varphi(Q(J^{\mathrm{c}}))| < Gk(mT/2)$$
$$G \leqq 2\|Q(J)\|\cdot\|Q(J^{\mathrm{c}})\| \leqq 2\prod_j \|Q_j\|$$

と評価できる．

$\sum^{(\mathrm{c})}$ の各項について，J と J^{c} にまたがる I_ν については，$m>1$ なので $|I_\nu| < n$ であるから，帰納法の仮定により

$$|\varphi^{\mathrm{T}}(Q(I_\nu))| \leqq A_{|I_\nu|}\Bigl(\prod_{j\in I_\nu} \|Q_j\|\Bigr) k(mR/2)$$

を得る．残りの $\varphi^{\mathrm{T}}(Q(I_\mu))$ については(4.31)を使用すると

$$\Bigl|\prod_\mu \varphi^{\mathrm{T}}(Q(I_\mu))\Bigr| \leqq \Bigl(\prod_j \|Q_j\|\Bigr) k(mR/2) A_{|I_\nu|} \prod_{\mu\neq\nu} c_{|I_\mu|}$$

を得る．したがって

$$A_n = 2 + \sum A_{|I_\nu|} \prod_{\mu \neq \nu} c_{|I_\mu|}$$

とおけば，(4.30)を得る．

系 4.12 $Q_j \in \mathfrak{A}(D)$，$|x_j{}^0| < \delta\ (j=1,\cdots,n)$ のとき，D, δ, n できまる定数 A に対し

$$|\varphi^{\mathrm{T}}(Q_1(x_1)\cdots Q_n(x_n))| \leqq A\left(\prod_j \|Q_j\|\right) e^{-mR/2} \qquad (4.32)$$

ただし，$R=(n-1)^{-1}\max|\boldsymbol{x}_i - \boldsymbol{x}_j|$．

証明 $\{1,\cdots,n\}$ の分割 $\{J, J^{\mathrm{c}}\}$ で，任意の $i \in J, j \in J^{\mathrm{c}}$ に対し $|\boldsymbol{x}_i - \boldsymbol{x}_j| \geqq R$ のような J が存在することをまず示す．

$|\boldsymbol{x}_i - \boldsymbol{x}_j|$ が最大となる (i, j) を1つとり，$\boldsymbol{x}_i$ と $\boldsymbol{x}_j$ を結ぶ線分を L とする．各点 $\boldsymbol{x}_k$ を通り L と垂直な平面は，$|\boldsymbol{x}_i - \boldsymbol{x}_j|$ が最大であることから必ず L と交わる．その交点を P_k とし，端から順に $P_{k_1}, \cdots, P_{k_n}$ と名づける．L の長さが $(n-1)R$ なので，隣り同士の間隔が R 以上の点が必ず1組ある．それを k_l, k_{l+1} とし $J=\{k_1, \cdots, k_l\}$ とおけば

$$|\boldsymbol{x}_p - \boldsymbol{x}_q| \geqq |P_{k_p} - P_{k_q}| \geqq |P_{k_l} - P_{k_{l+1}}| \geqq R$$

が任意の $p \in J, q \in J^{\mathrm{c}}$ に対し得られる．

D-D の $x^0=0$ 平面への因果的影像の半径を a とする．

$$a = \sup\{|x^0| + |\boldsymbol{x}|\,;\, x = x_1 - x_2,\ x_1 \in D,\ x_2 \in D\}$$

そのとき $R > a + 2\delta$ ならば，$p \in J, q \in J^{\mathrm{c}}$ に対し $Q_p(x_p)$ の台 $D + x_p$ と Q_q の台 $D + x_q$ について，$(D+x_p) - (D+x_q) + te$ が $|t| < R - a - 2\delta$ で空間的になり，定理4.11が適用できて(4.32)を得る．▌

4-7 加法性の仮定と Reeh-Schlieder の定理

定義 4.13 任意の2重錐 K とその任意の開被覆 $K = \bigcup_i D_i$ について，状態 φ の GNS 表現 π_φ に対し

$$\pi_\varphi(\mathfrak{A}(K))'' = (\bigcup_i \pi_\varphi(\mathfrak{A}(D_i)))'' \tag{4.33}$$

が成立するとき，**加法性**が成立するという．

$$\pi_\varphi(\mathfrak{A})'' = (\bigcup_x \pi_\varphi(\mathfrak{A}(D+x)))'' \tag{4.34}$$

が任意の領域 D で成立すれば，**弱加法性**が成立するという．

ここで M'' は M で生成される von Neumann 環を表わす．

注 弱加法性では D を 2 重錐に限っても，$\mathfrak{A}(D)$ の単調性により，任意の開集合 D で(4.34)が成立する．

定理 4.14（Reeh-Schlieder の定理） 真空状態 φ に対し弱加法性の仮定のもとで，真空ベクトル Ω_φ は任意の領域 D について $\pi_\varphi(\mathfrak{A}(D))$ の巡回ベクトルであり，任意の有界領域 D について $\pi_\varphi(\mathfrak{A}(D))''$ の分離ベクトルである．

証明 巡回性の証明には，$\Psi \perp \pi_\varphi(\mathfrak{A}(D))\Omega_\varphi$ ならば $\Psi=0$ を示せばよい．$\bar{D}_1 \subset D$ をみたす領域 D_1 をとると，0 の十分小さい近傍 N に属する任意の x に対し $D_1+x \subset D$ となる．そこで $\mathfrak{A}(D_1)$ の任意の元 $Q_1, \cdots, Q_n$ と N の任意の点 $x_1, \cdots, x_n$ に対し，$Q_j(x_j) \in \mathfrak{A}(D_1+x_j) \subset \mathfrak{A}(D)$ となるから

$$(\Psi, Q_{1\varphi}(x_1)\cdots Q_{n\varphi}(x_n)\Omega_\varphi) = 0 \tag{4.35}$$

となる．ただし(4.14)式の記法を用いた．

(4.9)で定義される T_φ は，2-5 節にもあるように

$$Q_{j\varphi}(x_j) = T_\varphi(x_j)Q_{j\varphi}T_\varphi(x_j)^*, \qquad Q_{j\varphi} \equiv \pi_\varphi(Q_j) \tag{4.36}$$

$$T_\varphi(x) = \int e^{i(x,p)}E_\varphi(d^4p)$$

をみたす．E_φ の台は $\bar{V}_+$ に含まれるので，

$$T_\varphi(z) = \int e^{i(\zeta,p)}E_\varphi(d^4p)$$

が $\mathrm{Im}\,\zeta \in \bar{V}_+$ をみたす複素ベクトル ζ に対し定義できて，作用素の強位相について連続であり，$\mathrm{Im}\,\zeta \in V_+$ では ζ の正則関数である．したがって $\mathrm{Im}\,\zeta_j \in \bar{V}_+$ に

対し連続関数

$$(\Psi, T_\varphi(\zeta_1)Q_{1\varphi}T_\varphi(\zeta_2)Q_{2\varphi}\cdots T_\varphi(\zeta_n)Q_{n\varphi}\Omega_\varphi) \tag{4.37}$$

が定義できて，$\zeta_j \in V_+$ で正則である．この式で $\zeta_1 = x_1$, $\zeta_k = x_k - x_{k-1}$ ($k=2, \cdots, n$) とおくと，(4.36)式および $T_\varphi(x_{k-1})^* T_\varphi(x_k) = T_\varphi(x_k - x_{k-1})$ により(4.35)の左辺になる．N に属する x_j についてはそれが0なので，正則関数(4.37)は恒等的に0でなければならない．したがって(4.35)式はすべての x_j で成立することになる．

$\bigcup_x \pi_\varphi(\mathfrak{A}(D_1+x))$ で生成される＊環 $\mathcal{B}$ の元は

$$Q_{1\varphi}(x_1)\cdots Q_{n\varphi}(x_n)$$

の形の単項式の線形結合である．(4.35)式が任意の x について成立するから，Ψ は $\mathcal{B}\Omega_\varphi$ に直交することがわかる．他方，弱加法性(4.34)により $\mathcal{B}$ の閉包は $\pi_\varphi(\mathfrak{A})''$ である．またGNS構成により $\pi_\varphi(\mathfrak{A})\Omega_\varphi$ は稠密なので，$\mathcal{B}\Omega_\varphi$ も稠密である．ゆえに $\Psi = 0$．すなわち $\pi_\varphi(\mathfrak{A}(D))\Omega_\varphi$ は稠密である．

次に分離性の証明に移る．$A, B \in \pi_\varphi(\mathfrak{A}(D))''$ が $A\Omega_\varphi = B\Omega_\varphi$ をみたせば $A = B$ であることを示す．D と空間的な領域 D_1 に対し，局所性により $\mathfrak{A}(D_1)$ は $\mathfrak{A}(D)$ と可換である．ゆえに $AC\Omega_\varphi = BC\Omega_\varphi$ が任意の $C \in \pi_\varphi(\mathfrak{A}(D_1))$ に対し成立する．すでに証明したことから $\pi_\varphi(\mathfrak{A}(D_1))\Omega_\varphi$ は稠密なので $A = B$ を得る． ▌

注1 クラスター性は，空間的に遠い2領域について既約真空状態が非常によい近似で独立(積状態)であることを示しているが，Reeh-Schlieder の定理は，有界な領域 D の物理量を真空状態に作用するだけで任意のベクトルが近似できるという非独立的な側面を示している．

注2 任意の2重錐 D の平行移動 $D+x$ を(少なくとも1つの x について)含む領域 E について，

$$\{\mathfrak{A}(D)\,;\, D \subset E\}$$

で生成される＊環を $\mathfrak{A}_0(E)$ と書くと，弱加法性を仮定しなくても，そのような E については Reeh-Schlieder の性質($\pi_\varphi(\mathfrak{A}_0(E))\Omega_\varphi$ が $\mathcal{H}_\varphi$ で稠密)を上の方法で証明できる．たとえば半直線を中心軸とする円錐(無限に伸びたもの，頂点での開きはいかに小さくてもよい)はそのような E の例である．

次の定理はBorchersによるが，1地点の発掘資料から周辺の事情を推定する考古学の例から，**考古学者の因果律**とでもいうべき結果である．

> **定理 4.15** $x-y$が時間的な2点x,yを頂点とする2重錐をD，xとyを結ぶ開線分(両端x,yを除く)を含む任意の開集合をIとすると，加法性が成立すれば
>
> $$\pi_\varphi(\mathfrak{A}(D))'' \subset \pi_\varphi(\mathfrak{A}(I))''$$

注 $I \subset D$なら両者は等しくなる．Iはいくら細くてもよい．

証明はJLD表示と類似の方法でできるが省略する*.

4-8 場の量子論

古典場の正準量子化から始まった場の量子論の枠組みは，Wightmanにより次のように公理化された．これを**Wightmanの公理**という．

> **公理 1**(量子場) Minkowski空間$\boldsymbol{R}^4$上の台がコンパクトなC^∞級関数fに対し，作用素$\phi_1(f),\cdots,\phi_n(f)$が定まる．各$\phi_j(f)$およびその共役作用素$\phi_j(f)^*$は，少なくともHilbert空間$\mathscr{H}$の共通な稠密線形部分集合$\mathfrak{D}$上で定義され，$\mathfrak{D}$は
>
> $$\phi_j(f)\mathfrak{D} \subset \mathfrak{D}, \qquad \phi_j(f)^*\mathfrak{D} \subset \mathfrak{D} \tag{4.38}$$
>
> を任意のfと$j=1,\cdots,n$についてみたす．$\boldsymbol{\Phi},\boldsymbol{\Psi}\in\mathfrak{D}$に対し
>
> $$f \to (\boldsymbol{\Phi}, \phi_j(f)\boldsymbol{\Psi})$$
>
> は複素数値超関数である．(fについて線形で連続.)

注 上記を簡単にいうと，量子場ϕ_jとは作用素値超関数である．作用素$\phi_j(f)$は一般には非有界である．そのため，定義域$\mathfrak{D}$の性質を述べる必要が生じる．(4.38)の仮定により，$\mathfrak{D}$のベクトル$\boldsymbol{\Psi}$にいくつもの$\phi_j(f)$を続けて作

---

* H. Araki: Helv. Phys. Acta **36** (1963) 132.

用させることができる.

公理 2(相対論的対称性) $\mathscr{H}$ 上に $\tilde{\mathscr{P}}_+^\uparrow$ のユニタリ表現 $U(a,A)$ ($a \in \boldsymbol{R}^4, A \in SL(2C)$) が存在して,

$$U(a,A)\mathfrak{D} = \mathfrak{D} \qquad \text{(場の定義域の不変性)}$$

$$U(a,A)\phi_j(f)U(a,A)^* = \sum S(A^{-1})_{jk}\phi_k(f_{(a,A)}) \tag{4.39}$$

$$f_{(a,A)}(x) = f(\Lambda(A)^{-1}(x-a)) \tag{4.40}$$

をみたす. ただし行列 $(S(A)_{j,k})$ は $A \in SL(2C)$ の n 次元表現である.

注 $n=1$ の場合 $S(A)$ は恒等表現で, ϕ はスカラー場とよばれる. 通常

$$\phi(f) = \int \phi(x)f(x)d^4x$$

の記法を用い, (4.40)の変換を積分変数の変換により ϕ に作用させた形の変換式として, (4.39)を次式のように表わす.

$$U(a,A)\phi(x)U(a,A)^* = \phi(\Lambda(A)x+a)$$

一般には, $S(A)$ は既約表現の直和に書ける. Dirac 場の場合, $n=4$ で $S(A)$ は Dirac の γ 行列で表示され, 2 個の互いに共役な 2 次元表現(A および $\bar{A}$)の直和である. スカラー場と Dirac 場を 1 つずつ同時に扱うときは $n=5$ とすればよい.

公理 3(局所可換性) f,g の台が互いに空間的ならば, $\mathfrak{D}$ の任意のベクトル $\boldsymbol{\Phi}$ に対し

$$[\phi_j(f)^{(*)}, \phi_k(g)^{(*)}]_\pm \boldsymbol{\Phi} = 0 \tag{4.41}$$

ここに(*)は * がない場合, 1 つある場合, 両方にある場合のすべてに対し上式が成立することを示し,

$$[X,Y]_\pm \equiv XY \pm YX$$

で, ± の選択は添字 j,k による.

注 超関数の記法で(4.41)を書くと,

$$[\phi_j(x)^{(*)}, \phi_k(y)^{(*)}]_\pm = 0 \qquad ((x-y, x-y)<0)$$

となる．公理4までの枠内で，交換関係 ± を ϕ_j と ϕ_j^* で違えてとることはできないことが証明されている．$\mathcal{P}_+^\uparrow$ の2価表現成分同士は +，それ以外の組合せは − のとき**正規交換関係**という．一般の場合は，**Klein 変換**とよばれるもので正規交換関係の場合に帰着できることが知られている*.

> **公理4(真空状態)**　$\mathfrak{D}$ に属するベクトル Ω で次の条件をみたすものが存在する．
>
> (i)　$U(a,A)\Omega=\Omega$　(不変性)
>
> (ii)　場の任意の多項式 P を Ω に作用して得られるベクトル全体は $\mathscr{H}$ で稠密である(巡回性).
>
> (iii)　並進群 $U(a,1)$ の $\Omega^\perp$ でのスペクトルは
>
> $$\bar{V}_m=\{p\,;(p,p)\geqq m^2,\ p^0>0\}\qquad (m>0)$$
>
> に含まれる(スペクトル条件).

注　ここでは質量間隙 $m>0$ を仮定したが，もっと一般には $m=0$ の場合を考える．そのとき $U(a,A)\Phi=\Phi$ ならば $\Phi=c\Omega$(c は複素数)という真空ベクトルの一意性を仮定するのが便利なことがある．この仮定は純粋真空状態を考えることに相当する．場の定義域 $\mathfrak{D}$ としては，通常(ii)のベクトル全体をとる．

局所物理量の理論との比較

台が時空領域 D に含まれる C^∞ 級関数の全体を $\mathcal{D}(D)$ と書くと，場 $\phi_j(f)$, $f\in\mathcal{D}(D)$，$j=1,\cdots,n$ の多項式全体のなす＊環 $\mathcal{P}(D)$ は，D における局所物理量の役割を果たす．局所物理量についての単調性はその場合定義によりみたされ，共変性と局所性は上の公理2と3に対応する．真空状態から作ったGNS表現の性質が公理4(i),(ii)および $\bar{V}_0\equiv\bar{V}_+$ としたスペクトル条件に対応する．前節で用いた加法性およびその特別の場合である弱加法性は，場の量子論では次のように成立する．ある領域 D の開被覆 $\{D_i\}$ に対し，任意の $f\in\mathcal{D}(D)$ について有限個の $\chi_i\in\mathcal{D}(D_i)$ が存在して f の台(コンパクトである)の上で $\sum\chi_i=$

---

*　巻末に引用してある Streater と Wightman の教科書参照.

1をみたす．そこで $f_i \equiv f\chi_i \in \mathcal{D}(D_i)$ とおくと $\phi(f)=\sum\phi(f_i)$ となり，$\mathcal{P}(D)$ についての加法性が得られる．

局所物理量の理論との相違点は次のようである．

（1） 局所物理量は有界作用素だけを考えるが，量子場 $\phi_j(f)$ は一般に非有界作用素である．したがって定義域も $\mathcal{H}$ 全体ではなく，稠密な線形部分集合 $\mathfrak{D}$ である．

（2） 局所物理量 Q について $Q(x)$ として $\alpha_{(x,1)}Q$ を考えるとそれは x の関数であるが，$\phi_j(x)$ は超関数である．

（3） $\tilde{\mathcal{L}}_+^\uparrow$ について $\phi_j(x)$ は有限次元の表現を与えるが，上記 $Q(x)$ はそのような簡単な変換性をもたない．（ただし，並進による変換性は同じである．）

（4） 局所可換性について，$Q(x)$ と $Q(y)$ は Q の台を D とすれば $x-y$ が $D-D$ と空間的のとき可換であるが，量子場 $\phi_j(x)$ はこの点に関して台 D が1点 $\{x\}$ のようにふるまう．

（5） 量子場の局所可換性では，$x-y$ が空間的のとき，$\phi_j(x)$ と $\phi_k(y)$ が可換の場合（$[X,Y]_-$ の場合）と，反可換の場合（$[X,Y]_+$ の場合）の両者を考えるが，局所物理量の理論では可換性だけを考える．

(3)，(4)は量子場の特別の性質であり，局所物理量の体系 $\mathfrak{A}(D)$ からそのような量子場をとり出せるのは，特別の場合と考えることもできる．他方(4)の要請のため，数学的には取扱いが $Q(x)$ に比べてよりむずかしい(1)，(2)の相違点が生じると考えてよい．

量子場が与えられたとき，どのような場合に，対応する局所物理量のなす環 $\mathfrak{A}(D)$ を構成できるかは次節で議論する．その際，(5)の相違点については，第6章で紹介するセクターの理論がこれを解決してくれる．すなわち，$\phi_j(x)$ と $\phi_j(y)$ が反可換の場合，そのような量子場の偶数次の多項式は空間的に離れた点で可換になる．（$[X_1X_2, Y]_-=X_1[X_2, Y]_+-[X_1, Y]_+X_2$ による．）そのような局所可換性をみたす部分環から出発して $\mathfrak{A}(D)$ を構成したうえ，その理論を展開して，反可換性をもつ作用素を導くのである．もともと局所可換性は相対論的な因果律に基づくものであるから，基礎的な公理には反可換性はなじまない．局所物理量の理論では，基礎的な公理では可換性を仮定し，理論を展開した結果，反可換性をみたす場が導出される点が1つの優れた点である．

4-9 量子場から局所物理量へ

簡単のため1種類の実スカラー場 $\phi(x)$（実とは $\phi(f)^*$ が $\mathfrak{D}$ 上 $\phi(\bar{f})$ に一致することをさす）が前節の Wightman の公理をみたすものとする．ただし $m>0$ は必要なく，真空ベクトルの一意性の仮定で十分である．

すべての $\phi(f), f\in\mathcal{D}(D)$ の複素多項式（$\mathfrak{D}$ 上の非有界作用素である）のなす＊環を $\mathcal{P}(D)$ と書く．任意の $X\in\mathcal{P}(D)$ と任意の $\boldsymbol{\Phi},\boldsymbol{\Psi}\in\mathfrak{D}$ に対し

$$(L^*\boldsymbol{\Phi}, X\boldsymbol{\Psi}) = (X^*\boldsymbol{\Phi}, L\boldsymbol{\Psi})$$

をみたす有界線形作用素 L の全体を $\mathcal{P}(D)$ の**弱可換子集合**といい，$\mathcal{P}(D)^w$ と書く．そこで次の2条件を考える．

（a） 任意の2重錐 D について $\mathcal{P}(D)^w$ は環である．

（b） すべての2重錐 D について，D の因果的補集合 D' の $\mathcal{P}(D')^w$ の和集合に対し，真空ベクトル $\boldsymbol{\Omega}$ は巡回的である．すなわち $\bigcup_D \mathcal{P}(D')^w\boldsymbol{\Omega}$ は $\mathcal{H}$ で稠密である．

このとき次の結果が知られている*．

定理 4.16 条件(a),(b)のもとで，各2重錐 D に対し

$$\mathfrak{A}(D) = (\mathcal{P}(D)^w)'$$

と定義すると，$\mathfrak{A}(D)$ は von Neumann 環で，局所物理量についての公理(1),(2),(3)をみたし，生成条件(4)で $\mathfrak{A}$ を定義すると，真空ベクトル $\boldsymbol{\Omega}$ で定まる $\mathfrak{A}$ の状態は純粋真空状態である．さらに次の性質が成立する．

（i） 各2重錐 D に対し $\mathfrak{A}(D)\boldsymbol{\Omega}$ は $\mathcal{H}$ で稠密である．

---

* D. Buchholz: J. Math. Phys. **31** (1990) 1839.

(ii) 各 $X \in \mathcal{P}(D)$ は $\mathfrak{A}(D)$ に帰属する閉拡張 $X_e \subset X^{\dagger *}$ をもつ.
ただし，A が $\mathfrak{A}(D)$ に帰属するとは，A の極分解 $A = U|A|$ ($|A| = (A^* A)^{1/2}$) で U および A のスペクトル射影作用素がすべて $\mathfrak{A}(D)$ に属することをいう．また $A^\dagger$ は A^* の $\mathfrak{D}$ への制限(A の Hermite 共役)をさし，$X_e \subset A$ は X_e の定義域が A の定義域に含まれ，X_e の定義域上で $X_e = A$ が成立することを意味する.

この定理の前提となる条件(a),(b)についても次の十分条件が知られている.これらの条件は具体例で確かめられている.

定理 4.17 次の一般化された H 有界性が成立すれば，任意の開集合 D に対し $\mathcal{P}(D)^w$ は環をなす：任意の $f \in \mathcal{D}$ に対し，ある自然数 n が存在して $\phi(f)(1+H)^{-n}$ が有界作用素である．ただし H は時間並進の生成作用素(エネルギー作用素)である.

定理 4.18 条件(a)の仮定のもとで $\bar{D}_1 \subset D_2$ をみたす開 2 重錐 D_1, D_2 の組について，$\Psi \in \mathcal{H}$ が存在してベクトル状態 $\omega_\Psi(A) = (\Psi, A\Psi)$ が $\mathcal{P}(D_1 \cup D_2')$ の上で次の意味で弱相関状態であるならば，条件(b)が成立し，定理 4.16 の結論が成り立つ．ω_Ψ に対する条件は，$\mathcal{P}(D_1)$ および $\mathcal{P}(D_2')$ の真空状態を ω_Ω とし，$\mathcal{P}(D_1)$ と $\mathcal{P}(D_2')$ のテンソル積を $\mathcal{B}$，$\mathcal{B}$ から $\mathcal{P}(D_1 \cup D_2')$ への自然な写像を π としたとき，

$$\omega_\Psi(\pi(A)) \leqq c\,\omega_\Omega \otimes \omega_\Omega(A) \qquad (A \in \mathcal{B})$$

をみたす定数 c が存在することである.

5 散乱理論

本章では，粒子の散乱が局所物理量によりどのように記述されるかを説明する．最初に散乱の記述に基本的な S 行列の概念を，古典力学と量子力学に共通の考え方で導入する．次に時刻 $-\infty$ あるいは $+\infty$ で与えられた漸近的挙動をする入射あるいは放射散乱状態について，その構成と，構成された状態が物理的に望ましい漸近的挙動をもっていることを示す．その上で，この散乱状態により与えられる S 行列の表式を求め，その性質を論ずる．

5-1 散乱状態と S 行列の概念

量子力学にも通用する記号を用いて，古典力学における粒子の散乱をまず考えよう．各点 $\boldsymbol{x}$ に $\boldsymbol{f}(\boldsymbol{x})$ という力の場が与えられているとき，質量 m の1粒子の運動は

$$\ddot{\boldsymbol{x}}(t) = \boldsymbol{f}(\boldsymbol{x}(t))/m \tag{5.1}$$

という運動方程式で与えられる．その解 $\boldsymbol{x}(t)$ はこの粒子の(Heisenberg 表示における)状態を表わすと考え，その全体を $\mathcal{H}$ と書くことにする．

力の場 $\boldsymbol{f}(\boldsymbol{x})$ が遠方で0の場合，そこでの粒子の運動は $\ddot{\boldsymbol{x}}(t)=\boldsymbol{0}$ の解として

$$\boldsymbol{x}(t) = \boldsymbol{a} + \boldsymbol{v}t \tag{5.2}$$

という直線運動になる．$\mathcal{H}$ の状態 $\boldsymbol{x}(t)$ がこの形になるのは $\boldsymbol{x}(t)$ が遠方へ来たときだけであるが，遠方での漸近状態を記述する手段として，すべての t について直線運動をする状態(5.2)を考え，その全体を $\mathcal{H}_0$ と書こう．

$\boldsymbol{f}$ が滑らかならば(5.1)の初期値問題は一意的に解をもつので，十分大きな T について $t<-T$ で(5.2)に一致するような(5.1)の解が一意的に存在する．そこで $\varphi\in\mathcal{H}_0$, $\Psi\in\mathcal{H}$ に対し，それぞれの運動を $\boldsymbol{x}_\varphi(t)$, $\boldsymbol{x}_\Psi(t)$ により表わすと，各 $\varphi\in\mathcal{H}_0$ に対して

$$t\to-\infty \text{ で } |\boldsymbol{x}_\varphi(t)-\boldsymbol{x}_\Psi(t)|\to 0 \qquad (\text{実は} =0) \tag{5.3}$$

をみたす $\Psi\in\mathcal{H}$ が一意に対応し，それを

$$\Psi = \Psi_-(\varphi)$$

と書くことにする．Ψ_- は $\mathcal{H}_0$ から $\mathcal{H}$ の中への写像である．Ψ_- の像 $\mathcal{H}_- = \Psi_-(\mathcal{H}_0)$ は必ずしも $\mathcal{H}$ に一致しない．力の場に捕獲されて遠くまで逃れられない束縛状態があり得るからである．しかし $\Psi\in\mathcal{H}_-$ に対しては $\Psi=\Psi_-(\varphi)$ となる $\varphi\in\mathcal{H}_0$ が(5.3)で一意的に定まる．それを

$$\varphi = \varphi_-(\Psi)$$

と書くことにする．φ_- は $\mathcal{H}_-$ から $\mathcal{H}_0$ の上への写像で，Ψ_- の逆写像である．

同様に，$\varphi\in\mathcal{H}_0$, $\Psi\in\mathcal{H}$ に対する条件

$$t\to+\infty \quad \text{で} \quad |\boldsymbol{x}_\varphi(t)-\boldsymbol{x}_\Psi(t)|\to 0 \tag{5.4}$$

により，

$$\Psi = \Psi_+(\varphi), \qquad \varphi = \varphi_+(\Psi)$$

と定義すると，Ψ_+ は $\mathcal{H}_0$ から $\mathcal{H}$ の中への写像となり，φ_- はその逆写像で，$\mathcal{H}_+ = \Psi_+(\mathcal{H}_0)$ から $\mathcal{H}_0$ の上への写像になる．

$\Psi_-(\varphi)$ は自由粒子の運動状態 φ で入射した粒子が，力の場のもとで行なう運動を表わし，$\Psi_+(\varphi)$ は最終的に自由粒子の運動状態 φ で放射される粒子の力の場のもとで行なう運動を表わす．逆に，$\varphi_-(\Psi)$ は力の場のもとでの運動状態 Ψ がどういう入射状態から実現するかを表わし，$\varphi_+(\Psi)$ はどういう放射状態になるかを表わす．そこで

$$S_0 = \varphi_+ \Psi_- \tag{5.5}$$

を考えると，$S_0(\varphi) = \varphi_+(\Psi_-(\varphi))$ は入射状態 φ の粒子が力の場による運動の結果，最終的に到達する放射状態を表わす．すなわち力の場による散乱を記述する写像になる．この記述では入射および放射状態を自由運動で記述し，S_0 は $\mathscr{H}_0$ から $\mathscr{H}_0$ への写像になる．

力の場が保存力 $\boldsymbol{f}(\boldsymbol{x}) = -\nabla V(\boldsymbol{x})$ の場合，全エネルギー

$$E = (m\dot{\boldsymbol{x}}(t)^2/2) + V(\boldsymbol{x}(t))$$

が t によらない定数になり，$\mathscr{H}_+$ および $\mathscr{H}_-$ の状態が両方とも $E>0$ で特徴づけられて，$\mathscr{H}_+ = \mathscr{H}_-$ になる．このとき S_0 は全単射になる．

S_0 の代わりにしばしば次の写像が考えられる．

$$S = \Psi_- \varphi_+ \tag{5.6}$$

S は $\mathscr{H}_+$ から $\mathscr{H}_-$ の上への写像で，放射状態が φ の状態 $\Psi_+(\varphi)$ を入射状態が φ の状態 $\Psi_-(\varphi)$ へ写像する．$\mathscr{H}_+ = \mathscr{H}_-$ ならば

$$S = (\varphi_+)^{-1} S_0(\varphi_+) = (\varphi_-)^{-1} S_0(\varphi_-)$$

と書ける．概念上 S_0 は **S 行列**とよばれるが，しばしば S を S 行列とよぶ．

上記の記述は種々の異なる状況でも成立する．力の場による散乱の代わりに，n 個の粒子が相互の相対位置によって定まる保存力のもと，相互作用しながら古典的な運動を行なう場合がその1例である．この場合，いくつかの粒子が1つの束縛状態を形づくることがあるので，入射粒子が n 個の粒子であっても，放射粒子はそのような束縛状態を含む可能性がある．そこで $\mathscr{H}_0$ としては，n 個の粒子の自由運動以外に，束縛状態を別の粒子とみなして，それを含む多粒子系の自由運動も含んだものを採用する必要が生じる．$\mathscr{H}_0$ をそのようにうまく選ぶと，散乱状態の記述は上記と同様に定式化できる．

量子力学では，$\mathscr{H}$ および $\mathscr{H}_0$ は Hilbert 空間になり，時間変化はそれぞれ

$$\Psi(t) = e^{-itH}\Psi, \qquad \varphi(t) = e^{-itH_0}\varphi \tag{5.7}$$

のように自己共役な作用素 H, H_0 で記述される．漸近自由運動の条件(5.3)，(5.4)は

$$\lim_{t\to\pm\infty}\|\Psi(t)-\varphi(t)\| = 0 \tag{5.8}$$

となるが，これは e^{-itH}, e^{-itH_0} がユニタリなので

$$\lim_{t\to\pm\infty}\|\Psi_\pm(\varphi)-e^{itH}e^{-itH_0}\varphi\| = 0$$

$$\lim_{t\to\pm\infty}\|\varphi_\pm(\Psi)-e^{itH_0}e^{-itH}\Psi\| = 0$$

のように書き換えることができる．

通常 H_0 は運動エネルギーで，H は $H=H_0+V$ の形をしている．1粒子のポテンシャル散乱あるいは2粒子の相互作用ポテンシャルによる散乱では，ポテンシャル V が適当な条件をみたしていると

$$\Psi_\pm = \lim_{t\to\pm\infty} e^{itH}e^{-itH_0} \tag{5.9}$$

が存在して等長作用素となり，$\mathscr{H}_\pm=\Psi_\pm\mathscr{H}_0$ が一致して H の絶対連続スペクトルの空間になる．$\mathscr{H}_+=\mathscr{H}_-$ 上では

$$\varphi_\pm = \lim_{t\to\pm\infty} e^{itH_0}e^{-itH} \tag{5.10}$$

が存在して，$(\Psi_\pm)^*$ に一致する．$\Psi_\pm$ は**波動作用素**とよばれる．$\varphi, \psi\in\mathscr{H}_0$ に対して

$$(\psi, S_0\varphi) = (\Psi_+(\psi), \Psi_-(\varphi)) = (\Psi_-(\psi), S\Psi_-(\varphi)) = (\Psi_+(\psi), S\Psi_+(\varphi)) \tag{5.11}$$

は**S 行列要素**とよばれ，φ の状態の入射粒子が ψ の状態の放射粒子になる確率振幅(その絶対値の2乗が確率)を表わす．ここに S_0, S は(5.5)，(5.6)で定義され，S_0 は上のような状況ではユニタリになる．

この状況では $\mathscr{H}_0$ と $\mathscr{H}$ は同じ Hilbert 空間にとったが，多粒子の散乱では一般に束縛状態を入射粒子，放射粒子として考える必要が生じるので，$\mathscr{H}_0$ は $\mathscr{H}$ と別に用意する必要が生じる．$\mathscr{H}_0$ は散乱系の時間無限大における漸近的振舞いを記述する空間なので，系によって違ったものをとる必要が生じるのである．以下，局所物理量の理論で $\mathscr{H}_0, \Psi_\pm$ などがどのように与えられるか議論を進め

る．場の量子論でもまったく同じ議論ができる．その場合，$\Psi_\pm$ は通常 Ψ^{out}, Ψ^{in} のように書かれる．

5-2 漸近状態の記述

物理的描像としては，多粒子が相互作用せずに自由運動（古典的には直線運動）する状態によって，時間無限大の漸近的振舞いを記述したい．

まず何を粒子と考えるかであるが，本書で採用している相対論的量子論の枠内で，最小単位を粒子として考えてみよう．相対論的対称性 $\mathcal{P}_+^\uparrow$ で移り合う状態は，同じ物理的対象の位置，方向，速度が変わったものと考えるので，1つの粒子の状態全体は $\mathcal{P}_+^\uparrow$ で不変なものをとるべきである．また量子力学的状態は Hilbert 空間 $\mathcal{H}$ の単位ベクトルで表わされ，2つのベクトル Ψ_1, Ψ_2 の線形結合（全体に正数をかけてノルムを1にする）で表わされる状態は**重畳**とよばれるが，Ψ_1, Ψ_2 が同じ1粒子の2つの状態を表わせば，量子力学の要請によりその重畳も同じ粒子の状態を表わす．さらに1粒子状態の極限も1粒子状態である．以上の3条件をまとめると，1粒子状態全体は相対論的に不変な部分空間（閉線形部分集合）の単位ベクトルで表わされる状態全体でなければならない．第3章の議論によれば相対論的対称性は $\tilde{\mathcal{P}}_+^\uparrow$ のユニタリ表現 $U(g)$, $g\in\tilde{\mathcal{P}}_+^\uparrow$ で表わされるので，最小単位という条件は，$\{0\}$ および自分自身以外 $\tilde{\mathcal{P}}_+^\uparrow$ 不変な部分空間をもたないという条件になる．それはまさに $\tilde{\mathcal{P}}_+^\uparrow$ の既約ユニタリ表現という条件である．

以上の議論に基づき，1粒子状態を，$\tilde{\mathcal{P}}_+^\uparrow$ の既約表現の単位ベクトルで表わされる状態として定義する．それは非相対論的量子力学の束縛状態に相当するものも包括した概念と考えられる．

$\tilde{\mathcal{P}}_+^\uparrow$ の既約表現は，完全に分類されている．分類のパラメタの1つは質量 m で，エネルギー運動量 P^μ により

$$m^2 = (P, P) = (P^0)^2 - (P^1)^2 - (P^2)^2 - (P^3)^2$$

と定義される．エネルギー正の仮定（→4-2節の定義4.3，定理4.5）のもとでは

m^2は正または0なのでmも正または0の実数にとる．特に$m>0$ではmとスピンjの組(m, j)により完全な分類が得られる．スピンは$0, 1/2, 1, 3/2, \cdots$という値をとるが，本節では簡単のため質量$m>0$，スピン0の粒子が1種類だけある場合について説明する．なお，スピンが$1/2, 3/2, \cdots$のような半奇数の場合については，第6章で関係する議論がなされる．

1粒子として質量m，スピン0の粒子を1種類だけ考える場合，その多粒子系が相互作用せずに自由運動する状態は，すでに3-5節で説明をしたように，Fock空間で記述される．3-5節の抽象的な記述を具体的な波動関数で書くと次のようである．

Fock空間のベクトルfは，粒子の個数がnで，n個の粒子のエネルギー運動量が$p_1, \cdots, p_n$である確率振幅を表わす波動関数$f_n(p_1, \cdots, p_n)$の列$(n=0, 1, 2, \cdots)$で表示される．ここにp_jは4次元ベクトルで，質量がm，エネルギーが正という条件

$$(p_j, p_j) = m^2, \qquad (p_j)^0 > 0$$

をみたす変数であり，ベクトルの内積は

$$(g, f) = \sum_{n=0}^{\infty} \int g_n(p_1 \cdots p_n)^* f_n(p_1 \cdots p_n) d\mu(\boldsymbol{p}_1) \cdots d\mu(\boldsymbol{p}_n) \qquad (5.12)$$

で与えられる．$d\mu(\boldsymbol{p})$は(3.41)式の不変測度である．

$n=0$の波動関数は複素数f_0で，$|f_0|^2$は状態fが真空である確率を与える．$n=1$の波動関数$f_1(p_1)$は(3.42)式の$\Psi(\boldsymbol{p})$に相当し，スピンが0なので(3.33)式の$\mathscr{H}_p$は1次元であり，$f_1(p_1)$は複素数値の関数である．一般のnの部分空間はn個の1粒子波動関数の積で張られる(テンソル積である)ので，そのベクトルはn個の変数$p_1, \cdots, p_n$の関数で表わされ，内積を与える測度も(5.12)式のように積測度で与えられる．

3-5節で説明した事情により，波動関数f_nはn個の変数$p_1, \cdots, p_n$の置換に対し不変(完全対称)なものに限る．これは，物理量の局所性に関係していることがあとでわかる．また，スピンが半奇数の粒子の場合には完全反対称(2つの変数を互換するたびに符号が変わる)に限定したものを考えるが，その深い

理由は第6章で説明する．

$\mathscr{H}_0$ の状態をこのような波動関数で表示すると，(5.11)式で与えられる S 行列要素は

$$(g, S_0 f) = \sum_{n,m} \int g_n(p_1' \cdots p_n')^* f_m(p_1 \cdots p_m) S_0{}^{nm}(p_1' \cdots p_n'; p_1 \cdots p_m) \\ \times d\mu(p_1') \cdots d\mu(p_n') d\mu(p_1) \cdots d\mu(p_m) \tag{5.13}$$

のように通常表示される．g_n, f_m を急減少 C^∞ 級関数 ($\mathscr{S}$) に限定したとき (5.13)により緩増加超関数 $S_0(\cdots;\cdots)$ が定義される．たとえば自明な S 行列 $S_0=1$ の場合，

$$S_0{}^{nm} = \delta_{nm} \sum_\sigma \prod_{j=1}^n \{\delta^3(\boldsymbol{p}_j' - p_{\sigma(j)}) 2p_j{}^0\}$$

ただし $1, \cdots, n$ のすべての順列 σ について和をとる．

5-3 漸近状態の構成

この節では，真空状態 ω(第4章では φ と書いたが，写像 φ と区別するためここでは ω と書く)から構成されたGNS表現空間 $\mathscr{H}_\omega$ に質量 m，スピン0の1粒子状態($\mathscr{P}_+{}^\uparrow$ の表現 $[m,0]$)がある場合について，5-1節で説明した $\Psi_\pm$ の候補を5-2節で説明した漸近挙動を表わす空間 $\mathscr{H}_0$ から $\mathscr{H}_\omega$ の中へのユニタリ写像として構成する．(**Haag-Ruelleの散乱理論**とよばれる.) そのように数学的に構成した状態 $\Psi_+(\varphi), \Psi_-(\varphi)$ が，それぞれ無限の未来および過去において，φ で表わされる漸近挙動を確かに示すことは次節で検証する．その結果 $\mathscr{H}_\omega$ が1粒子状態を含めば，その n 粒子散乱状態も含むことが示されることになる．

以下，$\mathscr{P}_+{}^\uparrow$ 不変な純粋真空状態 ω を1つ定めて議論を進めるので，表現空間 $\mathscr{H}_\omega$ を $\mathscr{H}$，ω を表わすベクトルを Ω，物理量 Q の表現作用素 $\pi_\omega(Q)$ を単に Q と書く．ω の $\mathscr{P}_+{}^\uparrow$ 不変性により

$$U(g)\Omega = \Omega, \qquad U(g)QU(g)^* = gQ \qquad (g \in \mathscr{P}_+{}^\uparrow) \tag{5.14}$$

をみたす $\mathscr{P}_+{}^\uparrow$ のユニタリ表現 U が定まり(→定理2.33)，特に並進群の部分は

$T(a)(=U(a,\mathbf{1}))$ と書く(第4章では T_φ). $\mathcal{P}_+^\uparrow$ の既約表現 $[m,0]$ (質量 $m>0$, スピン0の1粒子状態)が多重度1で $\mathcal{H}$ に含まれているとし，そこへの射影作用素を E_1, $E_1\mathcal{H}=\mathcal{H}_1$ と書く. $T(a)$ の生成作用素であるエネルギー運動量 P^μ のスペクトルの台は, $(\mathbf{1}-E_1)\mathcal{H}$ において $(p,p)=m^2$ と離れているものとする.

a) 準局所的な1粒子生成作用素の構成

$\mathfrak{A}\Omega$ が $\mathcal{H}$ で稠密であり, $\mathfrak{A}$ が $\{\mathfrak{A}(D);D\}$ で生成されることから，適当な2重錐 D と $Q_0\in\mathfrak{A}(D)$ について

$$f_0 \equiv E_1Q_0\Omega \neq 0 \tag{5.15}$$

が成立する. f_0 は1粒子状態で, $\mathcal{P}_+^\uparrow$ の既約表現空間 $[m,0]$ のベクトルとして波動関数 $f_0(\boldsymbol{p})$ で表わされる.

次に台がコンパクトな C^∞ 級関数 $\tilde{f}_j(p)$ を選んで，その台が P^μ の $(\mathbf{1}-E_1)\mathcal{H}$ における台と重ならないものをとり，

$$\begin{aligned} Q_j &= \int Q_0(x)F_j(x)d^4x \\ Q_0(x) &= T(x)Q_0T(x)^* \\ F_j(x) &= (2\pi)^{-4}\int e^{-i(p,x)}\tilde{f}_j(p)d^4p \end{aligned} \tag{5.16}$$

とおくと,

$$(\mathbf{1}-E_1)Q_j\Omega = (\mathbf{1}-E_1)\tilde{f}_j(P)Q_0\Omega = 0$$

となる. ここに $\tilde{f}_j(P)$ は $P^\mu=\int p^\mu E(d^4p)$ の関数

$$\tilde{f}_j(P) = \int \tilde{f}_j(p)E(d^4p)$$

を表わし，仮定により $(\mathbf{1}-E_1)\tilde{f}_j(P)=0$ である. そこで

$$f_j \equiv Q_j\Omega = E_1Q_j\Omega = \tilde{f}_j(P)E_1Q_0\Omega = \tilde{f}_j(P)f_0 \tag{5.17}$$

は1粒子状態であり，その波動関数は

$$f_j(\boldsymbol{p}) = \tilde{f}_j(p)f_0(\boldsymbol{p}), \qquad p^0 = (\boldsymbol{p}\cdot\boldsymbol{p}+m^2)^{1/2}$$

である.

添字 $j=1,2,\cdots$ をつけたのは，次項で $\tilde{f}_j$ をいろいろ変えるためである．このようにして得られる f_j は，$\tilde{f}_j$ を変えることにより $E_1\mathscr{H}$ で稠密になる．その理由は次の定理による．

定理 5.1　任意の局所物理量 Q_0 について，1粒子状態 $f_0=E_1Q_0\Omega$ の波動関数を $f_0(\boldsymbol{p})$ とおくと，$|f_0(\boldsymbol{p})|^2$ は実正則である．

証明の概略　JLD 表示(4.18)の Fourier 変換を $(p,p)=m^2, p^0>0$ に制限することにより

$$(Q_0\Omega, E_1e^{i(P,x)}Q_0\Omega) = \int d\xi^0\int d\boldsymbol{\xi}\rho(m,\xi)\{2\varphi(\xi^0)(\partial/\partial x^0)\Delta_m{}^+(\xi-x) -\varphi'(\xi^0)\Delta_m{}^+(\xi-x)\} \tag{5.18}$$

ここで，$\rho(m,\xi)$ は $\rho(d\kappa,\xi)$ の $m-\varepsilon<\kappa<m+\varepsilon$ での積分で，十分小さい ε によらない．$\rho(m,\xi)\varphi(\xi^0)$ はコンパクトな台をもつので，その Fourier 変換

$$\widehat{\rho\varphi}(p) = (2\pi)^{-3}\int e^{-i(p,\xi)}\rho(m,\xi)\varphi(\xi^0)d^4\xi$$

は整関数であり，同じことが $\rho\varphi'$ についても成立する．そこで $x^0=0$ で(5.18)の $\boldsymbol{x}$ についての Fourier 変換

$$|f_0(\boldsymbol{p})|^2 = 2p^0\widehat{\rho\varphi}(\boldsymbol{p})+i(\rho\varphi')^\wedge(\boldsymbol{p}) \quad (\text{ただし } p^0=(\boldsymbol{p}^2+m^2)^{1/2})$$

は実正則である．▌

次に Q_j の準局所性を示そう．

$$[Q_j, Q_k(x)] = \iint f_j(\xi)f_k(\eta)[Q_0(\xi), Q_0(\eta+x)]d^4\xi d^4\eta$$

において，$D+\xi$ と $D+\eta+x$ が空間的ならば積分内の交換子が $Q_0\in\mathfrak{A}(D)$ の共変性と局所性により 0 になるので

$$\|[Q_j, Q_k(x)]\| \leqq 2\|Q_0\|^2\iint_{\langle x\rangle}|f_j(\xi)f_k(\eta)|d^4\xi d^4\eta$$

を得る．ただし積分は $\xi-\eta\notin(D-D+x)'$ の範囲で行ない，これを $\langle x\rangle$ で表示した．x が空間的ならば，$\lambda\to\infty$ で $D-D+\lambda x$ は空間的無限遠へ遠ざかるので，

適当な $d>0$ について原点の λd 近傍は $D-D+\lambda x$ と空間的，すなわち $(D-D+\lambda x)'$ に入る．そこで積分領域 $\langle\lambda x\rangle$ は $|\xi|>\lambda d/2$ の領域と $|\eta|>\lambda d/2$ の領域の和集合に含まれ($|\xi|<\lambda d/2, |\eta|<\lambda d/2$ なら $|\xi-\eta|<\lambda d$)，

$$\|[Q_j, Q_k(x)]\| \leqq \|Q_0\|^2(\|f_j\|_\lambda'\|f_k\|+\|f_j\|\,\|f_k\|_\lambda')$$

$$\|f\| \equiv \int |f(x)|d^4x, \qquad \|f\|_\lambda' \equiv \int_{|x|>\lambda d/2} |f(x)|d^4x$$

という評価が得られる．$f=f_j, f_k$ はコンパクトな台をもつ C^∞ 級関数 $\tilde{f}_j, \tilde{f}_k$ の Fourier 変換なので，

$$\lim_{\lambda\to\infty} |\lambda|^N \|f\|_\lambda' = 0$$

が成立し，次の準局所性が得られる．

定理 5.2 x が空間的ならば，任意の自然数 N に対し

$$\lim_{\lambda\to\infty} |\lambda|^N \|[Q_j, Q_k(\lambda x)]\| = 0 \tag{5.19}$$

K がコンパクトで空間的なら極限は $x\in K$ について一様である．

注1 定理 5.1 で $f(\boldsymbol{p})$ が 3 次元複素球 $\{p;(p,p)=m^2\}$ 上の整関数であることを示すことができる．

注2 (5.18)式と同じ理由で

$$(\Omega, Q_\alpha E_1 Q_\beta(x)\Omega)-(\Omega, Q_\beta(x)E_1 Q_\alpha \Omega) \tag{5.20}$$

に対して(5.18)の右辺で $\Delta_m{}^+$ を $\Delta_m(x)=\Delta_m{}^+(x)-\Delta_m{}^+(-x)$ で置き換えた表式を得る．空間的な x で $\Delta_m(x)=0$ であることと，φ_0 の台は任意に小さくできることを使うと，$[Q_\alpha, Q_\beta(x)]$ が 0 になる $x\in(D_1-D_2)'$ で(5.20)もまた 0 になることがわかる．これは漸近局所性*とよばれ便利な性質である．

b) 相対論的波動関数の漸近的振舞い

コンパクトな台をもつ C^∞ 級関数 $\hat{g}(\boldsymbol{p})$ から

---

* L. J. Landau: Commun. Math. Phys. 17(1970)156.

$$g(x) = (2\pi)^{-3}\int e^{-i(p,x)}\hat{g}(\boldsymbol{p})d^3\boldsymbol{p} \tag{5.21}$$

を定義し，その $x^0\to\infty$ の漸近的振舞いを考察する．

定理 5.3 （i）速度 $\boldsymbol{v}$ に対応するエネルギー運動量を

$$p_{\boldsymbol{v}}{}^0 = m(1-\boldsymbol{v}\cdot\boldsymbol{v})^{-1/2}, \qquad \boldsymbol{p}_{\boldsymbol{v}} = m\boldsymbol{v}(1-\boldsymbol{v}\cdot\boldsymbol{v})^{-1/2}$$

と書くと，$t\to\infty$ で次の評価が成立する（$|\boldsymbol{v}|<1$）．

$$\begin{aligned} g(t,t\boldsymbol{v}) &= [2\pi|t|(1-\boldsymbol{v}\cdot\boldsymbol{v})^{1/2}]^{-3/2}(\sqrt{m}/2)\hat{g}(\boldsymbol{p}_{\boldsymbol{v}}) \\ &\quad\times\exp[-i\{p_{\boldsymbol{v}}{}^0t-\boldsymbol{p}_{\boldsymbol{v}}\cdot t\boldsymbol{v}+(3\pi/4)t/|t|\}]+\mathcal{O}(t^{-5/2}) \end{aligned} \tag{5.22}$$

（ii）$\hat{g}$ で定まる定数 A_1, A_2 と $\hat{g}$ および自然数 N で定まる定数 C_N が存在して，次の評価が成立する．

$$\int|g(t,\boldsymbol{x})|d^3\boldsymbol{x} \leqq A_1(1+|t|)^{3/2} \tag{5.23}$$

$$\sup|g(t,\boldsymbol{x})| \leqq A_2|t|^{-3/2} \tag{5.24}$$

$$\sup\{(1+|\boldsymbol{v}|)^N|g(t,t\boldsymbol{v})|\,;\boldsymbol{p}_{\boldsymbol{v}}\notin\sigma\} \leqq C_N|t|^{-N} \tag{5.25}$$

ここで σ は C^∞ 級関数 $\hat{g}(\boldsymbol{p})$ の台で，$|\boldsymbol{v}|\geqq 1$ なら記号上 $\boldsymbol{p}_{\boldsymbol{v}}\notin\sigma$ と規約する．

注 1　t や $\boldsymbol{x}$ の代わりに $-t, -\boldsymbol{x}$ を考えれば，(5.21)の中の $e^{-i(p,x)}$ が $e^{i(p,x)}$ になったものについて同様の結果が得られる．それらは Klein-Gordon 方程式

$$(\square_x+m^2)g(x) = 0, \qquad \square_x = (\partial/\partial x^0)^2-\sum_{i=1}^{3}(\partial/\partial x^i)^2$$

の解である．

注 2　運動量 $\boldsymbol{p}_{\boldsymbol{v}}$ の粒子は $\boldsymbol{v}$ という速度で動くという描像で，この定理の評価式を解釈することが可能である．時刻 t で速度の違う粒子は，t に比例する距離に広がるので，速度 $\boldsymbol{v}$ の粒子の密度は t^{-3} に比例する．波動関数 f は，その絶対値の2乗が密度を表わすので，$t^{-3/2}$ に比例する．(5.22)式の中で $|t|^{-3/2}\hat{g}(\boldsymbol{p}_{\boldsymbol{v}})$ はまさにこの事情を表わしている．他の正因子は規格化から計算

できて，位相の主要部分は波動の位相因子 $\exp\{-i(p_{\boldsymbol{v}}, x)\}$ である．ただし $x=(t, t\boldsymbol{v})$ である．(5.24)はこの評価の $\boldsymbol{v}$ についての一様性を表わし，(5.25)は $\hat{g}$ の台に対応する $\boldsymbol{v}$ 以外の方向には粒子がこないことを表わしている．粒子のくる方向の体積は t^3 に比例するので，積分の結果は $(t^{-3/2})t^3=t^{3/2}$ により(5.23)式になる．

証明の概略 1例として(5.25)式の証明の概略を述べる．まず

$$G(\lambda) = (d/d\lambda)\int_{\beta(\boldsymbol{p})\leqq\lambda}(2\pi)^{-3}\hat{g}(\boldsymbol{p})d^3\boldsymbol{p}/(2p^0) \tag{5.26}$$

$$\beta(\boldsymbol{p}) = p^0-\boldsymbol{p}\cdot\boldsymbol{v}$$

とおくと

$$g(t, t\boldsymbol{v}) = \int_{-\infty}^{\infty}e^{-i\lambda t}G(\lambda)d\lambda$$

である．もし $G(\lambda)$ が C^∞ 級で，$G^{(n)}(\lambda)$ $(n=0,1,\cdots)$ が $\lambda\to\infty$ で $|\lambda|^{-\alpha}$ $(\alpha>1)$ より速く0になるならば，部分積分により

$$g(t, t\boldsymbol{v}) = (it)^{-N}\int_{-\infty}^{\infty}e^{-i\lambda t}G^{(N)}(\lambda)d\lambda$$

$$|g(t, t\boldsymbol{v})| \leqq |t|^{-N}\int_{-\infty}^{\infty}|G^{(N)}(\lambda)|d\lambda \tag{5.27}$$

という評価ができる．そこで $G(\lambda)$ を計算する．

まず $\boldsymbol{p}\in\sigma$ かつ $\boldsymbol{p}_{\boldsymbol{v}}\notin\sigma$ ならば $\boldsymbol{p}\neq\boldsymbol{p}_{\boldsymbol{v}}$ なので

$$(\partial\beta/\partial p^i) = (p^i/p_0)-v^i \qquad (i=1,2,3)$$

が同時に0になることはない．そこで

$$\rho^i(\boldsymbol{p}) = J(\boldsymbol{p})^{-2}\partial\beta/\partial p^i, \qquad J(\boldsymbol{p}) = \left[\sum_{i=1}^{3}(\partial\beta/\partial p^i)^2\right]^{1/2}$$

とおくと，$J(\boldsymbol{p})\neq 0$ であり，

$$G(\lambda) = (2\pi)^{-3}\int_{\beta(\boldsymbol{p})=\lambda}\hat{g}(\boldsymbol{p})J(\boldsymbol{p})^{-1}d^2\sigma(\boldsymbol{p}) \tag{5.28}$$

$$G^{(n)}(\lambda) = (2\pi)^{-3}\int_{\beta=\lambda} J(\boldsymbol{p})^{-1}L^n\hat{g}(\boldsymbol{p})d^2\sigma(\boldsymbol{p}) \tag{5.29}$$

$$Lf(\boldsymbol{p}) = \sum_{i=1}^{3}(\partial/\partial p^i)[\rho^i(\boldsymbol{p})f(\boldsymbol{p})]$$

となる．ここに $d^2\sigma$ は面 $\{\boldsymbol{p}\,;\beta(\boldsymbol{p})=\lambda\}$ の面積要素である．

（$G(\lambda)$ の表式は $J(\boldsymbol{p})\neq 0$ ならば，ある i で $(\partial\beta/\partial p^i)=0$ であっても次のように得られる．

$$\begin{aligned}G(\lambda) &= (2\pi)^{-3}\sum_{j=1}^{3}(d/d\lambda)\int_{\beta\leqq\lambda}\hat{g}\{J^{-2}(\partial\beta/\partial p^j)^2\}d^3\boldsymbol{p}\\ &= (2\pi)^{-3}\sum\iint\hat{g}|\rho^j|dp^k dp^l \qquad (\{j,k,l\}=\{1,2,3\})\\ &= (2\pi)^{-3}\int\hat{g}J^{-1}d\sigma\end{aligned}$$

第2行では p^j は (p^k, p^l) の関数として $\beta(\boldsymbol{p})=\lambda$ の解であり，解が複数個あれば全部について寄与を加える．第3行は $dp^k dp^l=J^{-1}|\partial\beta/\partial p^j|d\sigma$ より得られる．

$G'(\lambda)$ については，$\beta(\boldsymbol{p})=\lambda$ の解 p^j に対して，$\partial p^j/\partial\lambda=(\partial\beta/\partial p^j)^{-1}$ が成立するので，$F=(2\pi)^{-3}\hat{g}$ と略記すると，

$$\begin{aligned}G'(\lambda) &= \sum\int(\partial\beta/\partial p^j)^{-1}(\partial/\partial p^j)\{FJ^{-2}|\partial\beta/\partial p^j|\}dp^k dp^l\\ &= \sum\int|\partial\beta/\partial p^j|^{-1}(\partial/\partial p^j)\{FJ^{-2}\partial\beta/\partial p^j\}dp^k dp^l\\ &= \int\sum(\partial/\partial p^j)(F\rho^j)J^{-1}d^2\sigma = \int(LF)J^{-1}d^2\sigma\end{aligned}$$

を得る．これを繰り返すと $G^{(n)}(\lambda)$ の表式を得る．）

$J(\boldsymbol{p})^{-1}|\boldsymbol{v}|$ は $\boldsymbol{v}\to\infty$ で $\boldsymbol{p}$ に一様に1に収束するので，$|\boldsymbol{v}|^n L^n$ は $(\partial/\partial p^i)$ の多項式で，係数は $\boldsymbol{p}\in\sigma$ について一様有界である．したがって $|\boldsymbol{v}|\geqq 1$ では(5.27)より

$$|L^n\hat{g}(\boldsymbol{p})| \leqq (1+|\boldsymbol{v}|)^{-n}\sum C(D)|D\hat{g}(\boldsymbol{p})|$$

という評価が得られる．ここで和は階数が n 以下の微分作用素 D についての和である．したがって(5.27)により

$$\begin{aligned}|g(t,t\boldsymbol{v})| &\leqq |t|^{-n}\int|G^{(n)}(\lambda)|d\lambda \\ &\leqq |t|^{-n}\int(2\pi)^{-3}|L^n\hat{g}(\boldsymbol{p})|d^3\boldsymbol{p} \\ &\leqq C|t|^{-n}(1+|\boldsymbol{v}|)^{-n}\end{aligned}$$

次に $|\boldsymbol{v}|\leqq 1$ の場合，$\hat{g}(\boldsymbol{p})$ とその任意回微分が σ の境界で 0 になるので，$\boldsymbol{p}_{\boldsymbol{v}}$ が σ の補集合の閉包に属する $\boldsymbol{v}$ については

$$\int|L^n\hat{g}(\boldsymbol{p})|d^3\boldsymbol{p}$$

が連続である．したがって(5.27)により

$$\begin{aligned}|g(x)| &\leqq |t|^{-N}(2\pi)^{-3}\int|L^N\hat{g}(\boldsymbol{p})|d^3\boldsymbol{p} \\ &\leqq C'|t|^{-N}\end{aligned}$$

以上 2 つの評価をあわせると，(5.25)が得られる．▌

c) 時刻 t における 1 粒子生成作用素

コンパクトな台をもつ C^∞ 級関数 $\hat{g}_j$ と前々項の Q_j から

$$Q_j(t,g_j) = \int Q_j(x)g_j(x)d^3\boldsymbol{x} \qquad (x^0=t) \tag{5.30}$$

を定義する．ここで $g_j(x)$ は $\hat{g}_j$ から(5.21)式で定義する．

この作用素の 1 つの性質は，$Q_j(x)\Omega=e^{i(p,x)}f_j$ より

$$Q_j(t,g_j)\Omega = \hat{g}_j(\boldsymbol{P})f_j \in E_1\mathscr{H} \tag{5.31}$$

対応する波動関数は $\hat{g}_j(\boldsymbol{p})f_j(\boldsymbol{p})$ である($\boldsymbol{P}=(P^1,P^2,P^3)$ は運動量作用素)．

(5.16)式で定義される Q_j は，次の意味で可微分である．

$$\begin{aligned}Q_j(x) &\equiv T(x)Q_jT(x)^* \\ &= \int Q_0(y+x)f_j(y)d^4y = \int Q_0(y)f_j(y-x)d^4y\end{aligned}$$

により，$Q_j(x)$ は x について可微分で

$$(\partial/\partial x^k)Q_j(x) = \int Q_0(y)(\partial/\partial x^k)f_j(y-x)d^4y$$

$$= \int Q_0(y)(-\partial/\partial y^k) f_j(y-x) d^4y$$

特に時間微分は次の記法を用いる.

$$\dot{Q}_j = (\partial/\partial x^0) Q_j(x)|_{x=0} = \int Q_0(y)(-\partial/\partial y^0) f_j(y) d^4y$$

(5.30)式の $Q_j(t, g_j)$ の t 依存性は, $Q_j(x)$ と $g_j(x)$ の 2 カ所の $x^0 = t$ に由来するので

$$(d/dt) Q_j(t, g_j) = \dot{Q}_j(t, g_j) + Q_j(t, \dot{g}_j) \quad (5.32)$$

と書ける. ただし $\dot{g}_j$ は $(\partial/\partial x^0) g_j$ を表わす. (5.31)から

$$(d/dt) Q_j(t, g_j) \Omega = 0 \quad (5.33)$$

また(5.32)において $\dot{Q}_j$ は定理 5.2 の準局所性をみたし, $\dot{g}_j$ は g_j の表式(5.21)で $\hat{g}_j$ を $ip^0 \hat{g}_j$ にかえたものであるから, 定理 5.3 の漸近挙動が成り立つ.

d) 漸近状態の構成

いよいよこの節の主要定理を述べる. 遠い未来($t = +\infty$)および過去($t = -\infty$)で漸近的に多粒子状態を記述する状態ベクトルを

$$\Psi_t \equiv Q_1(t, g_1) \cdots Q_n(t, g_n) \Omega \quad (5.34)$$

の極限として構成する

定理 5.4 $\hat{g}_j$ の台が異なる j について互いに重ならないとする.

(i) Ψ_t は $t \to \pm\infty$ で強収束する. すなわち

$$\|\Psi_+[Q_1 g_1 \cdots Q_n g_n] - \Psi_t\| \to 0 \quad (t \to +\infty)$$

$$\|\Psi_-[Q_1 g_1 \cdots Q_n g_n] - \Psi_t\| \to 0 \quad (t \to -\infty)$$

をみたすベクトル $\Psi_\pm[Q_1 g_1 \cdots Q_n g_n]$ が $\mathcal{H}_\omega$ に存在する.

(ii) 上記極限のベクトルの内積は次式で与えられる.

$$\begin{aligned}&(\Psi_+[Q_1' g_1' \cdots Q_m' g_m'], \Psi_+[Q_1 g_1 \cdots Q_n g_n]) \\ &\quad = (\Psi_-[Q_1' g_1' \cdots Q_m' g_m'], \Psi_-[Q_1 g_1 \cdots Q_n g_n]) \\ &\quad = \delta_{mn} \sum_\nu \prod_j (h_j', h_{\nu(j)}) \qquad (5.35)\end{aligned}$$

ここで, 和は添字 $j = 1, \cdots, n$ のすべての順列 ν について加え, h_j は(5.31)で与えられる 1 粒子状態の波動関数

$$h_j(\boldsymbol{p}) = \hat{g}_j(\boldsymbol{p}) f_j(\boldsymbol{p}) \tag{5.36}$$

であって，g_j と Q_j によりきまる．h_j' についても同様である．

(iii) $\Psi_\pm[Q_1 g_1 \cdots Q_n g_n]$ は，(5.36)で定まる波動関数 $h_1, \cdots, h_n$ だけできまり，それを

$$\Psi^{\text{out}}[h_1 \cdots h_n] \equiv \Psi_+[Q_1 g_1 \cdots Q_n g_n] \tag{5.37}$$

$$\Psi^{\text{in}}[h_1 \cdots h_n] \equiv \Psi_-[Q_1 g_1 \cdots Q_n g_n] \tag{5.38}$$

と記すと，それらは $h_1 \cdots h_n$ について対称である．

(iv) $\mathcal{P}_+^\uparrow$ の変換について，次式が成立する．

$$U(a, \Lambda)\Psi^{\text{out}}[h_1 \cdots h_n] = \Psi^{\text{out}}[(a, \Lambda)h_1 \cdots (a, \Lambda)h_n]$$

$$U(a, \Lambda)\Psi^{\text{in}}[h_1 \cdots h_n] = \Psi^{\text{in}}[(a, \Lambda)h_1 \cdots (a, \Lambda)h_n]$$

ただし

$$[(a, \Lambda)h](\boldsymbol{p}) = e^{i(a,p)} h(\boldsymbol{\Lambda}^{-1}\boldsymbol{p}), \quad p^0 = (\boldsymbol{p}\cdot\boldsymbol{p} + m^2)^{1/2}$$

であり，$\boldsymbol{\Lambda}^{-1}\boldsymbol{p}$ は $\Lambda^{-1}p$ の空間ベクトル部分を意味する．

(v) 定義(5.37), (5.38)において，$\Psi^{\text{out}}, \Psi^{\text{in}}$ をそれぞれ，(3.58)で導入した Fock 空間 $F_+(\mathcal{H}_1)$ のベクトル

$$\boldsymbol{\Phi}_+(h_1 \cdots h_n) \qquad (h_j \in \mathcal{H}_1)$$

から $\mathcal{H}_\omega$ への写像と考えると，その線形閉包として一意的に $F_+(\mathcal{H}_1)$ から $\mathcal{H}_\omega$ の中への写像 $\Psi^{\text{out}}, \Psi^{\text{in}}$ が定まり，等長写像になる．

(vi) $U(a, \Lambda)$ の 1 粒子部分空間 $\mathcal{H}_1$ への制限を $U_1(a, \Lambda)$ と書き，3-5 節で導入した $\Gamma(A)$ を用いて $F_+(\mathcal{H}_1)$ 上の $\mathcal{P}_+^\uparrow$ の表現 $\Gamma(U_1(a, \Lambda))$ を考えると

$$\Psi^{\text{out}}\Gamma(U_1(a, \Lambda)) = U(a, \Lambda)\Psi^{\text{out}} \tag{5.39}$$

$$\Psi^{\text{in}}\Gamma(U_1(a, \Lambda)) = U(a, \Lambda)\Psi^{\text{in}} \tag{5.40}$$

が成立する．

証明の概要　(i) $t \to \pm\infty$ で Ψ_t の変動が速いスピードで小さくなれば Ψ_t の収束がいえるので，まず Ψ_t の時間微分

$$\frac{d\Psi_t}{dt} = \sum_{k=1}^{n} Q_1(t, g_1) \cdots \{D_t Q_k(t, g_k)\} \cdots Q_n(t, g_n)\Omega$$

を評価する．ただし $(d/dt)=D_t$ と略記した．(5.33)により $A\equiv D_tQ_k(t,g_k)$ は $\boldsymbol{\Omega}$ 上で0なので，公式 $AQ=[A,Q]+QA$ により順に A を右へ移動して

$$A\cdots Q_n(t,g_n)\boldsymbol{\Omega}=\sum_{l>k}\cdots[A,Q_l(t,g_l)]\cdots Q_n(t,g_n)\boldsymbol{\Omega}$$

を得る．まず(5.23)を(5.30)に適用すると，

$$\begin{aligned}\|Q_j(t,g_j)\| &\leqq \int\|Q_j(x)\||g_j(x)|d^3\boldsymbol{x} \qquad (x^0=t)\\ &\leqq \|Q_j\|A_{1j}(1+|t|)^{3/2} \qquad (5.41)\end{aligned}$$

を得る．他方(5.32)により

$$[A,Q_l(t,g_l)]=[\dot{Q}_k(t,g_k),Q_l(t,g_l)]+[Q_k(t,\dot{g}_k),Q_l(t,g_l)]$$

となる．ここで $x^0=y^0=t$ とすると，

$$\begin{aligned}&\|[\dot{Q}_k(t,g_k),Q_l(t,g_l)]\|\\ &\leqq \int\|[\dot{Q}_k(t,\boldsymbol{x}),Q_l(t,\boldsymbol{y})]\||g_k(x)g_l(y)|d\boldsymbol{x}d\boldsymbol{y} \qquad (5.42)\end{aligned}$$

$\hat{g}_j$ の台を σ_j と書き，$\boldsymbol{p}_v\in\sigma_j$ となる $\boldsymbol{v}$ の全体を V_j と書くと，V_k と V_l はコンパクトで，$\hat{g}_j$ の台についての仮定により共通部分がなく，有限の距離はなれている．そこで $\boldsymbol{x}\notin tV_k$ における積分($\boldsymbol{x}\notin tV_k$ という制限を $\notin$ で表す)は(5.25)と(5.23)により

$$\begin{aligned}&\|\dot{Q}_k\|\|Q_l\|\int_{\notin}|g_k(x)|d\boldsymbol{x}\int|g_l(y)|d\boldsymbol{y}\\ &\leqq \|\dot{Q}_k\|\|Q_l\|A_{1l}(1+|t|)^{3/2}C_{Nk}|t|^{3-N}\int(1+|\boldsymbol{v}|)^{-N}d\boldsymbol{v}\\ &\leqq \alpha_{Nkl}|t|^{(9/2)-N} \qquad (5.43)\end{aligned}$$

を得る．同様の評価は $\boldsymbol{y}\notin tV_l$ の積分についても成立する．残りは定理5.2と(5.24)により

$$\begin{aligned}&\int_{tV_k}d\boldsymbol{x}\int_{tV_l}d\boldsymbol{y}\|[\dot{Q}_k(t,\boldsymbol{x}),Q_l(t,\boldsymbol{y})]\||g_k(x)g_l(y)|\\ &\leqq |V_k||V_l||t|^{6-3-N}A_{2k}A_{2l}C_{Nkl}' \qquad (5.44)\end{aligned}$$

ただし，V_k-V_l はコンパクトで0を含まないから，

$$\|[\dot{Q}_k(t,\boldsymbol{x}),Q_l(t,\boldsymbol{y})]\| = \|[\dot{Q}_k, Q_l(0,\boldsymbol{y}-\boldsymbol{x})]\|$$
$$= \|[\dot{Q}_k, Q_l(0,t\boldsymbol{v})]\| \leqq C_{Nkl}{}'|t|^{-N} \qquad (\boldsymbol{v}\in V_k - V_l)$$

の形で定理5.2を用いた．(5.43)と(5.44)から(5.42)の評価が得られ，(5.41)とあわせて(任意の自然数Nをおきかえれば)

$$\|d\Psi_t/dt\| \leqq G_N|t|^{-N} \tag{5.45}$$

が任意のNと適当な定数G_Nについて得られる．ゆえに

$$\Psi_T = \Psi_0 + \int_0^T (d\Psi_t/dt)dt \to \Psi_0 + \int_0^\infty (d\Psi_t/dt)dt \qquad (T\to\infty)$$

の絶対収束がわかる．すなわち(i)が示された．

(ii) 截端関数によるクラスター分解(4.29)を

$$(\Psi_t{}', \Psi_t) = \omega(Q_m{}'(t,g_m{}')^* \cdots Q_1{}'(t,g_1{}')^* Q_1(t,g_1)\cdots Q_n(t,g_n)) \tag{5.46}$$

に適用する．ただしΨ_tは(5.34)で与えられ，

$$\Psi_t{}' = Q_1{}'(t,g_1{}')\cdots Q_m{}'(t,g_m{}')\Omega$$

である．(5.46)の左辺は$t\to\pm\infty$でそれぞれ(5.35)の第1行，第2行に収束するので，(5.46)の右辺が(5.35)の第3行に収束することを示せばよい．クラスター分解(4.29)の和には

$$\prod_k \omega^{\mathrm{T}}(Q_k{}'(t,g_k{}')^* Q_{\nu(k)}(t,g_{\nu(k)})) \tag{5.47}$$

の項が$n=m$のときだけ存在する．

$$\omega(Q_l(t,g_l)) = (\Omega, h_l) = 0$$

なので(5.47)のω^{T}はωで置き換えることができるが，

$$\omega(Q_k{}'(t,g_k{}')^* Q_l(t,g_l)) = (Q_k{}'(t,g_k{}')\Omega, Q_l(t,g_l)\Omega) = (h_k{}', h_l)$$

より，(5.47)はtによらず(5.35)の第3行を与える．したがって(5.46)の右辺のクラスター分解で，(5.47)以外の項が0に近づくことを示せばよい．そこで

$$\omega^{\mathrm{T}}(Q_a(t,g_a)\cdots Q_b(t,g_b)) = \int\cdots\int \omega^{\mathrm{T}}(Q_a(t,\boldsymbol{x}_a)\cdots Q_b(t,\boldsymbol{x}_b))$$
$$\times g_a(t,\boldsymbol{x}_a)\cdots g_b(t,\boldsymbol{x}_b)d^3\boldsymbol{x}_a\cdots d^3\boldsymbol{x}_b \tag{5.48}$$

を考える．$Q_a\cdots Q_b$の数は$n>2$とする．まず最後のg_bだけを残して，(5.24)

により他の g を

$$|g_a(t,\boldsymbol{x})| \leqq A_2|t|^{-3/2}$$

と評価すると，$(A_2)^{n-1}|t|^{-3(n-1)/2}$ という因子を得る．次に平行移動についての $\boldsymbol{\omega}$ の不変性により

$$\boldsymbol{\omega}^{\mathrm{T}}(Q_a(t,\boldsymbol{x}_a)\cdots Q_b(t,\boldsymbol{x}_b)) = \boldsymbol{\omega}^{\mathrm{T}}(Q_a(0,\boldsymbol{x}_a-\boldsymbol{x}_b)\cdots Q_b(0,0)) \quad (5.49)$$

であり，この右辺は系 4.12 により，$\boldsymbol{x}_b$ を除いた $(n-1)$ 個のベクトル変数 $\boldsymbol{x}_a,\cdots$ について絶対可積分である．そこでその絶対値の積分を W とおけば，それは $\boldsymbol{x}_b$ によらない．最後に $|g_b(t,\boldsymbol{x}_b)|$ の $\boldsymbol{x}_b$ 積分を(5.23)で評価すると，結局(5.48)式は次式でその絶対値が押さえられる．

$$WA_1A_2{}^{n-1}\{(1+|t|)|t|^{-(n-1)}\}^{3/2}$$

したがって $n>2$ ならば，$t\to\infty$ で 0 に収束し，$n=2$ なら一様に有界である．

上の評価は $Q(t,g)$ の一部が $Q(t,g)^*$ であっても同じである．そこで $n=2$ の場合，$a\neq b$ ならば $\hat{g}_a$ の台と $\hat{g}_b$ の台が仮定により共通部分をもたないことを使おう．両者の台の距離を $\varepsilon>0$ とする．(5.48)の評価において($n=2$ なので $\cdots$ の部分はない)積分領域を次の 3 つにわける．

(α) $\boldsymbol{v}=\boldsymbol{x}_a/t$ に対し $\boldsymbol{p}_{\boldsymbol{v}}$ が $\hat{g}_a$ の台に入らない $\boldsymbol{x}_a$($\boldsymbol{x}_b$ は任意)，

(β) $\boldsymbol{v}=\boldsymbol{x}_b/t$ に対し $\boldsymbol{p}_{\boldsymbol{v}}$ が $\hat{g}_b$ の台に入らない $\boldsymbol{x}_b$($\boldsymbol{x}_a$ は任意)，

(γ) 上記(α),(β)以外．この場合，$\boldsymbol{u}=\boldsymbol{x}_a/t$ に対して $\boldsymbol{p}_{\boldsymbol{u}}$ は $\hat{g}_a$ の台に入り，$\boldsymbol{v}=\boldsymbol{x}_b/t$ に対して $\boldsymbol{p}_{\boldsymbol{v}}$ は $\hat{g}_b$ の台に入るので，$\hat{g}_a$ の台と $\hat{g}_b$ の台が離れていることに対応してある定数 $\delta>0$ が存在して $|\boldsymbol{u}-\boldsymbol{v}|\geqq\delta$ となる．

そこで(α)では $\boldsymbol{\omega}^{\mathrm{T}}$ を定数で押さえ，$|g_a|$ の $\boldsymbol{x}_a$ 積分について(5.25)を用い，$|g_b|$ の $\boldsymbol{x}_b$ 積分については(5.23)を使う．(β)では a と b を入れ替えて同じ評価を行なう．(γ)では，たとえば $|g_a|$ は(5.24)で評価し，$|\boldsymbol{\omega}^{\mathrm{T}}|$ については，系 4.10 による指数的減少の評価を使って $\boldsymbol{x}_a$ 積分を行なうと，

$$(\delta t)^{1/2}\exp(-\delta t)$$

に比例する評価が得られる．残る $|g_b|$ の $\boldsymbol{x}_b$ 積分は(5.23)で評価すれば，$|g_a|$ の評価とあわせて定数で押さえられ，結局 $t\to\infty$ で指数的に 0 に近づくことがわかる．

以上により(5.47)以外の項はすべて0に近づくことが示され，定理5.4(ii)が証明できた．

(iii) 2組の $Q_1 g_1 \cdots Q_n g_n$ と $Q_1' g_1' \cdots Q_n' g_n'$ について

$$h_j(\boldsymbol{p}) = \hat{g}_j(\boldsymbol{p}) f_j(\boldsymbol{p}) = \hat{g}_j'(\boldsymbol{p}) f_j'(\boldsymbol{p}) \qquad (j=1, \cdots, n)$$

であるとする．ただし f_j' は $Q_j'\Omega$ の波動関数である．このとき(ii)を使うと

$$\begin{aligned}
&(\Psi_\pm(Q_1 g_1 \cdots Q_n g_n), \Psi_\pm(Q_1' g_1' \cdots Q_n' g_n')) \\
&\quad = \|\Psi_\pm(Q_1 g_1 \cdots Q_n g_n)\|^2 = \|\Psi_\pm(Q_1' g_1' \cdots Q_n' g_n')\|^2 = \sum_\nu \prod_j (h_j, h_{\nu(j)})
\end{aligned}$$

となるので

$$\|\Psi_\pm(Q_1 g_1 \cdots Q_n g_n) - \Psi_\pm(Q_1' g_1' \cdots Q_n' g_n')\|^2 = 0$$

が成立し，$\Psi_\pm(Q_1 g_1 \cdots Q_n g_n)$ は $h_1 \cdots h_n$ だけで定まることがわかる．また，上の内積は，$h_1 \cdots h_n$ の順序によらないので，$h_1 \cdots h_n$ についての対称性も同時にわかる．

(iv) まず Λ が3次元回転 R のときを証明する．(5.34)式の $\Psi_\pm$ に対し

$$U(a, R)\Psi_\pm = Q_1^s(t, g_1^s) \cdots Q_n^s(t, g_n^s)\Omega \qquad (s=(a, R))$$

ただし

$$\begin{aligned}
Q_j^s(t, g_j^s) &= U(a, R) Q_j(t, g_j) U(a, R)^* \\
&= \int Q_j^s(t, R\boldsymbol{x}) g(t, \boldsymbol{x}) d^3\boldsymbol{x} = \int Q_j^s(t, \boldsymbol{x}) g(t, R^{-1}\boldsymbol{x}) d^3\boldsymbol{x} \\
Q_j^s &\equiv U(a, R) Q_j U(a, R)^*, \qquad g_j^s(t, \boldsymbol{x}) \equiv g_j(t, R^{-1}\boldsymbol{x})
\end{aligned}$$

である．($U(a, \Lambda) U(x, 1) U(a, \Lambda)^* = U(\Lambda x, 1)$ に注意.)

Q_j^s に対応する1粒子状態は

$$Q_j^s \Omega = U(a, R) Q_j \Omega = U(a, R) f_j \ (\approx e^{i(p, a)} f_j(R^{-1}\boldsymbol{p}))$$

となり，したがって $Q_j^s g_j^s$ に対応する h_j^s は

$$h_j^s(\boldsymbol{p}) = f_j^s(\boldsymbol{p}) g_j^s(\boldsymbol{p}) = e^{i(p, a)} h_j(R^{-1}\boldsymbol{p}) = (U(a, R) h_j)(\boldsymbol{p})$$

で与えられる．したがって $\Lambda = R$ の場合，(iv)が証明された．

次に，$a=0$ で，Λ がたとえば x 軸方向の速さ v の純 Lorentz 変換 $\Lambda_v{}^1$ である場合を証明する．上と同じ計算で

$$U(0,\Lambda_v{}^1)\Psi_t = Q_1{}'(t,g_1{}')_v\cdots Q_n{}'(t,g_n{}')_v\Omega$$
$$Q_j{}' = U(0,\Lambda_v{}^1)Q_jU(0,\Lambda_v{}^1)^*$$
$$g_j{}'(x) = g_j((\Lambda_v{}^1)^{-1}x)$$
$$Q(t,f)_v \equiv \int Q(\Lambda_v{}^1x)f_j(\Lambda_v{}^1x)d^3\boldsymbol{x}\Big|_{x^0=t} \tag{5.50}$$

を得る．ただし $\Lambda_v{}^1$ は x の時間成分を変えるので，(5.50)式により新しい記号 $Q(t,f)_v$ を導入し，それを使ったところが $\Lambda=R$ の場合と本質的に違う．

そこで一般の Q_jg_j について

$$\Psi_t{}^v \equiv Q_1(t,g_1)_v\cdots Q_n(t,g_n)_v\Omega \tag{5.51}$$

と定義し，これが v に独立な極限を $t\to\infty$ でもつことを示せば，前と同様に

$$\lim U(0,\Lambda_v{}^1)\Psi_t = \Psi_\pm[Q_1{}'g_1{}'\cdots Q_n{}'g_n{}']$$
$$h_j{}'(\boldsymbol{p}) = (U(0,\Lambda_v{}^1)h_j)(\boldsymbol{p})$$

が得られて(iv)が証明される．

(5.51)が v に独立な極限をもつことを示すには

$$\|d\Psi_t{}^v/dv\|^2 \leqq A\,|t|^{-3}$$

という評価を示せば十分である．ただし A は v によらない定数である．これは

$$(d/dv)Q_j(t,g_j)_v\Omega = 0$$

が成立するので，$d\Psi_t/dt$ の評価と同様に示すことができる．

$\mathcal{P}_+{}^\uparrow$ は上記の (a,R) および $\Lambda_v{}^1$ から生成されるので，一般の (a,Λ) についても(iv)が証明されたことになる．

(v) 写像 $\Psi^{\mathrm{out}}, \Psi^{\mathrm{in}}$ は(ii)により $F_+(\mathcal{H}_1)$ から $\mathcal{H}_\omega$ の中への写像として内積を保存する．したがってまず線形写像に拡大でき(ノルムの計算により線形関係が保たれることがわかるので)，さらに閉作用素に拡張できて，$\Phi_+(h_1\cdots h_n)$ で張られる $F_+(\mathcal{H}_1)$ の線形部分空間から $\mathcal{H}_\omega$ への等長作用素が得られる．Q の作り方と $\hat{g}$ の選び方により，それぞれの h_j としては台がコンパクトな C^∞ 級関数をとることができるので，h_j の台が相互に重なりをもたないという制限のもとで，$\Phi_+(h_1\cdots h_n)$ の全体の閉線形包が $F_+(\mathcal{H}_1)$ であることを示せば，(v)

が示されたことになる．

そこで，任意の $h_1\otimes\cdots\otimes h_n$ を，与えられた条件をみたすものの線形結合で近似できることを示す．まずそれぞれの h_j を，コンパクトな台をもつ h_j' で近似することができるので，各 h_j がコンパクトな台をもつものとする．次に $\boldsymbol{R}^3$ を十分小さな同じ大きさの立方体 c_α に分割し，各 h_j を c_α への制限 $h_{j\alpha}$ の和にわける．立方体を十分小さくとれば，すべての j,α について，$\|h_{j\alpha}\|/\|h_j\|$ を，与えられた $\varepsilon>0$ より小さくすることができる．このとき $h_1\otimes\cdots\otimes h_n$ は

$$h_{1\alpha_1}\otimes\cdots\otimes h_{n\alpha_n} \qquad (\text{互いに直交する}) \tag{5.52}$$

の和に書けるが，このうち各対 $i\neq j$ に対し，α_i と α_j が同一のもの，および隣接するもののノルムの2乗の和が小さいことを示せば，$h_1\otimes\cdots\otimes h_n$ が条件をみたすベクトルの和で近似できたことになる．（近似は対称化する前に行なって，そのあと対称化の射影作用素をかければよいので，上記のベクトルは異なる $(\alpha_1,\cdots,\alpha_n)$ について直交しているとしてよい．）

α_1 を1つきめると，近似で落とされる α_2 は隣接する立方体を含めて27個あるので，ノルムの2乗では $\|h_2\|^2$ にくらべて $27\varepsilon^2$ 倍以下である．そのような α_2 をもつ $\alpha_1,\cdots,\alpha_n$ のすべての可能性について(5.52)を加えると，ノルムの2乗は $\|h_1\|^2\cdots\|h_n\|^2$ の $27\varepsilon^2$ 倍を超えない．同じように α_1 と α_2 を1組きめると，排除される α_3 は α_1 および α_2 に隣接する立方体をあわせて高々 27×2 個あり，そのような α_3 をもつ $\alpha_1,\cdots,\alpha_n$ のすべての可能性について(5.52)を加えたものは，ノルムの2乗が $\|h_1\|^2\cdots\|h_n\|^2$ の $54\varepsilon^2$ 倍を超えない．以下 $\alpha_3,\cdots$ について同様の評価を行なうと，近似で落とされるもの（少なくとも1組の $i\neq j$ について α_i と α_j が同一か隣接するもの）の和のノルム2乗は

$$27\varepsilon^2(1+2+\cdots+(n-1)) = (27/2)n(n-1)\varepsilon^2$$

に比例するので，立方体を十分小さくとって ε を小さくすることにより，任意に小さくできることがわかる．

最後に各 $h_{j\alpha}$ を立方体の境界の近くでなめらかに少し切りおとした C^∞ 級関数で近似すれば，任意の $h_1\otimes\cdots\otimes h_n$ が，台が相互に正の距離をもつ C^∞ 級関数 $h_1',\cdots,h_n'$ のテンソル積で近似できることがわかり，(v)の証明が完結した．

(vi)は(iv)の書き変えにすぎない. ▌

5-4 漸近状態の計数管解釈——漸近的振舞いの検証

この節では, 前節で導入したベクトル $\Psi^{\mathrm{out}}(h_1\cdots h_n), \Psi^{\mathrm{in}}(h_1\cdots h_n)$ がそれぞれ $t=\pm\infty$ で望ましい振舞いをしていることを示そう. すでに定理 5.3 注 2 で説明したように, 各 $h_j(\boldsymbol{p})$ は速度 $\boldsymbol{v}=\boldsymbol{p}/p^0$ $(p^0=(\boldsymbol{p}\cdot\boldsymbol{p}+m^2)^{1/2}$, 光速度が 1 の単位系を使っている)で動く粒子の確率振幅を漸近的に記述していると解釈できるので, $\Psi^{\mathrm{in}}, \Psi^{\mathrm{out}}$ についても, $h_1(\boldsymbol{p}_1)\cdots h_n(\boldsymbol{p}_n)$ の確率振幅で速度 $\boldsymbol{v}_j=\boldsymbol{p}_j/p_j{}^0$ で走っている状態を表わすことを示したい.

粒子が速度 $\boldsymbol{v}$ で走っていることを知るのには, 計数管の考え方を使う. 計数管を表わす作用素 Q としては, 次の性質をもつ準局所物理量を用いる.

$$Q\Omega = 0, \qquad E_1QE_1 \neq 0, \qquad Q^* = Q \tag{5.53}$$

第 1 式は真空に対しては 0 をカウントするという要請であり, 第 2 式は 1 粒子状態に対して反応を示すという要請である. 準局所物理量というのは(5.16)式で与えられる物理量を考えており, 定理 5.2 で与えられる準局所性の性質を用いる. 物理的な解釈には, Q がある有限領域にほぼ(遠方で速く 0 に近づく F_j のすその部分を(5.16)式で度外視すれば)局在していることだけが必要で, 正確にどこに局在しどのようなサイズであるかは重要ではない. その理由は遠く離れた 2 カ所の時空点で粒子の通過を測定すれば, 計数管が一定の大きさをもっていても, 2 点の空間距離や時間差に反比例した精度で粒子の速度が定まるからである. 同様の理由で度外視する f_j のすその部分の範囲も少なくなり, したがって極限ではその影響がなくなる.

具体的には計数管に相当する物理量として(5.53)をみたす準局所物理量 Q を 1 つ定め, 漸近的振舞いを調べようと思う状態 φ について $t\to\pm\infty$ における

$$\varphi(Q(t, t\boldsymbol{v}_1)\cdots Q(t, t\boldsymbol{v}_n)) \tag{5.54}$$

の挙動を, 計数管の数 n および速度 $\boldsymbol{v}_1, \cdots, \boldsymbol{v}_n$ を変化させて調べる. $(t, t\boldsymbol{v})$ は時刻 t を動かせば速度 $\boldsymbol{v}$ で移動する点の位置の軌跡を表わす. (始点は 0 にと

ってあるが，任意の定まった点から出発しても，始点の違いの影響は前述と同じ理由で $t\to\infty$ の極限では無視できる.）したがって $Q(t,t\boldsymbol{v})$ は t を変えて期待値を求めれば，$t\to\pm\infty$ の極限では速度 $\boldsymbol{v}$ で移動するもの（粒子）の存在確率に比例する量を測る物理量と解釈することができるであろう.

一定の速度分布をもつ粒子は時刻 t に比例して広がるので，その確率密度は t^{-3} に比例して 0 に近づくと考えられる．したがって $t\to\infty$ の極限で粒子の速度分布に比例する量として意味のある量を得るのには，$t^3Q(t,t\boldsymbol{v})$ の期待値を考えるのが適当であろう.

そこで(5.54)式について，本節の主要結果として次の定理が成立する.

定理 5.5 $h_1,\cdots,h_k$ を互いに重ならないコンパクトな台をもつ C^∞ 級波動関数 $h_1(\boldsymbol{p}),\cdots,h_k(\boldsymbol{p})$ で表わされる 1 粒子状態とし，定理 5.4 (v)で与えられる $\mathscr{H}$ のベクトル

$$\Psi=\Psi^{\mathrm{out}}(h_1\otimes\cdots\otimes h_k) \tag{5.55}$$

を考える．(5.52)式の条件をみたす準局所物理量 $Q_1,\cdots,Q_n$ と相異なる速度ベクトル $\boldsymbol{v}_1,\cdots,\boldsymbol{v}_n$ により計数管物理量として

$$R_j(t)=Q_j(t,t\boldsymbol{v}_j)\qquad (j=1,\cdots,n)$$

を考える．このとき $t\to+\infty$ の極限で次式が成立する.

$$\lim t^{3n}(\Psi,R_1(t)\cdots R_n(t)\Psi)$$

$$=\begin{cases}0 \qquad (k<n) & \text{(5.56a)}\\ \prod_{j=1}^{n}\{\Gamma_j(\boldsymbol{p}_{\boldsymbol{v}_j})|h_{\alpha_j}(\boldsymbol{p}_{\boldsymbol{v}_j})|^2\}\prod_{j=n+1}^{k}\|h_{\alpha_j}\|^2 & \text{(5.56b)}\end{cases}$$

ただし $\boldsymbol{p}_{\boldsymbol{v}}$ は定理 5.3(i)で定義された速度 $\boldsymbol{v}$ に対応する運動量を表わし，$\alpha_1,\cdots,\alpha_n$ は $1,\cdots,n$ の置換である．2 番目の表式 b は，$k\geqq n$ でかつ適当な置換 α に対して

$$\boldsymbol{p}_{\boldsymbol{v}_j}\in(h_{\alpha_j}\text{の台})\qquad (j=1,\cdots,n)$$

が成立する場合に成立し，それ以外の場合は 0 である．計数管物理量 Q_j の計測期待値を与える Γ_j は

$$\Gamma_j(\boldsymbol{p}) = 2m^{-2}(\pi p^0)^3 Q_j(\boldsymbol{p},\boldsymbol{p}) \tag{5.57}$$

で与えられる．ただし $Q_j(\boldsymbol{p},\boldsymbol{q})$ は,

$$(h, Q_j h') = \int Q_j(\boldsymbol{p},\boldsymbol{q})h(\boldsymbol{p})^* h'(\boldsymbol{q})d\mu(\boldsymbol{p})d\mu(\boldsymbol{q})$$
$$(d\mu(\boldsymbol{p}) = (2p^0)^{-1}d^3\boldsymbol{p},\ h_1, h_2 \in \mathscr{H}_1 \text{ は任意}) \tag{5.58}$$

によって定義され，$\boldsymbol{p},\boldsymbol{q}$ の C^∞ 級関数である．

(5.55)で Ψ^{out} を Ψ^{in} に置き換え，(5.56)の極限を $t\to-\infty$ にとっても，同じ結論が成立する．

定理の解釈　$n=k=1$ の場合，(5.56)式は $h\in\mathscr{H}_1$ に対し

$$\lim t^3(h, Q(t,t\boldsymbol{v})h) = \Gamma(\boldsymbol{p_v})|h(\boldsymbol{p_v})|^2 \tag{5.59}$$

となるので，$\Gamma(\boldsymbol{p_v})$ が速度 $\boldsymbol{v}$ の粒子の計測期待値を与えるという解釈が支持されるであろう．その上で一般の n,k に対する(5.56)式は(5.55)式の Ψ の $t\to+\infty$ での漸近挙動として，$|h_1(\boldsymbol{p_v})|^2\cdots|h_n(\boldsymbol{p}_{\boldsymbol{v}_n})|^2$ の確率密度で速度 $\boldsymbol{v}_1,\cdots,\boldsymbol{v}_n$ の粒子 n 個が走っていることを示していると解釈できるであろう．(なお量子力学的位相については，定理5.4(ii)が完全な情報を与えている.)

定理の証明の要点　まず h_j がコンパクトな台をもつ C^∞ 級の関数であれば，準局所的物理量 Q_j と関数 $\hat{g}_j$ が存在して(5.36)式をみたすことを指摘しよう．その基本的な理由は定理5.1により，局所物理量 Q_0 に対して(5.15)で与えられる $f_0(\boldsymbol{p})$ が実解析的であることである．したがって f_0 は適当な点 $\boldsymbol{p}$ の近傍で0にならない．しかもそのような点 $\boldsymbol{p}$ は Q_0 の代わりにLorentz変換した $U(\Lambda,a)Q_0U(a,\Lambda)^*$ を考えることにより任意の $\boldsymbol{p}'=\boldsymbol{\Lambda p}$ に移動できる．したがって h_j の台が十分小さければ，h_j の台上 $f_0\neq0$ となる Q_0 を見つけることができる．そこで $\tilde{f}_j(p)$ として

$$\boldsymbol{p}\in(h_j\text{ の台}),\quad p^0 = (\boldsymbol{p}\cdot\boldsymbol{p}+m^2)^{1/2}$$

で $h_j(\boldsymbol{p})/f_0(\boldsymbol{p})$ に一致し，P^μ の $(\mathbf{1}-E_1)\mathscr{H}$ 上の台と重ならないコンパクトな台をもつ C^∞ 級関数を選ぶことができて，(5.16)で定義される Q_j については，$f_j=h_j$ が成立する．そこで $\hat{g}_j$ としては h_j の台の上で1であり，相互に台が重ならない C^∞ 級関数を選べばよい．(h_j の台は仮定により相互に重ならないコ

ンパクト集合なので，相互の距離が0でない.)

以上の議論により，(5.55)式のΨは各tで(5.34)の形のベクトルで近似することができる．しかも，(5.45)式により任意のNに対し$|t|^{-N+1}$の程度に近似できるので，t^{3n}をかけても近似は有効である．そこでΨに(5.34)を代入した式を作ると，その評価は定理5.4(i)の証明と同様にできる．ただし条件(5.53)式により，$Q_j(t, t\boldsymbol{v}_j)$の右または左に$\Omega$が現われる因子はすべて0になるので，$k=n=1$の場合の評価さえできれば，あとは定理5.4(i)の証明とまったく同じ評価である.

$n=k=1$の評価は(5.58)式を使えば，具体的な積分の漸近評価であり，定理5.3と同様に証明できる．その際，$Q_j(\boldsymbol{p}, \boldsymbol{q})$が$C^\infty$級関数であることを使う．その証明は次のようである．1粒子状態h, h'を準局所的なQ, Q'を使って

$$h = Q\Omega, \qquad h' = Q'\Omega$$

のように表示する．このとき

$$\begin{aligned}&(\Omega, Q^*(0, \boldsymbol{x})Q_jQ(0, \boldsymbol{y})\Omega)\\&= \iint Q_j(\boldsymbol{p}, \boldsymbol{q})h(\boldsymbol{p})^*h'(\boldsymbol{q})e^{i(\boldsymbol{p}\cdot\boldsymbol{x}-\boldsymbol{q}\cdot\boldsymbol{y})}d\mu(\boldsymbol{p})d\mu(\boldsymbol{q})\end{aligned}$$

である．$Q_j\Omega = Q_j{}^*\Omega = 0$という条件(5.53)により，左辺は載端期待値に等しく，前章の系4.12により$\boldsymbol{x}\cdot\boldsymbol{x}+\boldsymbol{y}\cdot\boldsymbol{y}\to\infty$で，その任意のベキより速く0に収束する．したがってその Fourier 変換である

$$Q_j(\boldsymbol{p}, \boldsymbol{q})h(\boldsymbol{p})^*h'(\boldsymbol{q})(4p^0q^0)^{-1}$$

はC^∞級関数である．h, h'はC^∞級関数であり，任意の点$\boldsymbol{p}, \boldsymbol{q}$に対しその近傍で0でない$h, h'$を選べる(すでに示した)ので，$Q_j(\boldsymbol{p}, \boldsymbol{q})$も$C^\infty$級であることがわかる．▌

注1　任意の$\boldsymbol{p}$に対し，その近傍で$\Gamma(\boldsymbol{p})\neq 0$でありかつ条件(5.52)をみたす準局所作用素$Q$が存在しないと，上記定理の価値がなくなり，その解釈も意味を失う．そのようなQが存在することは次のようにしてわかる．まず局所物理量の公理(4)と純粋真空状態における既約性から$E_1Q_0E_1\neq 0$となる局所作用素Q_0の存在がわかる.

$(p,p)=(q,q)=m^2$ ならば $p-q$ は空間的ベクトルまたは0になるので，台が空間的ベクトルだけのコンパクト集合である C^∞ 級関数 $\tilde{f}_j$ を選んで，(5.16)式の Q_j が

$$Q_j\Omega = 0, \qquad E_1 Q_j E_1 \neq 0$$

をみたすようにできる．そこで $Q=Q_j{}^*Q_j$ と定義すると，それは(5.53)をみたす．たとえば

$$E_1 Q E_1 = E_1 Q_j{}^* E_1 Q_j E_1 + E_1 Q_j{}^*(\mathbf{1}-E_1)Q_j E_1 \geqq E_1 Q_j{}^* E_1 Q_j E_1 \neq 0$$

である．また $E_1\mathcal{H}_\varphi$ のうち $|\boldsymbol{p}|<M$ への射影を E^M とおくと，$Q(\boldsymbol{p},\boldsymbol{q})$ が C^∞ 級で，$Q\geqq 0$ なので，$Q(\boldsymbol{p},\boldsymbol{p})\geqq 0$ であり

$$\int_{|\boldsymbol{p}|<M} Q(\boldsymbol{p},\boldsymbol{p})d\mu(\boldsymbol{p}) = \mathrm{Tr}\, E^M Q E^M > 0$$

である．したがって少なくともあるベクトル $\boldsymbol{q}$ の近傍で C^∞ 級関数 $Q(\boldsymbol{p},\boldsymbol{p})$ は0ではない．Lorentz 変換で前と同様 $\boldsymbol{q}$ を任意のベクトル $\boldsymbol{p}$ へ移すことができる($U(0,\Lambda)QU(0,\Lambda)^*$ を考える)．任意の $\boldsymbol{p}$ に対しその近傍で $Q(\boldsymbol{p},\boldsymbol{p})$ が0でない $Q>0$ が見つかったので，その有限和をとることにより任意のコンパクト集合上で $Q(\boldsymbol{p},\boldsymbol{p})\neq 0$ となる準局所物理量 Q が存在することがわかった．

注2 Fock 空間 $F(\mathcal{H}_1)$ 上に3-5節で定義された生成・消滅作用素 (a^*,h)，(h,a) を，写像 Ψ^{out} で $\mathcal{H}$ 上に移したものを

$$\begin{aligned}(a_{\mathrm{out}}{}^*,h) &= \Psi^{\mathrm{out}}(a^*,h)(\Psi^{\mathrm{out}})^* \\ (h,a_{\mathrm{out}}) &= \Psi^{\mathrm{out}}(h,a)(\Psi^{\mathrm{out}})^*\end{aligned} \tag{5.60}$$

と定義し，また $\mathcal{H}_1$ 上の線形作用素 C に対し

$$(a_{\mathrm{out}}{}^*,Ca_{\mathrm{out}})\Psi^{\mathrm{out}}(h_1\otimes\cdots\otimes h_n) = \sum_j \Psi^{\mathrm{out}}(h_1\otimes\cdots\otimes Ch_j\otimes\cdots\otimes h_n) \tag{5.61}$$

により $(a_{\mathrm{out}}{}^*,Ca_{\mathrm{out}})$ を定義する．準局所的物理量 Q_j に(5.53)のような条件をつけないとき，(5.54)式の $t\to+\infty$ での漸近的挙動は，R_j に次式を代入して得られる．

$$\begin{aligned}R_j = (\Omega,R_j\Omega)\mathbf{1} &+ (a_{\mathrm{out}}{}^*,E_1R_j\Omega)+(E_1R_j{}^*\Omega,a_{\mathrm{out}}) \\ &+(a_{\mathrm{out}}{}^*,E_1R_jE_1a_{\mathrm{out}})+\mathcal{O}(|t|^{-N})\end{aligned} \tag{5.62}$$

右辺の第1項は t によらない．第2項と第3項は前節の定理5.3により $t^{-3/2}$ に比例し，定理5.4で本質的な役割を果たした．第4項は定理5.5により t^{-3} に比例し，定理5.5で本質的な役割を果たす部分である．台が重ならない1粒子状態 $h_1, \cdots, h_n$ からなる漸近的放射 n 粒子状態を考える限り，残りは t の任意のベキより速く0に収束する．out を in に変えても全く同じ結果が成立する．

5-5 漸近条件と S 行列の表示式

前節までの議論で粒子の散乱状態の構成と解釈が確立されたことを受けて，本節では散乱の S 行列がどのように表示できるかを論ずる．Lehmann，Symanzik，Zimmermann の3人の共同研究で1950年代に得られた，**還元公式**とよばれるものの導出が目的である．実はこの **LSZ の理論**は，場の理論の数学的基礎に関する最初の論文の1つである．

還元公式の導出の基礎となるのは，**LSZ の漸近条件**とよばれるもので，LSZ 理論では基本的な前提条件(仮定)として用いられた．その内容は，数学的詳細を別にすれば(5.62)式の第3項までによる $t\to\infty$ での漸近評価である．前節までの議論により，次の形の LSZ 条件が簡単に証明できる．

定理 5.6 Ψ は定理5.5と同じ条件の h_j により(5.55)式で与えられる放射状態とする．局所的作用素 Q_0 から(5.16)の形で作られる準局所的作用素 Q について，$E_1 Q\Omega$ および $E_1 Q^* \Omega$ を表わす1粒子波動関数を $g_Q(\boldsymbol{p})$，$g_{Q^*}(\boldsymbol{p})$ と書く．コンパクトな台をもつ C^∞ 級関数 $\hat{g}_\pm(\boldsymbol{p})$ を使って次のようにおく．

$$h_+(\boldsymbol{p}) = g_Q(\boldsymbol{p})\hat{g}_+(\boldsymbol{p})/(2p^0)$$

$$h_-(\boldsymbol{p}) = g_{Q^*}(\boldsymbol{p})\hat{g}_-(\boldsymbol{p})/(2p^0)$$

$$g(x) = (2\pi)^{-3}\int\{e^{-i(p,x)}\hat{g}_+(\boldsymbol{p})+e^{i(p,x)}\hat{g}_-(\boldsymbol{p})\}d^3\boldsymbol{p}/(2p^0)$$

$$(p^0=(\boldsymbol{p}\cdot\boldsymbol{p}+m^2)^{1/2}) \qquad (5.63)$$

$$Q(t,g) = \int Q(x)g(x)d^3\boldsymbol{x} \qquad (x^0=t)$$

次の条件のいずれかが成立するものとする．

（α） $E_1 Q\Omega = Q\Omega, \quad \hat{g}_- = 0$

（$\beta 1$） $Q\Omega = 0, \quad \hat{g}_+ = 0$

さらに $h_\pm$ の台がすべての h_j の台と重ならないか，または（$\beta 1$）の場合次の条件が成り立つとする．

（$\beta 2$） $E_1 Q E_1 = 0, \quad \boldsymbol{\Phi} \perp \Omega$ ならば $E_1 Q^* \boldsymbol{\Phi} = 0$

（ただし（$\beta 2$）の前半は後半の帰結である．）

このとき $t \to +\infty$ の極限で，任意の自然数 N に対し

$$\lim t^N \| \{ Q(t,g) - (a_{\mathrm{out}}{}^*, h_+) - (h_-, a_{\mathrm{out}}) \} \Psi \| = 0 \qquad (5.64)$$

（（α）ならば $h_- = 0$，（$\beta 1$）ならば $h_+ = 0$，h_- の台がすべての h_j の台と重ならなければ $(h_-, a_{\mathrm{out}})\Psi = 0$ である．）

同じ結果は out を in で，$t \to +\infty$ を $t \to -\infty$ で置き換えても成立する．（Ψ についても out を in で置き換える．）

条件（α）をみたす Q は（5.16）で得られる．条件（$\beta 1$），（$\beta 2$）をみたす Q は，（5.16）式で $\tilde{f}_j$ の台を

$$m_- = \{ p\,;\, (p,p) = m^2,\ p^0 < 0 \}$$

の近傍にとれば得られる．$\tilde{f}_j$ の台（$m_\pm$ へ制限）と $\hat{g}_\pm$ の台を重ならせれば，それぞれ h_+，h_- が 0 でない C^∞ 級関数にできる．

注 1 Ψ^{out} の像への射影作用素を

$$P_{\mathrm{out}} = \Psi^{\mathrm{out}} (\Psi^{\mathrm{out}})^*$$

と書くと，$t \to +\infty$ の極限で弱極限として

$$\text{w-lim}\, P_{\mathrm{out}} Q(t,g) \Psi = \{ (a_{\mathrm{out}}{}^*, h_+) + (h_-, a_{\mathrm{out}}) \} \Psi \qquad (5.65)$$

が（α），（β）等の条件なしに $(\Omega, Q\Omega) = 0$ だけで成立する．この式で $P_{\mathrm{out}} = \mathbf{1}$ としたものを通常，**LSZ 条件**とよぶ．しかし $P_{\mathrm{out}} = \mathbf{1}$ の仮定（散乱状態の完全性とよばれる）をおかなくても，上記の定理は成立し，それを使って還元公式を導くことができる．

注 2 （α）または（$\beta 1$）の条件だけで，（5.65）式の P_{out} が不要でしかも強極限

の意味で収束することを定理の証明とほぼ同じ方法で示すことができる.

定理の証明の概要　g についての(5.23)式の評価は, $\hat{g}_-=0$ の場合について述べてあるが, $\hat{g}_+=0$ の場合は複素共役 $\overline{g(x)}$ を考えれば $\hat{g}_-=0$ の場合になるので,

$$\|Q(t,g)\| \leqq \|Q\| \int |g(t,\boldsymbol{x})| d^3\boldsymbol{x} < (\text{定数})(1+|t|)^{3/2}$$

という評価が得られる. したがって(5.45)により

$$\lim |t|^N \|Q(t,g)\Psi - Q(t,g)\Psi_t\| = 0$$

が成立する. ただし Ψ_t は(5.34)で与えられる.

まず $h_\pm$ の台が任意の h_j の台と重ならない場合, (α)ならば定理 5.4 と(5.45)式の評価により

$$\lim t^N \|Q(t,g)\Psi_t - (a_{\text{out}}{}^*, h_+)\Psi\|$$

が成立するので, $h_-=0$ とあわせて(5.64)が成立する. $h_\pm$ の台について同じ条件で$(\beta 1)$ならば, (5.45)と同様の評価を $\|Q(t,g)\Psi_t\|$ そのものに適用して, $(d/dt)Q(t,g)\Omega=0$ の代わりに $Q(t,g)\Omega=0$ ($Q\Omega=0$ による)を使えば

$$\lim t^{2N} \|Q(t,g)\Psi_t\|^2 = 0$$

を証明できる. $h_+=0$ および $(a_{\text{out}}, h_-)\Psi=0$ とあわせると, (5.64)が証明できたことになる.

次に条件$(\beta 1)$, $(\beta 2)$が成立する場合を考えよう. 極限ベクトルは

$$\lim t^N \|(h_-, a_{\text{out}})\Psi - \sum_j \omega(Q(t,g)Q_j(t,g_j)) \prod_{k \neq j} Q_k(t,g_k)\Omega\| = 0$$

と近似できるので

$$\lim t^{2N} \|Q(t,g)\Psi_t - \sum_j \omega(Q(t,g)Q_j(t,g_j)) \prod_{k \neq j} Q_k(t,g_k)\Omega\|^2 = 0$$

を示せばよい. クラスター展開をすると, 系 4.12, 定理 5.3, および条件$(\beta 1)$により, 次の表式が入った項以外は, 0 に近づくか 2 点関数の積となってキャンセルされる.

$$\begin{aligned}
&\omega^{\mathrm{T}}(Q_j(t,g_j)^* Q(t,g) Q_j(t,g)) \\
&\omega^{\mathrm{T}}(Q_j(t,g_j)^* Q(t,g)^* Q_j(t,g)) \qquad (5.66) \\
&\omega^{\mathrm{T}}(Q_j(t,g_j)^* Q(t,g)^* Q(t,g) Q_j(t,g_j))
\end{aligned}$$

このうち最初の2つは，$Q_j(t, g_j)\Omega$ が1粒子状態であるため，条件($\beta 2$)の第1式により0である．最後の式は同じ理由で($\beta 2$)の第2式により0になる．▌

この応用として，還元公式を導くための基本公式を与える次の補助定理が得られる．

補助定理 5.7 相互に重ならない台をもつ C^∞ 級関数の組 $h_i{}'$ ($i=1, \cdots, k$) と $h_j{}''$ ($j=1, \cdots, l$) ($h_i{}'$ の台と $h_j{}''$ の台は重なってもよい)，コンパクトな台をもつ C^∞ 級関数 $\hat{g}(\boldsymbol{p})$ により(5.21)式で定義される関数 $g(x)$，および次の条件をみたすよう(5.16)の形に定義された準局所作用素 Q ($\tilde{f}$ の台を m_+ の近傍にとればよい)を考える．

(α) $E_1 Q\Omega = Q\Omega$

(β)′ $Q^*\Omega = 0$, $\boldsymbol{\Phi} \perp \Omega$ ならば $E_1 Q\boldsymbol{\Phi} = 0$ (必然的に $E_1 Q E_1 = 0$).

C_1, C_2 を任意の有界線形作用素，$F(C_1, C_2, Q, x)$ を x について2階連続微分可能で，$x\to\infty$ で高々 $|x|$ の多項式のノルム増大度をもつ作用素値関数で，ある正数 T について

$$F(C_1, C_2, Q, x) = \begin{cases} Q(x)C_1 & (x^0 > T) \\ C_2 Q(x) & (x^0 < -T) \end{cases} \tag{5.67}$$

をみたすものとする．このとき

$$\Psi_1 = \Psi^{\mathrm{out}}[h_1{}' \cdots h_k{}'], \qquad \Psi_2 = \Psi^{\mathrm{in}}[h_1{}'' \cdots h_l{}'']$$

について次の公式が成立する．

$$\begin{aligned} &((a_{\mathrm{out}}{}^*, h)\Psi_1, C_1\Psi_2) - (\Psi_1, C_2(h, a_{\mathrm{in}})\Psi_2) \\ &\quad = i\int g(x)^* K_{mx}(\Psi_1, F(C_1, C_2, Q^*, x)\Psi_2) d^4x \end{aligned} \tag{5.68}$$

$$\begin{aligned} &(\Psi_1, C_2(a_{\mathrm{in}}{}^*, h)\Psi_2) - ((h, a_{\mathrm{out}})\Psi_1, C_1\Psi_2) \\ &\quad = i\int g(x) K_{mx}(\Psi_1, F(C_1, C_2, Q, x)\Psi_2) d^4x \end{aligned} \tag{5.69}$$

ここに $h(\boldsymbol{p}) = g_Q(\boldsymbol{p})\hat{g}(\boldsymbol{p})$ であり，K_{mx} は偏微分作用素

$$K_{mx} = (\partial/\partial x^0)^2 - \sum_j (\partial/\partial x^j)^2 + m^2 \quad (= \Box_x + m^2) \tag{5.70}$$

である．また d^4x 積分では $d^3\boldsymbol{x}$ 積分をしたあと dx^0 積分を行なうものとする．

補助定理の証明　次の記号を使う．($\partial_0=(\partial/\partial t)$ である.)

$$Q(t,\overleftrightarrow{\partial}_0 g)=\int\{Q(t,\boldsymbol{x})\partial_0 g(t,\boldsymbol{x})-(\partial_0 Q(t,\boldsymbol{x}))g(t,\boldsymbol{x})\}d^3\boldsymbol{x} \qquad (5.71)$$

この式で，$\partial_0 g=\dot{g}$ や(5.32)式の $\dot{Q}$ は，g や Q に仮定した性質をみたすので，$Q(t,g)$ と同じ取扱いができ，定理5.6により，$t\to+\infty$ の極限で

$$\lim\|iQ(t,\overleftrightarrow{\partial}_0 g)\Psi_1-(a_{\mathrm{out}}{}^*,h)\Psi_1\|=0 \qquad (5.72)$$

$t\to-\infty$ の極限で

$$\lim\|(-i)Q(t,\overleftrightarrow{\partial}_0 g)^*\Psi_2-(h,a_{\mathrm{in}})\Psi_2\|=0 \qquad (5.73)$$

がそれぞれ成立する．ただし Q に対する条件$(\beta)'$は Q^* に対する条件(β1)，(β2)になる．$\overleftrightarrow{\partial}_0$ のため上の両式の左辺に $\pm i$ が現われ，h の定義が $(2p^0)$ の因子だけ以前の定義と変わっている．(5.21)式の $g(x)$ は $K_{mx}g(x)=0$ をみたすので，部分積分により

$$\int_{T''}^{T'}dx^0\partial_0\int\{F(C_1,C_2,Q^*,x)\overleftrightarrow{\partial}_0 g(x)^*\}d^3\boldsymbol{x}$$
$$=\int_{T''}^{T'}\{F(C_1,C_2,Q^*,x)\partial_0{}^2 g(x)^*-g(x)^*\partial_0{}^2F(C_1,C_2,Q^*,x)\}d^4x$$

右辺の第1式で $\partial_0{}^2 g$ を $(\varDelta_x-m^2)g$ で置き換え($\varDelta_x$ はLaplace作用素，置き換えは $K_{mx}g=0$ による)，$\varDelta_x$ を部分積分により F へ作用させる($|\boldsymbol{x}|\to\infty$ で $\|F\|$ の多項式増大度より g の急激な減少度が打ち勝って表面積分は寄与を与えない)と，次式に等しいことがわかる．

$$=-\int_{T''}^{T'}g(x)^*K_{mx}F(C_1,C_2,Q^*,x)d^4x$$

左辺は $T'>T$，$T''<-T$ のとき(5.67)により次式に等しい．

$$=Q(T',\overleftrightarrow{\partial}_0 g)^*C_1-C_2Q(T'',\overleftrightarrow{\partial}_0 g)^*$$

ここで $T'\to+\infty$，$T''\to-\infty$ の極限をとり，(5.72)，(5.73)を使うと，(5.68)

の両辺に i をかけた等式が得られる．同じ計算で Q^* と g^* の代わりに Q と g を使うと(5.69)も得られる．▌

還元公式に入る前に，載端期待値に対応するものを S 行列要素について導入する．すなわち次式で S 行列の**連結部分** S_c を定義する．

$$S_c(h_1'\cdots h_k';h_1''\cdots h_l'') \equiv \sum_m (-1)^{m-1}(m-1)!\sum\prod_{\nu=1}^{m} S(I_\nu';I_\nu'') \tag{5.74}$$

ここで $\{I_\nu';\nu=1,\cdots,m\}$ は添字集合 $\{1\cdots k\}$ の m 個の部分集合 I_ν' への分割 (I_ν' ≠ 空)であり，$\{I_\nu'';\nu=1,\cdots,m\}$ は添字集合 $\{1\cdots l\}$ の m 分割である．和はすべての m 分割について行ない，最後に m についての和を行なう．$S(I_\nu';I_\nu'')$ と書いたときの I_ν' は I_ν' に属する全部の添字 j について h_j を並べたものを表わし，I_ν'' も同様である．(5.74)を逆に解くと，(4.29)式と同様に次の展開式を得る．

$$S(h_1'\cdots h_k';h_1''\cdots h_l'') = \sum\prod_\nu S_c(I_\nu';I_\nu'') \tag{5.75}$$

和は添字集合の対 $\{1\cdots k;1\cdots l\}$ を部分集合の組 I_ν', I_ν'' へ分割するすべての分割について加える．$S_c(I_\nu';I_\nu'')$ は $S(I_\nu';I_\nu'')$ と同じ略記法である．もし I_ν' と I_ν'' のいずれかが 1 個で他が 2 個以上なら $S(I_\nu';I_\nu'')=S_c(I_\nu';I_\nu'')=0$ である．また I_ν', I_ν'' には空集合を許さない．また I_ν', I_ν'' がともに 1 個の添字のとき

$$S_c(h';h'') = S(h';h'') = (h',h'') \tag{5.76}$$

還元公式を述べるために必要なもうひとつの概念は，**時間順序積**と $\boldsymbol{\tau}$ **関数**である．

添字 $1,\cdots,n$ の置換 P ごとに n 変数の C^∞ 級正値関数 φ_P^n が与えられ，φ_P^n の導関数はすべて有界で，ある $\delta>0$ について次の条件をみたすものとする．

(a)　$t_{P(j+1)}-t_{P(j)}>\delta$ が少なくとも 1 つの j について成立すれば，

$$\varphi_P^n(t_1\cdots t_n) = 0$$

(b)　$\sum_P \varphi_P^n(t_1\cdots t_n)=1$

(c)　$\{1\cdots n\}$ を $I_1=\{1\cdots n_1\},\cdots,I_r=\{n_{r-1}+1\cdots n_r\}$ へ r 分割し，$1,\cdots,n$ の

置換 P をきめ，変数 $t_1\cdots t_n$ が

$$k>l,\ j\in I_k,\ i\in I_l \text{ ならば } t_{P(i)}-t_{P(j)}>\delta$$

という条件をみたすとき，I_k に属する添字の任意の置換 Q_k $(k=1,\cdots,r)$ について

$$\varphi_{PQ}^n(t_1\cdots t_n)=\prod_{k=1}^{r}\varphi_{Q_k}^{m_k}(t_{P(n_{k-1}+1)}\cdots t_{P(n_k)})$$

ただし $Q=\Pi Q_k$，$m_k=n_k-n_{k-1}$，$n_0=0$ とする．

このとき

$$T^{\varphi}(Q_1(x_1)\cdots Q_n(x_n))=\sum_P\varphi_P^n(x_1{}^0\cdots x_n{}^0)Q_{P(1)}(x_{P(1)})\cdots Q_{P(n)}(x_{P(n)}) \tag{5.77}$$

を**時間 $\boldsymbol{\varphi}$ 順序積**とよび，

$$\tau^{\mathrm{T}}(x_1\cdots x_n)=\omega^{\mathrm{T}}(T^{\varphi}(Q_1(x_1)\cdots Q_n(x_n)))$$

を**載端 $\boldsymbol{\tau}$ 関数**または**$\boldsymbol{\tau}$ 関数の連結部分**という．ω^{T} を ω としたものは通常**$\boldsymbol{\tau}$ 関数**とよばれる．

この定義が意味をもつことを示すために，上記3条件をみたす φ_P^n の存在を示しておく．まず不連続な関数を許すと，次の関数 θ_P^n は3条件をみたす．

$$t_{P(1)}\geqq t_{P(2)}\geqq\cdots\geqq t_{P(n)} \tag{5.78}$$

が成立しなければ $\theta_P^n(t_1\cdots t_n)=0$．(5.78)が成立する場合，連続して続く等号が k_1 個，k_2 個，… ずつ続き，それらの間は不等号でへだてられているとき

$$\theta_P^n(t_1\cdots t_n)=(k_1!\,k_2!\cdots)^{-1} \tag{5.79}$$

特に(5.78)が全部不等号で成立すれば $\theta_P^n=1$ である．(等号が成立するのは測度0なので，そこでの値は重要ではない．)

通常，時間順序積とよばれるものは，φ としてこの θ を使ったものである．

この θ_P^n を C^∞ 級化するため $[-\delta/2,\delta/2]$ に台をもつ C^∞ 級関数 g で，$\int g(t)dt=1$ をみたすものを使って

$$\varphi_P^n(t_1\cdots t_n)=\int\theta_P^n(t_1+u_1\cdots t_n+u_n)\prod_{j=1}^{n}g(u_j)du_j$$

とおくと，θ_P^n が(a),(b),(c)を $\delta=0$ でみたすことから，φ_P^n も同じ条件を δ についてみたすことがわかる．

いよいよ還元公式を述べる．

定理 5.8 $h_1', \cdots, h_k'$ および $h_1'', \cdots, h_l''$ をそれぞれ重ならないコンパクトな台をもつ C^∞ 級関数の組(h_i' と h_j'' の台は重なってよい)とし，$Q_1', \cdots, Q_k'$ および $Q_1'', \cdots, Q_l''$ を，(5.16)の形に定義され，補助定理5.7の Q に対する条件(α)と(β)$'$ をみたすもの，また $\hat{g}_1', \cdots, \hat{g}_k'$ および $\hat{g}_1'', \cdots, \hat{g}_l''$ をコンパクトな台をもつ C^∞ 級関数で，次式をみたすものとする．

$$h_j'(\boldsymbol{p}) = \hat{g}_j'(\boldsymbol{p}) g_{Q_j'}(\boldsymbol{p}), \qquad h_j''(\boldsymbol{p}) = \hat{g}_j''(\boldsymbol{p}) g_{Q_j''}(\boldsymbol{p})$$

このとき，$k=l=1$ を除いて次式が成立する．

$$\begin{aligned} S_c(h_1' \cdots h_k'; h_1'' \cdots h_l'') = i^{k+l} \int & g_1'(x_1')^* \cdots g_k'(x_k')^* \\ & \times g_1''(x_1'') \cdots g_l''(x_l'') K_{mx_1'} \cdots K_{mx_k''} \\ & \times \omega^{\mathrm{T}}(T^\varphi(Q_k'(x_k')^* \cdots Q_1'(x_1')^* Q_1''(x_1'') \cdots Q_l''(x_l''))) \\ & \times d^4x_1' \cdots d^4x_k' d^4x_1'' \cdots d^4x_l'' \end{aligned} \tag{5.80}$$

$k=l=1$ のとき右辺は0である．

ここに ω^{T} は(4.28)で定義した載端真空期待値で，(5.77)式の各項について ω^{T} を計算するものとする．(空間ベクトルの積分を最初に行なうものとする．そのとき時間積分は変数の任意の逆ベキより速く収束する.)

証明の概略 証明は計算の側面と，収束等の解析的な側面がある．まず収束の速さや一様性等を気にせず，計算をどのように行なって(5.80)式を得るかを説明する．あとで計算の正当性を考えることにする．

計算は(5.80)の右辺から出発して左辺を得ることにあるが，まず右辺で ω^{T} を ω に置きかえたものを考える．x_l'' についての積分について補助定理5.7を応用するため，(5.80)の右辺にある $T^\varphi(\cdots)$ が x_l'' の関数として(5.67)の F の性質をもつかどうか調べよう．

x_i', x_j'' の時間成分を t_i', t_j'' などと書くと，T^{φ} は係数

$$\varphi_P^{k+l}(t_k'\cdots t_1', t_1''\cdots t_l'') \tag{5.81}$$

をもつ項の P についての和である．φ に対する条件(a)により，t_l'' を負で大きくすると，最後の変数 t_l'' を動かさない置換 P に対してだけ(5.81)が0でないので，

$$T^{\varphi}(\cdots) = T^{\varphi}(\cdots Q_{l-1}''(x_{l-1}''))Q_l''(x_l'')$$

となる．また t_l'' を $+\infty$ にすると，t_l'' を最初に動かす置換 P に対してだけ(5.81)が0でないので

$$T^{\varphi}(\cdots) = Q_l''(x_l'')T^{\varphi}(\cdots Q_{l-1}''(x_{l-1}''))$$

となる．(いずれの場合も φ の性質(c)を用い，右辺の $T^{\varphi}(\cdots)$ の変数の数は1つ少なくなる．) すなわち(5.67)がみたされている．また $\boldsymbol{\Psi}_1$ はいまの場合 $\boldsymbol{\Omega}$ なので，(5.69)式の左辺の第2項は0である．そこで

$$i\int g_l''(x_l'')K_{mx_l''}\omega(T^{\varphi}(\cdots))d^4x_l'' = (\boldsymbol{\Omega}, T^{\varphi}(\cdots)\boldsymbol{\Psi}^{\mathrm{in}}[h_l''])$$

という式が得られる．同様に順次 $x_{l-1}'', x_{l-2}'', \cdots$ についての積分を変形すると，

$$i^l\int g_1''(x_1'')\cdots g_l''(x_l'')K_{mx_1''}\cdots K_{mx_l''}\omega(T^{\varphi}(\cdots))d^4x_1''\cdots d^4x_l''$$
$$= (\boldsymbol{\Omega}, T^{\varphi}(Q_k'(x_k')^*\cdots Q_1'(x_1')^*)\boldsymbol{\Psi}^{\mathrm{in}}[h_1''\cdots h_l'']) \tag{5.82}$$

が得られる．次に x_k' 積分について(5.68)式を使って同様の計算を行なうと，上式を $(\boldsymbol{\Omega}, T^{\varphi}(\cdots)\boldsymbol{\Psi}^{\mathrm{in}}[\cdots])$ と略記すれば

$$i\int g_k'(x_k')^*K_{mx_k'}(\boldsymbol{\Omega}, T^{\varphi}(\cdots)\boldsymbol{\Psi}^{\mathrm{in}}[\cdots])d^4x_k'$$
$$= (\boldsymbol{\Psi}^{\mathrm{out}}[h_k'], T^{\varphi}(Q_{k-1}'(x_{k-1}')\cdots)\boldsymbol{\Psi}^{\mathrm{in}}[\cdots])$$
$$-(\boldsymbol{\Omega}, T^{\varphi}(Q_{k-1}'(x_{k-1}')\cdots)(h_k', a_{\mathrm{in}})\boldsymbol{\Psi}^{\mathrm{in}}[\cdots]) \tag{5.83}$$

を得る．右辺の第2項は

$$\sum_j (\boldsymbol{\Omega}, T^{\varphi}(\cdots)\boldsymbol{\Psi}^{\mathrm{in}}[h_1''\cdots \hat{j} \cdots h_l''])S(h_k', h_j'')$$

である((3.60)式の記号参照). 以下同じ計算を x_{k-1}' 積分, x_{k-2}' 積分, … について順次行なう. 最終的に上記第1項に相当する項は

$$(\Psi^{\mathrm{out}}[h_1'\cdots h_k'], \Psi^{\mathrm{in}}[h_1''\cdots h_l'']) = S(h_1'\cdots h_k', h_1''\cdots h_l'') \qquad (5.84)$$

を与えるが, そのほかに上記第2項に相当したものが出てくる. その部分の処理は組合せ的問題で次のように行なう.

まず k, l が小さいときを処理しておく.

$k=0$ ならば, すでに $T^{\varphi}(\cdots)$ が1なので, $l \neq 0$ では0になる. 逆に $l=0$ ならば $\Psi^{\mathrm{in}}[\cdots]$ が Ω のままなので, (5.83)の第2項がすべて0で, $k\neq 0$ ならば(5.84)$=0$ となり, したがって(5.80)全体が0になる. $k=l=0$ の場合は1と規約する.

$k=1$ の場合, (5.82)式で $T^{\varphi}(\cdots)$ は単に $Q_1'(x_1')^*$ となり, したがって(5.82)式は

$$(Q_1'(x_1')\Omega, \Psi^{\mathrm{in}}[\cdots])$$

となる. $Q_1'(x_1')\Omega$ は1粒子状態で,

$$(\Box_x + m^2)Q_1'(x)\Omega = 0$$

をみたすので, この場合 l が何であっても(5.80)式は0である.

$l=1$ の場合, $\Psi^{\mathrm{in}}[\cdots]$ は1粒子状態なので, (5.83)の第2項で $(h_k', a_{\mathrm{in}})\Psi^{\mathrm{in}}[\cdots]$ は Ω に比例し, $k\neq 1$ ならば上記 $l=0$ の場合と同じ理由で0になる. また(5.83)の第1項について計算を進めたときに, (5.83)の第2項に相当する項も同じ理由で0になり, 最後に残る(5.84)も $l=1$ であるから0になる. すなわち $k\neq 1$ なら(5.80)式は0である. 他方 $k=l=1$ の場合はすでに示したように0である.

以上をまとめると, $k=l=0$ の場合は1, それ以外では $k\geqq 2$ かつ $l\geqq 2$ でなければ(5.80)式は0になる.

さて(5.80)の証明のため, まず S 行列要素に対する次の公式を証明しよう.

$$S(h_1'\cdots h_k', h_1''\cdots h_l'') = \sum T(\{1\cdots k\}\backslash I'; \{1\cdots l\}\backslash I'')\mathbf{1}(I'; I'') \qquad (5.85)$$

ここで I' は $\{1\cdots k\}$ の部分集合で, $\{1\cdots k\}\backslash I'$ は I' を除いた残りである. $\{1\cdots$

$l\}$ の部分集合 I'' についても同じである．右辺の和は，元の個数が同じ I' と I'' の組すべてにわたって加える．$\mathbf{1}(\cdots)$ は次式で定義する．

$$\mathbf{1}(I';I'') = \sum_P \prod_j S(h_j';h_{P(j)}'') \tag{5.86}$$

右辺の積は I' に属するすべての j について掛け，和は I' から I'' への全単射 P（1対1対応）すべてについて加える．$S(h',h'')=(h',h'')$ である．また

$$T(h_1'\cdots h_k';h_1''\cdots h_l'') \equiv T(1\cdots k;1\cdots l) \tag{5.87}$$

は，(5.80)の右辺で截端真空期待値 ω^{T} を真空期待値 ω に代えたものを表わし，同じ記法を $1\cdots k$ と $1\cdots l$ の部分集合 J',J'' についても $T(J';J'')$ のように使う．$J'=J''=$空のとき $T=1$ とし，それ以外で $|J'|<2$ または $|J''|<2$ のとき $T=0$ とする．（J の元の個数を $|J|$ と書いた.）

(5.85)の証明は(5.83)式の計算の繰り返しでできるのであるが，形式的には，次式を k および n についての数学的帰納法で証明することにする．

$$\begin{aligned}
& i^n\int g_1'(x_1')^*\cdots g_n'(x_n')^* K_{mx_1'}\cdots K_{mx_n'} \\
& \times(\Psi^{\mathrm{out}}[h_{n+1}'\cdots h_k'], T^{\varphi}(Q_n'(x_n')^*\cdots Q_1'(x_1')^*)\Psi^{\mathrm{in}}[h_1''\cdots h_l'']) \\
& \quad = \sum T(\{1\cdots k\}\backslash I';\{1\cdots l\}\backslash I'')\mathbf{1}(I';I'')
\end{aligned} \tag{5.88}$$

ここに I' と I'' は $\{n+1\cdots k\}$ と $\{1\cdots l\}$ の部分集合で，個数が同じとし，右辺の和はそのような I',I'' の組すべてにわたって加える．$I'=I''=$空集合の場合も含み，$n=0$ の場合が証明すべき(5.85)式である．

まず k についての数学的帰納法を行なうために，$k=1$ の場合を考える．このとき $n=0$ または1であるが，すでに議論した結果から，$k=l=1$, $n=0$ ならば両辺 (h_1',h_1'') となって(5.88)が成立し，それ以外では両辺0となりやはり成立する．そこである k' について，$k<k'$ では(5.88)が成立していると仮定して，$k=k'$ で(5.88)が成立することを示そう．

ここで n について数学的帰納法を使う．$n=k'$ ならば，I' は空集合しか可能でないので(5.88)の右辺は $T(\cdots)$ となり，左辺は $\Psi^{\mathrm{out}}[\cdots]$ が Ω になるので

$$(\Psi^{\mathrm{out}}[\cdots], T^{\varphi}(\cdots)\Psi^{\mathrm{in}}[\cdots])$$

の部分が(5.82)と一致する．したがって(5.87)で述べた $T(\cdots)$ の定義により，(5.88)が成立する．

そこである $n'(k'>n'\geqq 0)$ について，$n>n'$ では(5.88)が成立していると仮定して，$n=n'$ で(5.88)が成立することを示そう．

$n=n'+1$ のときの(5.88)式の左辺に補助定理 5.7 の公式(5.68)を適用すると，次式が得られる．

$$\begin{aligned}
&i^{n'}\int g_1'(x_1')^*\cdots g_{n'}'(x_{n'}')^*K_{mx_1'}\cdots K_{mx_{n'}'}\\
&\times\{(\Psi^{\mathrm{out}}[h_{n'+1}'\cdots h_{k'}'],\ T^{\varphi}(Q_{n'}'(x_{n'}')^*\cdots Q_1'(x_1')^*)\Psi^{\mathrm{in}}[h_1''\cdots h_l''])\\
&-\sum_j(\Psi^{\mathrm{out}}[h_{n'+2}'\cdots h_{k'}'],\ T^{\varphi}(Q_{n'}'(x_{n'}')^*\cdots Q_1'(x_1')^*)\\
&\times\Psi^{\mathrm{in}}[h_1''\cdots\widehat{j}\cdots h_l''])S(h_{n'+1}';h_j'')\}
\end{aligned}\tag{5.89}$$

右辺の $j=1,\cdots,l$ についての和の各項の中の表式

$$(\Psi^{\mathrm{out}}[\cdots],\ T^{\varphi}(\cdots)\Psi^{\mathrm{in}}[\cdots])$$

は，$k=k'-1$ の場合(Ψ^{out} の中の h_j' の数と T^{φ} の中の $Q_j'(x_j')^*$ の数の和が $k'-1$)に相当するので，k に関する帰納仮定により，(5.88)式を使用できる．その結果(5.89)の中で

$$\begin{aligned}
\sum_j\cdots &= \sum_j\sum T(\{1\cdots\widehat{n'+1}\cdots k'\}\backslash I';\{1\cdots\widehat{j}\cdots l\}\backslash I'')\mathbf{1}(I';I'')S(h_{n'+1}';h_j'')\\
&= \sum T(\{1\cdots k'\}\backslash\bar{I}';\{1\cdots l\}\backslash\bar{I}''\})\mathbf{1}(\bar{I}';\bar{I}'')
\end{aligned}\tag{5.90}$$

となる．ただし I' と I'' は $\{n'+2\cdots k'\}$ と $\{1\cdots\widehat{j}\cdots l\}$ の同じ個数の部分集合であり，$\bar{I}'$ と $\bar{I}''$は $\{n'+1\cdots k'\}$ と $\{1\cdots l\}$ の同じ個数の部分集合で，$\bar{I}'$ が必ず $n'+1$ を含むという条件がついている．I' と I''の対および j についての 2 重和は，ちょうど $\bar{I}'$ と $\bar{I}''$ についての 1 重和になる．

帰納仮定により，$n=n'+1$ のときは(5.88)が成立するので，(5.89)全体は次式に等しい．

$$\sum T(\{1\cdots k'\}\backslash I';\{1\cdots l\}\backslash I'')\mathbf{1}(I';I'')\tag{5.91}$$

ここでは I' と I'' が $\{n'+2\cdots k'\}$ と $\{1\cdots l\}$ の個数が同じ部分集合である．そこで(5.90)の分を左辺から右辺へ移項すると，(5.89)式の第 1 項は次式に等しい

ことがわかる.

$$(5.90)+(5.91) = \sum T(\{1\cdots k'\}\backslash I';\{1\cdots l\}\backslash I'')\mathbf{1}(I';I'') \tag{5.92}$$

こんどはI'とI''は$\{n'+1\cdots k'\}$と$\{1\cdots l\}$の個数が同じ部分集合で，I'が$n'+1$を含む場合が(5.90)，I'が$n'+1$を含まない場合が(5.91)となっている.

最終結果はまさに$n=n'$のときの(5.88)式であるから，数学的帰納法による(5.88)の証明ができたことになり，(5.85)式が示された.

次に(5.85)式から(5.80)式を導こう.(5.80)式の右辺で与えられる表式を(5.75)式の右辺の対応するS_cに代入して，(5.75)式の右辺を計算してみよう.ただし(5.75)の和は$\{1\cdots k\}$と$\{1\cdots l\}$のすべての分割について加える.$I_\nu'=I_\nu''=$空集合は除外し，$|I_\nu'|<2$または$|I_\nu''|<2$ならば$S_c(I_\nu';I_\nu'')$は0である.ただし$|I_\nu'|=|I_\nu''|=1$のときだけは$I_\nu'=\{i\}, I_\nu''=\{j\}$ならば$S_c(I_\nu';I_\nu'')=(h_i', h_j'')$.$|I_\nu'|$と$|I_\nu''|$が両方とも2以上のとき(5.80)の右辺を入れる.

$$\{1\cdots k\} = J'\cup I', \quad \{1\cdots l\} = J''\cup I'', \quad |I'| = |I''|$$

のような2分割の細分割$\{J_\mu';I_\nu'\}, \{J_\mu'';I_\nu''\}$で$I', I''$に含まれる$I_\nu', I_\nu''$は$|I_\nu'|=|I_\nu''|=1$をみたし，$J', J''$に含まれる$J_\mu', J_\mu''$は$|J_\mu'|\geqq 2, |J_\mu''|\geqq 2$をみたすものについて和をとると，

$$\{\sum\prod_\mu T^{\mathrm{T}}(J_\mu';J_\mu'')\}\mathbf{1}(I';I'') \tag{5.93}$$

となる.ただし$T^{\mathrm{T}}(I';I'')$は$\{h_i';i\in I'\}, \{h_j'';j\in I''\}$に対する(5.80)の右辺である.

(5.93)と比較するため，(5.92)の$T(J';J'')$を(5.80)の右辺でω^{T}をωで代えた表式で表わし，$T^\varphi(\cdots)$を(5.77)の右辺で表わしたのち，各項について$\omega(\cdots)$を(4.29)式により$\omega^{\mathrm{T}}(\cdots)$の積の和に展開する.さて置換$P$のある部分集合$I$への制限を，$I$が$P$で不変でない場合についても，$i\in I$を$I$の中だけで$P(i)$の順に並べ変える置換であると定義しよう.そこで$\omega(\cdots)$の展開式の中で一定の分割$\prod_\mu \omega^{\mathrm{T}}(J_\mu', J_\mu'')$に対して，置換$P$の各$\{J_\mu', J_\mu''\}$への制限$P_\mu$が同一であるような$P$について$\varphi_P$を加えると，具体的に構成した$\varphi_P$の例では$\prod_\mu \varphi_{P_\mu}$になる.そこで

$$\omega(T^{\varphi}(J',J'')) = \sum\prod_{\mu} \omega^{\mathrm{T}}(T^{\varphi}(J_{\mu}',J_{\mu}'')) \tag{5.94}$$

という展開が得られ，したがって

$$T(J';J'') = \sum\prod_{\mu} T^{\mathrm{T}}(J_{\mu}';J_{\mu}'')$$

という展開が得られる．ただし J_{μ}',J_{μ}'' としては $J_{\mu}'=J_{\mu}''=$空集合 を除いてあらゆる可能性が現われるが，すでに示したように $|J_{\mu}'|<2$ または $|J_{\mu}''|<2$ の場合，$T(J_{\mu}';J_{\mu}'')$ はすべて 0 になり，それらから(4.28)式のように構成される $T^{\mathrm{T}}(J_{\mu}';J_{\mu}'')$ についてもすべて 0 になる．従って(5.93)は $T(J;J')\mathbf{1}(I';I'')$ に等しく，(5.75)式の右辺の S_c に(5.80)式の右辺の表式を代入したものは(5.85)式の右辺に等しく，ゆえに(5.75)式の左辺に等しくなることがわかった．

S_c は(5.75)式を解くことによって一意的に定まるので，(5.80)の右辺が(5.75)式をみたすことは，(5.80)式が成立することを意味する．以上で定理 5.8 の証明の計算の部分が終了した．

次に積分の収束について吟味しておこう．空間ベクトル $\boldsymbol{x}_i', \boldsymbol{x}_j''$ についての積分では，真空期待値が有界であり，各 $g(x)$ が $\boldsymbol{x}\to\infty$ で $|\boldsymbol{x}|$ の任意のベキより速く 0 になるので，よく収束している．時間変数についても定理 5.6 と補助定理 5.7 から，個々の時間変数については変数の任意のベキより速い収束がわかっている．ここではすべての時間変数についての一様収束を示す．

(5.80)式の右辺の積分を考察するのであるが，記号が複雑になるのをさけるため，ω^{T} が必要になるまで ω^{T} を ω におきかえて考察を進める．ω^{T} は(4.28)により ω の積の和に書け，$T^{\varphi}(\cdots)$ も(5.94)の計算と同じように処理できるので，ω に対する考察はそのまま ω^{T} にもあてはまる．

(5.80)の ω^{T} を ω で置きかえたものは，補助定理 5.7 の導出と逆の計算で，次の形に書ける．

$$\begin{aligned}T(\cdots) = (-i)^{k+l}\int d(x_1')^0\cdots d(x_\nu'')^0(\partial/\partial(x_1')^0)\cdots(\partial/\partial(x_\nu'')^0)\\ \times\left\{\int d^3\boldsymbol{x}_1'\cdots d^3\boldsymbol{x}_\nu''\,\omega(T^{\varphi}(\cdots))\overleftrightarrow{\partial}_0 g_1'(x_1')^*\cdots\overleftrightarrow{\partial}_0 g_\nu''(x_\nu'')\right\}\end{aligned} \tag{5.95}$$

そこで $\{\cdots\}$ を時間変数の関数と考え，変数の一部を $+\infty$，一部を $-\infty$，ほかを有限にとどめたときの振舞いがわかれば十分である．そこで変数および対応する作用素の名前をつけかえて $Q^{(1)}(x_1)\cdots Q^{(n)}(x_n)$ とし（各 $Q^{(j)}$ は $Q_a{}'^*$ か $Q_b{}''$ である），$\lambda>0$ をとめて，$j\leqq p$ では $x_j{}^0>\lambda$，$j>q$ では $(x_j{}^0)<-\lambda$，それ以外の j では $\lambda-\delta>x_j{}^0>-\lambda+\delta$ のとき，$\lambda\to\infty$ の極限で $\{\cdots\}$ が一様に λ の任意の逆ベキより早く収束することを示す．ここに δ は φ のみたす性質(a)に現われる正数である．変数がこの領域にあれば(5.95)の ω は

$$(\boldsymbol{\Psi}_1, A\boldsymbol{\Psi}_2), \qquad A \equiv T^{\varphi}(Q^{(p+1)}(x_{p+1})\cdots Q^{(q)}(x_q))$$
$$\boldsymbol{\Psi}_1 = \boldsymbol{\Psi}_1(x_1\cdots x_p) = T^{\varphi}(Q^{(1)}(x_1)\cdots Q^{(p)}(x_p))^*\boldsymbol{\Omega}$$
$$\boldsymbol{\Psi}_2 = T^{\varphi}(Q^{(q+1)}(x_{q+1})\cdots Q^{(n)}(x_n))\boldsymbol{\Omega}$$

の形をしている．$\boldsymbol{\Psi}_1, \boldsymbol{\Psi}_2, A$ についてそれぞれ評価する．

まず定理5.6の証明の最初に与えた $\|Q(t,g)\|$ の評価により，

$$\left\|\int A\overleftrightarrow{\partial}_0 g^{(p+1)}\cdots\overleftrightarrow{\partial}_0 g^{(q)} d^3\boldsymbol{x}_{p+1}\cdots d^3\boldsymbol{x}_q\right\|$$
$$= \|T^{\varphi}(Q^{(p+1)}(x_{p+1}{}^0, \overleftrightarrow{\partial}_0 g_{p+1})\cdots Q^{(q)}(x_q{}^0, \overleftrightarrow{\partial}_0 g_q))\|$$

は λ のある多項式で押えることができる．ただし g_k は，x_k に対応する $g_i{}'$ または $g_j{}''$ である．

$Q_i{}', Q_i{}'^*, Q_j{}'', Q_j{}''^*$ が定理5.6の Q に対する条件をみたしているので，順次定理5.6を適用し，$\|Q(t,\overleftrightarrow{\partial}_0 g)\|$ の評価を使うことで，$\lambda\to\infty$ の極限で次式が成立する．

$$\lim \lambda^N\|\{Q^{(1)}(x_1^0, \overleftrightarrow{\partial}_0 g_1)^*\cdots Q^{(p)}(x_p^0, \overleftrightarrow{\partial}_0 g_p)^*-\alpha_1{}^*\cdots\alpha_p{}^*\}\boldsymbol{\Omega}\| = 0$$
$$\lim \lambda^N\|\{Q^{(q+1)}(x_{q+1}{}^0, \overleftrightarrow{\partial}_0 g_{q+1})\cdots Q^{(n)}(x_n{}^0, \overleftrightarrow{\partial}_0 g_n)-\beta_{q+1}\cdots\beta_n\}\boldsymbol{\Omega}\| = 0$$

ただし，$Q^{(k)}$ が $Q_a{}'^*$ か $Q_b{}''$ かに従い

$$\alpha_k = -i(a_{\mathrm{out}}{}^*, h_a{}') \quad \text{または} \quad i(h_b{}'', a_{\mathrm{out}})$$
$$\beta_k = i(h_a{}', a_{\mathrm{in}}) \quad \text{または} \quad -i(a_{\mathrm{in}}{}^*, h_b{}'')$$

である．そこで $|\lambda|^{-N}$ の近似で

$$\int \boldsymbol{\Psi}_1\overleftrightarrow{\partial}_0 g_1\cdots\overleftrightarrow{\partial}_0 g_p d\boldsymbol{x}_1\cdots d\boldsymbol{x}_p \sim \sum_P B_{P(p)}\cdots B_{P(1)}\varphi_P(x_1{}^0\cdots x_p{}^0)\boldsymbol{\Omega} \tag{5.96}$$

$$\int \Psi_2 \overleftrightarrow{\partial}_0 g_{q+1} \cdots \overleftrightarrow{\partial}_0 g_n d\boldsymbol{x}_{q+1} \cdots d\boldsymbol{x}_n \sim \sum_P C_{P(q+1)} \cdots C_{P(n)} \varphi_P(x_{q+1}{}^0 \cdots x_n{}^0) \Omega \tag{5.97}$$

のように置き換えることができる．ただし $Q_a{}'^*, Q_b{}''$ に従い

$$B_k = -i(a_{\mathrm{out}}{}^*, h_a{}') - (a_{\mathrm{out}}{}^*, h_a{}'/(2p_a{}^0))(\partial/\partial x_k{}^0) \quad \text{または}$$
$$i(h_b{}'', a_{\mathrm{out}}) - (h_b{}''/(2p_b{}^0), a_{\mathrm{out}})(\partial/\partial x_k{}^0)$$
$$C_k = i(h_a{}', a_{\mathrm{in}}) - (h_a{}'/(2p_a{}^0), a_{\mathrm{in}})(\partial/\partial x_k{}^0) \quad \text{または}$$
$$-i(a_{\mathrm{in}}{}^*, h_b{}'') - (h_b{}''/(2p_b{}^0), a_{\mathrm{in}})(\partial/\partial x_k{}^0)$$

これらの表式の $(\partial/\partial x_k{}^0)$ は関数 φ_P に作用する．

(5.96)式で B_k が相互に可換ならば，積 $B_{P(p)} \cdots B_{P(1)}$ は置換 P によらず，したがって $\sum_P \varphi_P = 1$ により(5.96)はすでに時間変数によらず，$x_1{}^0, \cdots, x_p{}^0 \to +\infty$ の極限ベクトルに到達していることになる．実際は B_k は可換ではないが，ふたつの B の交換子は恒等作用素 1 に比例するので，3 個以上の截端真空期待値 ω^{T} の中では，B_k が相互に可換になる．したがって，$n>2$ ならば，ω^{T} の中で(5.96)は時間変数によらないと考えてよい．

まったく同じ議論を(5.97)についても行なうことができるので，$n>2$ で時間積分が一様に急速に(時間変数の任意ベキより速く)収束することがわかった．$n=2$ の場合は初めから自明である．▌

注 1　定理 5.8 では Q に強い条件を課した．$E_1 Q\Omega = Q\Omega$ や $Q^*\Omega = 0$ という条件は，局所物理量はみたさない．局所物理量も使えるようにするには，$Q(t, \overleftrightarrow{\partial}_0 g)$ の代わりに，次の表式を使うとよい．

$$Q(f_t) = \int f_t(x) Q(x) d^4 x$$
$$f_t(x) = (2\pi)^{-4} \int \tilde{f}(p) e^{-i(p,x) + i(p^0 - \omega(\boldsymbol{p}))t} d^4 p \tag{5.98}$$

$\omega(\boldsymbol{p}) = (\boldsymbol{p} \cdot \boldsymbol{p} + m^2)^{1/2}$ であり，$\tilde{f}$ は C^∞ 級で次の条件をみたすコンパクトな台をもつものとする．

$$\tilde{f} \text{ の台} \subset V_+ = \{p\,; (p,p) > 0,\ p^0 > 0\}$$
$$(\tilde{f} \text{ の台}) \cap (P^\mu \text{ の台}) \subset \{p\,; (p,p) = m^2,\ p^0 > 0\}$$

じつは$Q'=Q(f_0)$とおき，$\hat{g}(\boldsymbol{p})$をコンパクトな台をもつC^∞級関数で，$(\omega(\boldsymbol{p}),\boldsymbol{p})$が$\tilde{f}$の台に入っていれば1であるとすれば，$Q(f_t)=Q'(t,\overleftrightarrow{\partial}_0 g)$と書けて，$Q'$は補助定理5.7の条件$(\alpha)$, $(\beta)'$をみたす．対応する1粒子状態は

$$h(\boldsymbol{p}) = g_Q(\boldsymbol{p})\tilde{f}(\omega(\boldsymbol{p}),\boldsymbol{p})$$

で与えられる．

このQについての還元公式を導くのには，定理5.8と少し違う方法を用いる．基礎になるのは次の公式である．(5.98)で$\tilde{f}(p)$の代わりに$\tilde{f}(p)(p^0+\omega(\boldsymbol{p}))^{-1}$を用いて得られる関数を$\hat{f}_t(x)$と書くと，

$$K_{mx}\hat{f}_t = i(\partial/\partial t)f_t$$

をみたす．この$\hat{f}_t$を用いて

$$((a_{\mathrm{out}}{}^*, h)\Psi_1, C_1\Psi_2)-(\Psi_1, C_2(h, a_{\mathrm{in}})\Psi_2)$$
$$= i\int dt\int \hat{f}_t(x)^* d^4xK_{mx}(\Psi_1, F(C_1, C_2, Q^*, x)\Psi_2)$$
$$(\Psi_1, C_2(a_{\mathrm{in}}{}^*, h)\Psi_2)-((h, a_{\mathrm{out}})\Psi_1, C_1\Psi_2)$$
$$= i\int dt\int \hat{f}_t(x)d^4xK_{mx}(\Psi_1, F(C_1, C_2, Q, x)\Psi_2)$$

ここにΨ_1, Ψ_2, Fは補助定理5.7と同じである．$t\to\infty$での収束についての議論も同じで，準局所的作用素に対する還元公式が局所的作用素についても成立することがわかる．

注2　応用では，還元公式(5.80)でK_{mx}をT^φの中にもってきた表式が役に立つ．その主な部分は流れの作用素

$$J_i'(x_i') = K_{mx_i'}Q_i'(x), \qquad J_j''(x_j'') = K_{mx_j''}Q_j''(x_j'')$$

の時間順序積の載端真空期待値である．それ以外の分も含めると，次のような式が得られる．

$$\Bigl(\prod_j K_{mx_j}\Bigr)\omega^{\mathrm{T}}(T^\varphi[Q_1(x_1)\cdots Q_n(x_n)])$$
$$= \omega^{\mathrm{T}}(T^\varphi[\{J_1(x_1)+\overleftarrow{\partial}_0(\overleftarrow{\partial}_0+2\overrightarrow{\partial}_0)Q_1(x_1)\}\cdots\{J_n(x_n)+\overleftarrow{\partial}_0\{\overleftarrow{\partial}_0+2\overrightarrow{\partial}_0\}Q_n(x_n)])$$

ここで$\overleftarrow{\partial}_0$を少なくとも1つ含む項は，一般に**同時刻交換子**とよばれる．

注3　φとして不連続関数θ((5.79)参照)を用いて還元公式を導出すること

もできる．このときは，補助定理 5.7 の代わりに次の補助定理が成立し，これを使う．

補助定理 5.9 $\Psi_1, \Psi_2, Q, \hat{g}, h$ は補助定理 5.7 と同じとする．$F(C_1, C_2, Q', x)$ を次式で定義する．

$$F(C_1, C_2, Q', x) = \begin{cases} Q(x)C_1 & (x^0 > 0) \\ C_2 Q(x) & (x^0 < 0) \end{cases}$$

このとき次式が成り立つ．ただし $J(x) = K_{mx}Q(x)$．

$$\begin{aligned}((a_{\text{out}}{}^*, h)\Psi_1, C_1\Psi_2) &- (\Psi_1, C_2(h, a_{\text{in}})\Psi_2) \\ &= i\int g(x)^*(\Psi_1, F(C_1, C_2, J^*, x)\Psi_2)d^4x \\ &\quad + i\int g(x)^*\overleftrightarrow{\partial}_0(\Psi_1, [Q(x)C_1 - C_2Q(x)]\Psi_2)d^3\boldsymbol{x}|_{x^0=0}\end{aligned}$$

$$\begin{aligned}(\Psi_1, C_2(a_{\text{in}}{}^*, h)\Psi_2) &- ((h, a_{\text{out}})\Psi_1, C_1\Psi_2) \\ &= i\int g(x)(\Psi_1, F(C_1, C_2, J, x)\Psi_2)d^4x \\ &\quad + i\int g(x)\overleftrightarrow{\partial}_0(\Psi_1, [Q(x)C_1 - C_2Q(x)]\Psi_2)d^3\boldsymbol{x}|_{x^0=0}\end{aligned}$$

この補助定理の証明は，補助定理 5.7 の証明を $\int_{-\infty}^0 dx^0$ と $\int_0^\infty dx^0$ に，別々に適用して得られる．

この補助定理をくり返し使うことで，定理 5.8 と同様，次の公式が証明できる．

$$\begin{aligned}S_c(1\cdots k; 1\cdots l) = i^{k+l}\int d^4x_1'\cdots d^4x_l''g_1'(x_1')^*\cdots g_k'(x_k')^* \\ \times g_1''(x_1'')\cdots g_l''(x_l'')\tau(1\cdots k; 1\cdots l)\end{aligned} \qquad (5.99)$$

$$\tau(1\cdots k; 1\cdots l) = \sum \omega^{\mathrm{T}}(T^\theta[J(I_1)\cdots J(I_\nu)]) \qquad (5.100)$$

ここで I_j は $1\cdots k$ および $1\cdots l$ の部分集合の対で，空集合の対を除き，$\{I_1\cdots I_\nu\}$ は $\{(1\cdots k), (1\cdots l)\}$ の分割である．和はすべての分割にわたる．$J(I)$ は次式

で定義する.

$$I=\{i_1\cdots i_a;j_1\cdots j_b\},\ i_1<\cdots<i_a,\ j_1<\cdots<j_b \quad \text{ならば}$$
$$J(I)=L''(j_b)\cdots L''(j_1)L'(i_a)\cdots L'(i_2)J(x_{i_1})^*$$
$$L'(i)A=[(\partial/\partial x_i'^0)^{\leftarrow}Q_i'(x_i')^*,A]\delta(x_i'^0-x_{i_1}^0)$$
$$L''(j)A=[(\partial/\partial x_j''^0)^{\leftarrow}Q_j''(x_j''),A]\delta(x_j''^0-x_{i_1}^0)$$

時間微分は Q と g にはたらくが δ にははたらかない. $(1\cdots k)$ からの部分が I の中にない(空集合である)場合($a=0$), $J(x_{i_1})^*$ や $x_{i_1}^0$ の代わりに $J(x_{j_1}'')$ と $x_{j_1}''^0$ を使う.

最後に還元公式の運動量表示を述べておく. これが応用に使われる. (5.13) と同様に超関数 $S_c(1\cdots k;1\cdots l)$ を次式で定義する.

$$S_c(h_1'\cdots h_k';h_1''\cdots h_l'')=\int S_c(\boldsymbol{p}_1'\cdots\boldsymbol{p}_k';\boldsymbol{p}_1''\cdots\boldsymbol{p}_l'')$$
$$\times h_1'(\boldsymbol{p}_1')^*\cdots h_k'(\boldsymbol{p}_k')^*h_1''(\boldsymbol{p}_1'')\cdots h_l''(\boldsymbol{p}_l'')d\mu(\boldsymbol{p}_1')\cdots d\mu(\boldsymbol{p}_k'') \quad (5.101)$$

また次の記号も超関数の意味で右辺により定義する.

$$\omega(\tilde{T}^{\varphi}(p_1\cdots p_n;Q_1\cdots Q_n)\Omega)=(2\pi)^{-4n}\int d^4x_1\cdots d^4x_n$$
$$\times\exp i[(p_1,x_1)+\cdots+(p_n,x_n)]\omega(T^{\varphi}(Q_1(x_1)\cdots Q_n(x_n))) \quad (5.102)$$

ω^{T} についても同様の定義をする.

系 5.10 次式を考える.

$$\tilde{\tau}_{\varphi}(p_1'\cdots p_k';p_1''\cdots p_l'')\equiv\prod_i[(p_i',p_i')-m^2]\prod_j[(p_j'',p_j'')-m^2]$$
$$\times\omega^{\mathrm{T}}(\tilde{T}^{\varphi}(p_k'\cdots p_1'p_1''\cdots p_l'';Q_k'^*\cdots Q_1'^*Q_1''\cdots Q_l''))$$

独立変数としては, $\boldsymbol{p}_1'\cdots\boldsymbol{p}_k',\boldsymbol{p}_1''\cdots\boldsymbol{p}_l''$ および

$$E_i'\equiv p_i'^0-\omega(\boldsymbol{p}_i'),\quad E_j''\equiv p_j''^0-\omega(\boldsymbol{p}_j'')\quad(i=1\cdots k,j=1\cdots l)$$

をとる. 原点近傍の $E_1'\cdots E_k',E_1''\cdots E_l''$ の値を定めると, 相異なる $\boldsymbol{p}_1'\cdots\boldsymbol{p}_k'$ および相異なる $\boldsymbol{p}_1''\cdots\boldsymbol{p}_l''$ の近傍で $\tilde{\tau}_{\varphi}$ は $\boldsymbol{p}_1'\cdots\boldsymbol{p}_k',\boldsymbol{p}_1''\cdots\boldsymbol{p}_l''$ の超関数であり, $E_1'\cdots E_k',E_1''\cdots E_l''$ の(超関数値)関数として C^{∞} 級である. 特に E 変数をすべて 0 と置いたものを $\tilde{\tau}_{\varphi}'$ と書くと, $k=l=1$ を除い

て次式が成立する.

$$S_c(\boldsymbol{p}_1'\cdots\boldsymbol{p}_l';\boldsymbol{p}_1''\cdots\boldsymbol{p}_k'') = (-2\pi i)^{k+l}\left\{\prod_i g_{Q_i'}(p_i')^*\prod_j g_{Q_j''}(p_j'')\right\}^{-1}$$
$$\times\tilde{\tau}_\varphi'(p_1'\cdots p_l';-p_1''\cdots-p_k'') \qquad (5.103)$$

証明は定理 5.8 からすぐに従う.

注 $\tilde{\tau}_\varphi'$ も S_c も，エネルギー運動量保存則を表わす

$$\delta^4(p_1'+\cdots+p_k'-p_1''-\cdots-p_l'')$$

を含む.（ただし S_c では $p_i'^0=\omega(\boldsymbol{p}_i')$, $p_j''^0=\omega(\boldsymbol{p}_j'')$ とする.）

したがって，$\tilde{\tau}_\varphi'$ は E 変数について

$$\delta(E_1'+\cdots+E_k'-E_1''-\cdots-E_l''+\omega(\boldsymbol{p}_1')\cdots-\omega(\boldsymbol{p}_l''))$$

を含む. しかし $\boldsymbol{p}_1'\cdots\boldsymbol{p}_l''$ 積分をしたあとでは，E 変数の C^∞ 級関数になる.

5-6 解析性と TCP 対称性

前節の還元公式により，S 行列の連結部分 S_c は入射および放射粒子の運動量の超関数として，局所物理量の時間順序積の載端真空期待値（載端 τ 関数）の Fourier 変換（以下 **Green 関数**とよぶ）により表示できるので，局所物理量の性質を使って S 行列の性質を導くことができる.

本節では Green 関数の解析性（正則領域），S 行列の解析性，S 行列の交差対称性と TCP 対称性などについて，知られている結果を簡単に説明する. そのような結果の導出には多変数関数論が駆使されるが，詳細については参考文献をあげるにとどめる.

a) Green 関数の解析性

S 行列の解析性の研究には，n 個の 4 次元運動量

$$p = (p_1, \cdots, p_n) \qquad p_j = (p_j{}^0, \boldsymbol{p}_j) \qquad (5.104)$$

の超関数として (5.102) 式で定義される関数の解析性が基礎になる. すなわち，(5.104) の p を複素変数に拡張したうえで，p のある多変数複素関数 $\tilde{r}(p)$ が定義でき，(5.102) 式はあとで述べる意味でその境界値となる. そのような $\tilde{r}(p)$

は(5.102)式を境界値としてもつという条件から一意的にきまるので，(5.102)の**解析接続**ともよばれる．以下 $\tilde{r}(p)$ の正則領域とその中の実数点，$\tilde{r}(p)$ の境界値，および $\tilde{r}(p)$ がどのように構成されるかなどについて簡単に述べる．

$\tilde{r}(p)$ の正則領域に大きな影響を与えるのは

$$Q_j\Omega-(\Omega, Q_j\Omega)\Omega \tag{5.105}$$

というベクトルのエネルギー運動量スペクトルである．質量 m の粒子の散乱状態が完全系であれば(定理 5.6 注 1 の記号では $P_{\mathrm{out}}=\mathbf{1}$ または $P_{\mathrm{in}}=\mathbf{1}$)，真空に直交する状態(5.105)のエネルギー運動量スペクトルは

$$\{p;(p,p)\geqq m^2, p^0>0\} \tag{5.106}$$

に含まれる．定理 5.8 注 2 で簡単にふれたように，還元公式で Klein-Gordon 偏微分作用素を時間順序 T^{φ} の中へ入れたものについて Fourier 変換を考えると，Green 関数の Q_j として流れ作用素 J ($J(x)=K_{mx}Q(x)$ である)を入れたものが主要項になり，この主要項の一般的性質(下記に説明)から得られる正則領域では，主要項以外の項(定理 5.8 注 2 の表式で $\omega^{\mathrm{T}}(T^{\varphi}[J_1(x_1)\cdots J_n(x_n)])$ 以外の項)も正則であることがわかる．従って Q_j を J_j で置き換えたときの $\tilde{r}(p)$ の正則領域の研究が重要になる．このとき(5.105)のスペクトルは(5.106)で，m を $2m$ で置き換えた領域に含まれる．J の定義の K_{mx} は Fourier 変換では $(p,p)-m^2$ に比例し，(5.105)への 1 粒子状態の寄与を消してしまう(すなわち $E_1J\Omega=0$)からである．以下，この場合の $\tilde{r}(p)$ の正則領域を記述する．

ω の平行移動不変性のため，$\tilde{r}(p)$ は

$$\begin{aligned}\tilde{r}(p) = (2\pi)^{-4(n-1)}\int dx_1\cdots dx_{n-1}\exp i[(p_1,x_1)+\cdots+(p_{n-1},x_{n-1})]\\ \times\omega^{\mathrm{T}}(T^{\varphi}(J_1(x_1)\cdots J_{n-1}(x_{n-1})J_n))\end{aligned} \tag{5.107}$$

により，平面

$$\{p\,;p_1+\cdots+p_n=0\}\equiv H \tag{5.108}$$

上の関数として定義され，$S_c(\boldsymbol{p}_1\cdots\boldsymbol{p}_k;-\boldsymbol{p}_{k+1}\cdots-\boldsymbol{p}_n)$ の表式では $\delta^4(\sum p_j)\tilde{r}(p)$ の形で(その他の項とともに)現われる．ここに $\delta^4(\sum p_j)$ は $\sum p_j$ の各成分ごとの Dirac の δ 関数の積でエネルギー運動量の保存を表わす．

正則領域の記述に必要な記号を導入する．部分系のエネルギー運動量で定まる凸錐 C_i および V_i と，隣接凸錐の接触部分 S_{ij} である．

いま，$\{1\cdots n\}$ の非自明な部分集合 I に対し，

$$p(I) = \sum_{j\in I} p_j \tag{5.109}$$

と定義する．(H 上では，I の補集合 I^c に対し $p(I^c)=-p(I)$ である．) 特にエネルギー成分

$$H^0 = \{p^0=(p_1{}^0\cdots p_n{}^0)\,;\, p_1{}^0+\cdots+p_n{}^0=0\} \tag{5.110}$$

に注目すると，その中の超平面

$$H^0(I) = \{p^0\in H^0\,;\, p^0(I)=\sum_{j\in I} p_j{}^0=0\}$$

は H^0 を凸多面錐に分割する．その凸多面錐を添字 i で番号付けして C_i と書くと，各 C_i はそれぞれの超平面 $H^0(I)$ のどちら側にあるかを示す符号 $\sigma_i{}^I=\pm1$ により

$$C_i = \{p^0\in H^0\,;\, \sigma_i{}^I p^0(I)\geqq 0,\, \forall I\} \tag{5.111}$$

のように記述できる．そこで対応する 4 次元開凸錐を

$$V_i = \{p\in H\,;\, \sigma_i{}^I p(I)\in V_+,\, \forall I\} \tag{5.112}$$

と定義する．ここに V_+ は定理 4.5 (2)に現われるエネルギー運動量スペクトルの未来錐(ただし開集合)である．

ふたつの凸多面錐 C_i と C_j $(i\neq j)$について，あるひとつの I_{ij} を除く $I\neq I_{ij}$ について $\sigma_i{}^I=\sigma_j{}^I$(すなわち C_i と C_j は $H^0(I)$ の同じ側にある)ならば，C_i と C_j は超平面 $H^0(I_{ij})$ をはさんで隣接している．このとき

$$S_{ij} = \{p\in H\,;\, \sigma_i{}^I p(I)\in V_+,\ (\forall I\neq I_{ij}),\ p(I_{ij})=0\} \tag{5.113}$$

これは $\bar{V}_i\cap\bar{V}_j$ の相対的内部集合である．

定理 5.11 (1) (5.108)式の平面 H 上で(5.107)により定義される超関数 $\tilde{r}(p)$ は，H の複素化

$$H+iH = \{\zeta=(\zeta_1\cdots\zeta_n)\,;\, \zeta_j\in \boldsymbol{C}^4,\ \zeta_1+\cdots+\zeta_n=0\} \tag{5.114}$$

上の多変数関数 $\tilde{r}(\zeta)$ の境界値

$$\tilde{r}(p) = \lim_{\varepsilon \to +0} \tilde{r}(p + i\varepsilon p) \tag{5.115}$$

である．

(2) $\tilde{r}(\zeta)$ は次の集合の各点(の近傍)で正則である．

$$\mathcal{T}_i \equiv \{p + iq\,;\, q \in V_i\} \tag{5.116}$$

$$\Sigma_{ij}(2m) = \{p + iq\,;\, q \in S_{ij},\ p(I_{ij})^2 < (2m)^2\} \tag{5.117}$$

ただし $p(I)^2$ は $(p(I), p(I))^2$ を表わす．

(3) $\tilde{r}(\zeta)$ は次の実点で正則である．

$$\{p \in H\,;\, p(I)^2 < (2m)^2 \quad (\forall I)\} \tag{5.118}$$

注1 多変数の正則関数については，ある連結領域 D で正則な関数はすべて領域 $\tilde{D}(\supset D)$ で正則であるという現象が生じる．D に対しそのような性質をもつ最大の $\tilde{D}$ を D の**正則包**という(1変数では $\tilde{D}=D$)．$\tilde{r}(p)$ についても，(5.111)のすべての C_i および(5.116)のすべての Σ_{ij} の和集合(それは連結集合である)の正則包がわかると，$\tilde{r}(p)$ の正則領域についての知識が増える．$n=2$ については正則包が知られている．また隣接する C_i, C_j の組それぞれについては，V_i, V_j, S_{ij} の3集合についての正則包がほぼ $n=2$ の場合に平行して議論ができる．

注2 注1の最後のコメントにより，$\Sigma_{ij}(2m)$ の正則近傍は与えられた実点 p の近傍でかつ $\sigma_i{}^I q(I) \in V_+ (I \neq I_{ij})$ の範囲で一様な大きさにとれる．このことから，いくつかの $\Sigma_{ij}(2m)$ の閉包の共通部分 $\cap \bar{\Sigma}_{ij}(2m)$ の相対内点の近傍で $\tilde{r}(p)$ が正則であることがわかる．定理の(3)はその特別の場合で，すべての ij についての共通部分をとった場合になっている．

注3 境界値(5.115)の意味は，コンパクトな台をもつ任意の C^∞ 級関数 f について

$$\int \tilde{r}(p) f(p) dp = \lim_{\varepsilon \to +0} \int \tilde{r}(p + i\varepsilon p) f(p) dp \tag{5.115$'$}$$

を意味する($dp = d^4p_1 \cdots d^4p_{n-1}$)．左辺は超関数として $\tilde{r}(f)$ を意味する．

$p(I)$ がすべての I について時間的ベクトル $(p(I)^2>0)$ ならば，p はどれかの V_i に属するので，右辺の $p+i\varepsilon p$ は $\tilde{r}$ の正則領域に入っている．特に f の台が V_i に含まれていれば

$$\int \tilde{r}(p)f(p)dp = \lim \int \tilde{r}(p+i\varepsilon q)f(p)dp \qquad (q\in V_i) \qquad (5.119)$$

が成立し，V_i のコンパクトな部分集合に属する q について極限は一様である．また，$I=I_{ij}$ について $p(I)$ が空間的で，$I\neq I_{ij}$ については $p(I)$ が時間的ならば，$V_i, V_j, \Sigma_{ij}(2m)$ の近傍の和集合に属する q に対し $\tilde{r}(p+i\varepsilon q)$ は正則で，

$$\tilde{r}(p) = \lim_{\varepsilon\to+0} \tilde{r}(p+i\varepsilon q) \qquad (5.120)$$

が(5.119)の意味で成立する．$p(I)$ のいくつかが空間的である一般の場合にも，対応する広い範囲の q について(5.120)の右辺は正則で，(5.120)は成立する．

注 4　(5.119)の右辺は f の台についての制限なしに存在し，超関数

$$\tilde{r}_i(p) = \lim_{\varepsilon\to+0} \tilde{r}(p+i\varepsilon q) \qquad (q\in V_i) \qquad (5.121)$$

を定める．$\tilde{r}_i(p)$ は(5.107)と同じ意味で次の関数の Fourier 変換である．

$$r_i(x) = \sum_P \varphi_P{}^i(x^0)\omega(J_{P(1)}(x_{P(1)})\cdots J_{P(n)}(x_{P(n)})) \qquad (5.122)$$

ただし $x^0=(x_1{}^0\cdots x_n{}^0)$ である．また $\varphi_P{}^i$ は時間 φ 順序積 T^φ を(5.77)式で定義するときに使った φ_P から次のように作られる．φ_P の Fourier-Laplace 変換 $\tilde{\varphi}_P(\zeta^0)$ は有理形関数で，±1 の符号を除いて P によらない．$\tilde{\varphi}_P(p^0+i\varepsilon q^0)$，$q^0\in C_i$ の $\varepsilon\to+0$ での境界値 $\tilde{\varphi}_{Pi}(p^0)$ の逆 Fourier 変換が $\varphi_P{}^i(x^0)$ である．なお，(5.122)式の ω は，ω^{T} に変えても $r_i(x)$ は変わらない．すなわち ω と ω^{T} の差の部分は和をとると 0 になる．

(5.122)で定義される関数 $r_i(x)$（通常 $(-i)^n$ を掛けたもの）を**一般化された遅延関数**または単に $\boldsymbol{r}$-**関数**とよぶ．特に φ_P を不連続な θ_P にした場合について，

$$1\in I \quad \text{ならば} \quad \sigma_i{}^I = +1, \qquad 1\notin I \quad \text{ならば} \quad \sigma_i{}^I = -1$$

となる $i\equiv i_R$ に対する r_{i_R} は，多重交換子の真空期待値により1を動かさない $(P(1)=1)$ 置換 P についての和

$$r_{i_R}(x_1;x_2\cdots x_n)$$
$$=\sum\theta_P(x^0)\omega([\cdots[[A_1(x_1),A_{P(2)}(x_{P(2)})],A_{P(3)}(x_{P(3)})]\cdots A_{P(n)}(x_{P(n)})]) \tag{5.123}$$

で表わされ，これはLSZ理論で使われた遅延関数に(全体の係数 $(-i)^n$ を除いて)等しい.

(5.123)の表式から r_{i_R} はすべての j について $x_1{}^0\geqq x_j{}^0$ でなければ0となるが，一般の $r_i(x)$ もその台は x^0 が C_i の極集合に入る部分に制限される．また C_i と C_j が隣接するとき，$p(I_{ij})^2<(2m)^2$ ならば $\tilde{r}_i(p)=\tilde{r}_j(p)$ となる．さらに，I',I'' およびその補集合が包含関係をもたず，隣接する4個の凸錐 $C_{i(\sigma'\sigma'')}(\sigma'=\pm,\sigma''=\pm)$ について

$$\sigma_{i(\sigma',\sigma'')}{}^{I'}=\sigma'\sigma_i{}^{I'},\qquad \sigma_{i(\sigma',\sigma'')}{}^{I''}=\sigma''\sigma_i{}^{I''}$$
$$I\neq I',I''\quad \text{ならば}\quad \sigma_{i(\sigma',\sigma'')}{}^{I}=\sigma_i{}^{I}\qquad (i=i(+,+))$$

が成り立つならば，

$$r_{i(+,+)}+r_{i(-,-)}=r_{i(+,-)}+r_{i(-,+)}$$

が成立する．これは**Steinmann 恒等式**とよばれる.

定理の証明　(5.122)式でまず r_i を定義し，注4でふれた $r_i(x)$ の台を調べる．その結果を利用すると，$r_i(x)$ の Fourier-Laplace 変換 $\tilde{r}_i(p)$ が $\mathcal{T}_i$ における正則関数を定義することがわかる．さらに隣接する V_i について，注4で述べた $\tilde{r}_i(p)$ と $\tilde{r}_j(p)$ が一致することを示し，くさびの刃の定理*を応用すると，$\tilde{r}_i(p)$ と $\tilde{r}_j(p)$ が同一の解析関数で $\Sigma_{ij}(2m)$ でも正則であることがわかる．(5.107)式の $\omega^{\mathrm{T}}(T^{\varphi}(\cdots))$ と $r_i(x)$ の関係は $\varphi_P{}^i$ と φ_P の関係からわかるので(5.115)が得られる．証明の詳細は省略する**. ▌

なお多重交換子を主要な道具とした Steinmann の定式化や，コホモロジー

---

*　H. Epstein: J. Math. Phys. 1 (1960) 524 を参照.

**　H. Araki: J. Math. Phys. 2 (1961) 163; Prog. Theor. Phys. Suppl. No. 18 (1961) 83 などを参照.

の考えを使った Ruelle の定式化などもある*.

b) S 行列の Lorentz 不変性と TCP 対称性

定理 5.4(iv) および (vi) の $U(a,\Lambda)$ は，5-3 節の初めに述べたように真空状態の $\mathcal{P}_+^\uparrow$ 不変性によるものであり，Ψ^{out} および Ψ^{in} に共通のユニタリ作用素であるから，

$$\begin{aligned}&(\Psi^{\text{out}}[h_1'\cdots h_k'],\ \Psi^{\text{in}}[h_1''\cdots h_l''])\\&\quad=(U(a,\Lambda)\Psi^{\text{out}}[\cdots],\ U(a,\Lambda)\Psi^{\text{in}}[\cdots])\\&\quad=(\Psi^{\text{out}}[(a,\Lambda)h_1'\cdots(a,\Lambda)h_k'],\ \Psi^{\text{in}}[(a,\Lambda)h_1''\cdots(a,\Lambda)h_l''])\end{aligned}$$

が成立する．このうち並進 $(a,1)$ についての不変性は，すでに述べたエネルギー運動量保存則として S 行列に

$$\delta^4(p_1'+\cdots+p_k'-p_1''-\cdots-p_l'')$$

の因子を与える．ただし $p_i'^0=\omega(\boldsymbol{p}_i')$，$p_j''^0=\omega(\boldsymbol{p}_j'')$ である．他方 Lorentz 変換 Λ は次の定理の **S 行列の Lorentz 不変性**を与える．

> **定理 5.12** 任意の $\Lambda\in\mathcal{L}_+^\uparrow$ について次式が成立する．
>
> $$S(\boldsymbol{p}_1'\cdots\boldsymbol{p}_k'\,;\,\boldsymbol{p}_1''\cdots\boldsymbol{p}_l'')=S(\boldsymbol{\Lambda p}_1'\cdots\boldsymbol{\Lambda p}_k'\,;\,\boldsymbol{\Lambda p}_1''\cdots\boldsymbol{\Lambda p}_l'')$$
>
> ここで $\boldsymbol{\Lambda p}$ は $\boldsymbol{p}$ と Λ から次のように定義される．$p^0=\omega(\boldsymbol{p})$ と $\boldsymbol{p}$ をあわせた 4 次元ベクトル $p=(p^0,\boldsymbol{p})$ に Lorentz 変換 Λ を施して得られる Λp の空間部分を $\boldsymbol{\Lambda p}$ と書く．

この結果を用いて次の **S 行列の TCP 対称性**が Epstein** により証明された．

> **定理 5.13** 次式が成立する．
>
> $$S(\boldsymbol{p}_1'\cdots\boldsymbol{p}_k'\,;\,\boldsymbol{p}_1''\cdots\boldsymbol{p}_l'')=S(\boldsymbol{p}_1''\cdots\boldsymbol{p}_l''\,;\,\boldsymbol{p}_1'\cdots\boldsymbol{p}_k') \qquad (5.124)$$

注 1 上式は入射粒子と放射粒子の入れかえについての対称性を表わしている．実は，もっと一般の場合には，同時に粒子を反粒子に，反粒子を粒子に変

---

* O. Steinmann: Helv. Phys. Acta **33** (1960) 257, 347; D. Ruelle: Nuovo Cim. **19** (1961) 356.

** H. Epstein: J. Math. Phys. **8** (1967) 750.

える必要がある．ここでは1種類の粒子だけを考えているので，自動的に粒子と反粒子が一致し，上の形になったのである．

粒子と反粒子は次のように定義される．いま局所物理量 Q について，$Q\Omega$ をエネルギー運動量スペクトル $p^2=m^2$ へ射影して得られる状態($E_{1m}Q\Omega$ と書こう)が質量 m の粒子であるとする．このとき $\omega([Q^*,Q(x)])$ から(4.19)で定義される同じ測度 μ を使って，$\omega(QQ^*)$ と $\omega(Q^*Q)$ の両方のJLD表示が得られる．このことから $E_{1m}Q^*\Omega\neq 0$ がわかり，それが反粒子状態を表わすのである．(5.124)の右辺の運動量 $\boldsymbol{p}_i'$ の粒子は，左辺の運動量 $\boldsymbol{p}_i'$ の粒子の反粒子になり，$\boldsymbol{p}_j''$ についても同様である．

注2 散乱状態が完全系をなす場合，すなわち $\mathcal{H}^{\mathrm{out}}$ も $\mathcal{H}^{\mathrm{in}}$ も $\mathcal{H}_\omega$ と一致する場合，(5.124)は次式をみたす(そして次式で一意的に定義される)対合的反ユニタリ作用素 Θ の存在と同値である．(対合的とは $\Theta^2=1$ をいう．)

$$\begin{aligned}\Theta\Psi^{\mathrm{out}}[h_1\cdots h_n] &= \Psi^{\mathrm{in}}[\bar{h}_1\cdots\bar{h}_n]\\ \Theta\Psi^{\mathrm{in}}[h_1\cdots h_n] &= \Psi^{\mathrm{out}}[\bar{h}_1\cdots\bar{h}_n]\end{aligned} \tag{5.125}$$

ここに $\bar{h}$ は h の複素共役である．実際(5.124)は

$$(\Theta\Psi,\Theta\Phi) = (\Phi,\Psi)$$

に $\Psi=\Psi^{\mathrm{in}}[\cdots]$，$\Phi=\Psi^{\mathrm{out}}[\cdots]$ を代入したものである．

注3 Θ は最初Jost* が場の理論の枠内で，時空反転($x\to -x$)と荷電共役(粒子 ⇄ 反粒子)を行なう作用素として，場の公理からその存在を導出した．当然，時間の符号を変えるのでinとoutを入れかえるし，速度 $d\boldsymbol{x}/dt$ に比例する運動量 $\boldsymbol{p}$ は変えず($\boldsymbol{x}\to -\boldsymbol{x}, t\to -t$ による)，粒子と反粒子を変えるので(5.125)も導かれる．場の理論における Θ の性質を局所物理量に翻訳すると

$$\Theta\mathfrak{A}(D)\Theta = \mathfrak{A}(-D) \tag{5.126}$$

となるが，注2の Θ がこの性質を一般的にもつかどうか知られていない．なお注2の完全性の仮定のもとで Θ は

$$\Theta U(a,\Lambda)\Theta = U(-a,\Lambda), \qquad \Theta\Omega = \Omega \tag{5.127}$$

* R. Jost: Helv. Phys. Acta 30 (1957) 409.

をみたす．Θ が反線形作用素（$\Theta i=-i\Theta$）なので，上式にもかかわらず，Θ はエネルギー運動量 P^μ と可換である．

TCP は時間反転 time reversal の T，荷電共役 charge conjugation の C，空間反転の変換性をさすパリティー parity の P をとったもので，PCT, CTP などいろいろな順序でよばれる．

注 4　時空反転 $x\to -x$ は全 Lorentz 群に属するが，制限 Lorentz 群 $\mathscr{L}_+^\uparrow$ には属さない．しかし Lorentz 群を複素化した複素 Lorentz 群では，$\mathscr{L}_+^\uparrow$ とともに単位元の連結成分に入ってしまう．そこで，場の理論における解析性と $\mathscr{L}_+^\uparrow$ 不変性から，Jost は時間反転 TP 不変性を表わす Θ を導出した．しかしそれは同時に複素共役を伴った．（エネルギー P^0 を正のまま時間並進 $\exp itP^0$ の向きを変えるには，$P^0\to -P^0$ が不可能なので $i\to -i$ しかない．）その結果として荷電共役 C も伴う対称性が得られたのである．

定理 5.13 の証明の筋道　x 軸方向の純 Lorentz 変換

$$x_0\to(\cosh\chi)x_0+(\sinh\chi)x_1$$
$$x_1\to(\sinh\chi)x_0+(\cosh\chi)x_1$$

を複素パラメタ $\lambda=\exp\chi$ により Λ_λ と書き，r 関数について $\tilde{r}(\Lambda_\lambda p)$ を p についての超関数を値とする λ の関数とみなす．そこで $\tilde{r}$ は $\lambda\in\boldsymbol{C}\backslash\{0\}, p\in\mathscr{T}_i$ で正則になり，$\mathrm{Im}\,p$ が V_i の中で 0 に近づく極限では，$\lambda=1$ ならば r_i に，$\lambda=-1$ ならば $-C_i=C_{i'}$ に対応する $r_{i'}$ に収束する．この関係と S 行列の Lorentz 不変性から，定理 5.13 が得られる．証明の詳細は前掲の Epstein の論文参照．

c）S 行列の解析性と交差対称性

2 粒子から 2 粒子への S 行列 $S_c(\boldsymbol{p}_1, \boldsymbol{p}_2; -\boldsymbol{p}_3, -\boldsymbol{p}_4)$ の解析性がよく調べられていて，Wightman 場についてと同じ結果が得られている．それを簡単に記述するために，まず独立な変数を定義する．

12 個の変数 $\boldsymbol{p}_1, \boldsymbol{p}_2, \boldsymbol{p}_3, \boldsymbol{p}_4$ には，次の拘束条件が 4 個ある．

$$p_1+p_2+p_3+p_4=0 \tag{5.128}$$
$$(p_1{}^0=\omega(\boldsymbol{p}_1),\ p_2{}^0=\omega(\boldsymbol{p}_2),\ p_3{}^0=-\omega(\boldsymbol{p}_3),\ p_4{}^0=-\omega(\boldsymbol{p}_4))$$

さらに定理 5.12 により，6 個のパラメタをもつ群 $\mathscr{L}_+^\uparrow$ により不変である．その結果，2 個の独立な変数の関数として取り扱うことができる．通常 Lorentz 不変な次の 3 変数を使う．その間の線形関係のため実質 2 個の変数である．

$$\left.\begin{aligned} s &= (p_1+p_2)^2 = (p_3+p_4)^2 \\ t &= (p_1+p_3)^2 = (p_2+p_4)^2 \\ u &= (p_1+p_4)^2 = (p_2+p_3)^2 \end{aligned}\right\} \tag{5.129}$$

$$s+t+u = 4m^2 \tag{5.130}$$

p_1 と p_2 が入射粒子の場合，s は $4m^2 \leqq s$ をみたす実数で，$\sqrt{s}$ が重心系における(質量も含めた)総エネルギーを表わす．また s をきめれば t は $0 \geqq t \geqq 4m^2-s$ をみたす実数で，$\sqrt{-t}$ が重心系における粒子間に移動した運動量の大きさを表わす．$s+t+u=4m^2$ をみたし，$s \geqq 4m^2$, $t \leqq 0$, $u \leqq 0$ の範囲の実数値を，1-2 系の**物理点**という．s, t, u の役割を変えると，1-3 系や 1-4 系の物理点になる．たとえば，$u \leqq 0$ を固定すると，$s \geqq 4m^2-u$ の実数値 s は 1-2 系の物理点で，$s \leqq u$ の実数値 s が 1-3 系の物理点になる．

$\tilde{r}(p)$ の正則領域の研究*により s, t (および u)の解析関数 $F(s, t)$ が存在して，各物理点の十分小さい近傍ではエネルギー変数の実点($s \geqq 4m^2$ では $\mathrm{Im}\, s = 0$)および s, t, u のある解析関数の零点を除いて正則であり，S 行列はたとえば

$$\lim_{\varepsilon \to +0} F(s+i\varepsilon(s-m^2), t) \tag{5.131}$$

のように境界値として得られる．1-2 系では $p_1{}^0$ と $p_2{}^0$ を正に，$p_3{}^0$ と $p_4{}^0$ を負にとって，$s \geqq 4m^2$, $0 \geqq t \geqq 4m^2-s$ を(5.129)で求めれば，(5.131)が $S_c(\boldsymbol{p}_1, \boldsymbol{p}_2; -\boldsymbol{p}_3, -\boldsymbol{p}_4)$ を与える．1-3 系では $p_1{}^0$ と $p_3{}^0$ を正，$p_2{}^0$ と $p_4{}^0$ を負にとって，(5.129)から $t \geqq 4m^2$, $0 \geqq s \geqq 4m^2-t$ を求めれば，$S_c(\boldsymbol{p}_1, \boldsymbol{p}_3; -\boldsymbol{p}_2, -\boldsymbol{p}_4)$ が同じ(5.131)で与えられるということである．1-4 系についても同じである．

さらに $F(s, t)$ は，$u<0$ を任意にきめると，$\mathrm{Im}\, s \neq 0$, $|s| > R(u)$ で正則であることが知られている**．すなわち s の複素平面で u によるある半径 $R(u)$

---

* J. Bros, H. Epstein and V. Glaser: Nuovo Cim. **31** (1964) 1265.
** J. Bros, H. Epstein and V. Glaser: Commun. Math. Phys. **1** (1965) 240.

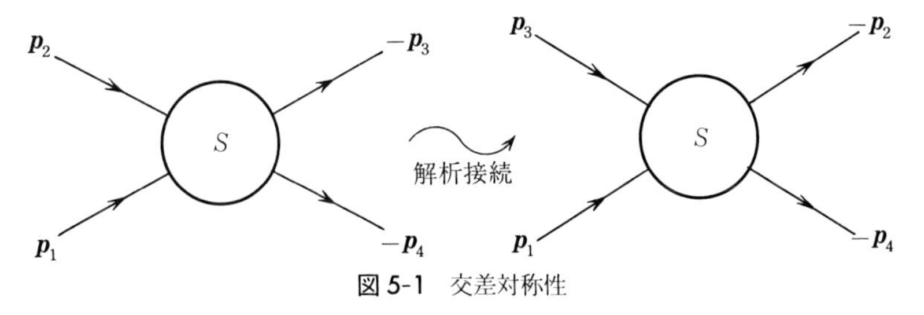

図 5-1　交差対称性

の円の外では $F(s,t)$ は実軸を除いた平面で正則である．物理点の近傍での正則性の結果とあわせると，1-2 系と 1-3 系の S 行列が解析接続で関係づけられたことになる．これを **S 行列の交差対称性**という．図 5-1 のように書き表わすことができる．一般の場合には，粒子 1 と粒子 2 が入射，散乱して粒子 3 と粒子 4 が放射される過程と，粒子 1 と反粒子 $\bar{3}$ が入射，散乱して反粒子 $\bar{2}$ と粒子 4 が放射される過程が結びつくことになる．まったく同じことは，$t<0$ を固定したとき s の関数としての $F(s,t)$ についていえる．

さらに，$u<0$ を固定(または $t<0$ を固定)したとき，s の無限遠での $F(s,t)$ の増大は s の多項式で押さえられることも証明されている*.

これらの結果は，有限部分(たとえば t を固定して $s\leqq R(t)$)の正則性さえ加われば，いわゆる分散公式を与えるものである．

* H. Epstein, V. Glaser and A. Martin: Commun. Math. Phys. **13** (1969) 257.

セクター理論

前章では，真空状態に付随した既約表現空間を取り扱った．本章では，真空を背景とする粒子系の記述に必要な他の表現空間を扱う．そのような表現空間は真空を背景としたうえで，移動可能な局在励起として特徴づけられる．真空表現における Haag の双対性を仮定すると，そのような局在励起は物理量の局在自己準同形写像で記述され，その同値類が相異なる表現に対応していて，**セクター**(超選択則の重畳可能部分空間)とよばれる．局在自己準同形写像の合成や共役の議論から，複数の等価な局在励起の置換に対する振舞いを表わす(セクターの)統計が定義され，スピンと統計の関係が導かれる．また，セクター間をつなぐ作用素としての場の局所環束と，それに作用するゲージ群が導入され，物理量の局所環は場の局所環のゲージ不変部分になっていて，各セクターはゲージ群の非等価な表現になっていることがわかる．場の局所環は，空間的に離れた領域では標準的な交換・反交換関係をみたすようにとることができて，セクターのスピン，統計との関係も導かれる．これにより，いわゆる Fermi 場がなぜ空間的に離れた領域で反可換であるかの深い理解が得られる．

6-1 超選択則と局在励起

前章で展開した理論は，純粋真空状態 ω を出発点として，ω に付随する表現空間 $\mathcal{H}=\mathcal{H}_\omega$ において，真空を背景として有限個の粒子が相互作用をして散乱する状況を記述するものであった．その前提条件は，1粒子の状態がすでに $\mathcal{H}$ の部分空間 $\mathcal{H}_1$ として存在すること(1粒子状態が真空状態と重畳可能であること)であった．

他方3-4節では，安定粒子(いくつかの粒子の結合状態といわれるものも，ひとつの安定粒子と考えて)を $\tilde{\mathcal{P}}_+{}^\uparrow$ の既約表現として定式化し，質量 m とスピン j による分類を与えた．特にスピンが半奇数(たとえば電子のスピンは1/2)の場合には，相対論の運動群である非斉次 Lorentz 群 $\mathcal{P}_+{}^\uparrow$ について，それは2価表現になり，3-3節で導入したユニバレンス超選択則(ユニバレンスとは1価性ということで，1価表現と2価表現を区別するのでこう名付けられたもの．1価性超選択則といってもよい) u は $-\mathbf{1}$ である．u は360°の回転を表わすので，物理量や状態は変化しない．物理量の任意の表現 π で，物理量 A の表現作用素 $\pi(A)$ は u と可換であり，またこの表現空間に

$$u\boldsymbol{\Phi}_1 = \boldsymbol{\Phi}_1, \quad u\boldsymbol{\Phi}_2 = -\boldsymbol{\Phi}_2 \tag{6.1}$$

をみたす単位ベクトル $\boldsymbol{\Phi}_1, \boldsymbol{\Phi}_2$ があったとき，状態

$$\omega_j(A) = (\boldsymbol{\Phi}_j, \pi(A)\boldsymbol{\Phi}_j) \qquad (j=1,2,\ A\in\mathfrak{A}) \tag{6.2}$$

が360°の空間回転を表わす(6.1)でそれぞれ不変であるだけではなく，u で不変ではない単位ベクトル

$$\boldsymbol{\Phi} = \alpha\boldsymbol{\Phi}_1+\beta\boldsymbol{\Phi}_2 \qquad (0<|\alpha|<1,\ |\alpha|^2+|\beta|^2=1) \tag{6.3}$$

が与える状態

$$\omega(A) = (\boldsymbol{\Phi}, \pi(A)\boldsymbol{\Phi})$$

も，$[u,\pi(A)]=0$，$u^*u=\mathbf{1}$ により変換(6.1)のもとで不変であり，単に ω_1 と ω_2 の混合状態

$$\omega = |\alpha|^2\omega_1+|\beta|^2\omega_2 \tag{6.4}$$

になる.

一般に2つの状態ω_1とω_2について，ω_1とω_2を表わすベクトル$\boldsymbol{\Phi}_1$と$\boldsymbol{\Phi}_2$を含む任意の表現空間で，$\boldsymbol{\Phi}_1$と$\boldsymbol{\Phi}_2$の線形結合(6.3)が単に混合状態(6.4)を与える場合，ω_1とω_2は**重畳不可能**(**コヒーレントでない**)という*．物理量の表現空間上の自己共役作用素(または正規作用素)Aに対し，次の条件をみたす任意の2状態，φ_1とφ_2が重畳不可能ならば，Aを**超選択則**という*．条件：φ_1とφ_2は，Aスペクトルが共通部分を持たないベクトル$\boldsymbol{\Phi}_1, \boldsymbol{\Phi}_2$によるベクトル状態である．超選択則は必然的に物理量の表現作用素と可換である．上の例で，ω_1とω_2は重畳不可能であり，uは超選択則である．

> **定理 6.1**　2つの状態ω_1とω_2が重畳不可能であるためには，それぞれに付随するGNS表現π_{ω_1}とπ_{ω_2}が素であることが必要十分である．(GNS表現は2-3節，素な表現については2-2節参照.)

証明　ある表現πの表現空間$\mathcal{H}_\pi$のベクトル$\boldsymbol{\Phi}_1, \boldsymbol{\Phi}_2$が，状態$\omega_1, \omega_2$を(6.2)式で与えるものとし，各$\boldsymbol{\Phi}_j$から生成される部分空間

$$\mathcal{H}_j \equiv \pi(\mathfrak{A})\boldsymbol{\Phi}_j \text{の閉包} \qquad (j=1,2) \tag{6.5}$$

への射影作用素をE_jと書く．$E_j \in \pi(\mathfrak{A})'$である．状態$\omega_1, \omega_2$に付随する表現$\pi_1, \pi_2$はそれぞれ$\pi$の$\mathcal{H}_j$への制限と見なすことができ，$\pi_1$と$\pi_2$が素という条件は，

$$E_2\pi(\mathfrak{A})'E_1 = \mathbf{0} \tag{6.6}$$

と同等である．($\mathcal{H}_1$から$\mathcal{H}_2$への繋絡写像Uは，$\pi(\mathfrak{A})'$の作用素E_2UE_1と同一視できるからである.)

まずπ_1とπ_2が素であるとすれば$E_1E_2 = E_2E_1 = \mathbf{0}$なので，$\pi(A)\boldsymbol{\Phi}_1 \in \mathcal{H}_1$と$\boldsymbol{\Phi}_2 \in \mathcal{H}_2$が直交し，任意の$A \in \mathfrak{A}$に対し

$$(\boldsymbol{\Phi}_2, \pi(A)\boldsymbol{\Phi}_1) = 0, \qquad (\boldsymbol{\Phi}_1, \pi(A)\boldsymbol{\Phi}_2) = (\pi(A^*)\boldsymbol{\Phi}_1, \boldsymbol{\Phi}_2) = 0$$

となるので，(6.4)が成立する．これは任意のπで成立するので，ω_1とω_2は

---

*　重畳不可能性と超選択則の考え方はユニバレンス超選択則を具体例として次の文献で導入された．J.C. Wick, A.S. Wightman and E.H. Wigner: Phys. Rev. **88** (1952) 101.

重畳不可能である．

次に，π_1 と π_2 が素でないとする．von Neumann 環の任意の元は，同じ環のユニタリ作用素4個の線形結合として表わせるので，少なくともひとつ $\pi(\mathfrak{A})'$ に属するユニタリ作用素 U があって，$E_1UE_2 \neq \mathbf{0}$ をみたす．すなわち

$$(\Psi_2, U\Psi_1) \neq 0 \qquad (\Psi_1 \in \mathcal{H}_1,\ \Psi_2 \in \mathcal{H}_2)$$

をみたすベクトル Ψ_1, Ψ_2 が存在し，したがって(6.5)により

$$(\pi(A_2)\boldsymbol{\Phi}_2, U\pi(A_1)\boldsymbol{\Phi}_1) \neq 0$$

となる物理量 A_1, A_2 が存在する．このとき $\boldsymbol{\Phi}_1' = U\boldsymbol{\Phi}_1$ とおくと，$U \in \pi(\mathfrak{A})'$ と $U^*U = \mathbf{1}$ により

$$(\boldsymbol{\Phi}_1', \pi(A)\boldsymbol{\Phi}_1') = (U\boldsymbol{\Phi}_1, \pi(A)U\boldsymbol{\Phi}_1) = (\boldsymbol{\Phi}_1, \pi(A)\boldsymbol{\Phi}_1) = \omega_1(A)$$

となり，$\boldsymbol{\Phi}_1'$ も ω_1 を表わす．また

$$\begin{aligned}(\boldsymbol{\Phi}_2, \pi(A_2{}^*A_1)\boldsymbol{\Phi}_1') &= (\pi_2(A_2)\boldsymbol{\Phi}_2, \pi(A_1)U\boldsymbol{\Phi}_1) \\ &= (\pi_2(A_2)\boldsymbol{\Phi}_2, U\pi(A_1)\boldsymbol{\Phi}_1) \neq 0 \qquad (6.7)\end{aligned}$$

なので，$\boldsymbol{\Phi} = \alpha\boldsymbol{\Phi}_1' + \beta\boldsymbol{\Phi}_2$ の与える状態 ω は，$A = cA_2{}^*A_1$ に対し

$$\omega(A) - |\alpha|^2\omega_1(A) - |\beta|^2\omega_2(A) = \mathrm{Re}\{c(\boldsymbol{\Phi}_2, \pi(A_2{}^*A_1)\boldsymbol{\Phi}_1')\}$$

が，たとえば $c = (\boldsymbol{\Phi}_2, \pi(A_2{}^*A_1)\boldsymbol{\Phi}_1')^*$ にとったとき，(6.7)により 0 ではないので，(6.4)式が成立しない．すなわち ω_1 と ω_2 は重畳不可能ではない．▌

他方，既約表現 π については，$\pi(\mathfrak{A})' = \boldsymbol{C}\mathbf{1}$ なので超選択則は恒等作用素の定数倍(自明なもの)しかない．その表現空間の任意の相異なるベクトル $\boldsymbol{\Phi}_1$，$\boldsymbol{\Phi}_2$ について，(6.3)の与える状態 $\boldsymbol{\Phi}$ は異なる α/β の値ごとに異なる状態を与える．(このような表現空間は**コヒーレント**であるという．)

Lorentz 不変な真空状態に付随する表現空間では，真空状態の $\mathcal{P}_+^\uparrow$ 不変性により $\mathcal{P}_+^\uparrow$ の1価表現が得られ(→定理2.33)，ユニバレンス超選択則は $\mathbf{1}$ である．特にこの空間で，スピンが半奇数の粒子1個の状態を表わすベクトルは見つけることができない．そのような粒子を記述するためには，真空表現と素な表現もあわせて考察する必要がある．それが本章の目的である．

一般に表現は互いに素なものが無数にある．たとえば空間に粒子が一様に拡がっている気体の平衡状態に付随する表現は，真空表現と素であると考えられ

る．このような多様な表現の中で，真空中に有限個(漸近的な意味で)粒子が存在する状態を取り扱うのに適した表現はどのようなものであろうか．以下，そのような表現を選ぶ基準をまず議論しよう．

本書では次に述べる2個の基準をみたす表現を解析したDoplicher-Haag-Robertsの解析*を紹介する．

第1の基準は，真空の局在励起を表わす表現空間だという制限である．励起が時空領域Dに局在しているとすれば，Dから影響が伝播不可能なDの因果的余集合D'(→(3.5)式)では真空表現π_ωと等価な表現πを考えることになる．

$$\pi|\mathfrak{A}(D') \cong \pi_\omega|\mathfrak{A}(D') \qquad \text{(ユニタリ同値)} \tag{6.8}$$

ここでD'は有界ではないが，D'に含まれるすべての2重錐D_1についての和集合$\cup\mathfrak{A}(D_1)$で生成されるC^*環を$\mathfrak{A}(D')$と書いた．

第2の基準は，この局在励起が移動可能であるということである．すなわち(6.8)式はあるDについて成立するとともに，Dを平行移動した$D+a$(すべてのaを考える)についても成立するものとする．((6.8)があるDについて成立すれば，Dを含む任意の領域について成立するのは，局所物理量についての単調性から明らかである．)

上記の2つの基準をみたす表現πのユニタリ同値類$[\pi]$を全部考えて，その構造を明らかにするのが目標である．以下このような解析を進める上で，次の2つの仮定をする．

基本的な仮定はHaagの**因果的双対性**で，任意の2重錐D(あるサイズ以上に限定しても解析は可能だがここでは簡単のため任意のD)に対し，真空表現π_ωで次の関係式を要請する．

$$\pi_\omega(\mathfrak{A}(D))' = [\cup\{\pi_\omega(\mathfrak{A}(D_1));\ D_1\subset D'\}]'' \tag{6.9}$$

右辺の角括弧の中は，Dの因果的余集合D'に含まれる2重錐D_1(すなわちDと空間的なD_1)についての和集合であり，(6.8)の記号を使うと右辺は$\pi_\omega(\mathfrak{A}(D'))''$と書いてもよい．右辺が左辺に含まれるというのは，局所物理量

---

* S. Doplicher, R. Haag and J. E. Roberts: Commun. Math. Phys. **13** (1969) 1; **15** (1969) 173; **23** (1971) 199; **35** (1975) 49.

に対する局所性の公理(3)であるが，それを強めて等式が成立することを要請したものが因果的双対性である．自由場を含め，Wightman 場から4-9節の方法で局所物理量が構成できる場合には，因果的双対性も示されている．

もうひとつの副次的，技術的仮定は Borchers* による次の性質Bである．

性質B 開未来錐 D と D_1 が $\bar{D}\subset D_1$ の包含関係をもつとき，$\mathfrak{A}(D)$ の任意の $\mathbf{0}$ でない射影作用素 E に対し，$\mathfrak{A}(D_1)$ の等長作用素 W で，$WW^*=E$ をみたすものが存在する．

この性質は $\mathfrak{A}(D)$ がIII型因子環ならば成立し(このときは $W\in\mathfrak{A}(D)$ にとれる)，そうでなくても定義4.13の弱加法性が成立すれば $\mathcal{P}_+^\uparrow$ 不変性，エネルギー正値性も併用して証明できる*.

注1 状態 φ に付随する GNS 表現 $\pi=\pi_\varphi$ が，局在励起の判定条件(6.8)をみたせば，状態 φ と真空状態 ω は次の意味で無限遠方で区別がつかない．

$$\lim_{n\to\infty}\|(\varphi-\omega)|_{\mathfrak{A}_n}\|=0 \qquad (\mathfrak{A}_n=\mathfrak{A}(D_n')) \tag{6.10}$$

ここに D_n は単調増大な2重錐の列で $n\to\infty$ で全時空を尽すものとし，D_n' はその因果的余集合で，$\mathfrak{A}(D_\alpha), D_\alpha\subset D_n$ で生成される C^* 環を $\mathfrak{A}(D_n')$ と書いた．性質Bを仮定すれば，逆に(6.10)から(6.8)を十分大きな D について導くことができる．

注2 異なる局在励起を区別する量(超選択則)として，励起がもつ何らかの一般的荷電を想定することができる．たとえば重粒子(バリオン)数などである．しかし電磁的な荷電は，Gauss の法則により無限遠方の電場により測定できるので，そのような荷電をもつ局在励起は(6.10)をみたさず，(6.8)の局在性の判定条件をみたさないものと考えられる．そのほか無限遠方のふるまいできまる位相的荷電とよばれるものも判定条件(6.8)で排除されるものと考えられる．このように条件(6.8)をみたす表現は，必ずしも粒子像をすべて含むものではない．

* H. J. Borchers: Commun. Math. Phys. 4 (1967) 315.

注 3 粒子像に立ち入らず，真空からの励起エネルギーが有限である励起状態を全部考察するという立場はひとつの自然な立場である．数学的には，局所物理量の表現 π のうち，物理量 A の $g\in\mathcal{P}_+{}^\uparrow$ による変換 gA を

$$U(\tilde{g})\pi(A)U(\tilde{g})^* = \pi(gA) \qquad (\tilde{g}\in\tilde{\mathcal{P}}_+{}^\uparrow)$$

により実現する $\tilde{\mathcal{P}}_+{}^\uparrow$ の表現 U で，並進部分の生成作用素 P^μ のスペクトルが閉未来錐 $\bar{V}_+$ に含まれるものが，π の表現空間 $\mathscr{H}_\pi$ 上に存在することを要請する判定条件が，Borchers により提唱されている．

注 4 上の条件をさらに特殊化した次の条件は，質量 0 の粒子が現われない理論で何らかの荷電をもつ 1 粒子を記述するセクターに対し適当なものと考えられ，Buchholz と Fredenhagen*が導入し，興味ある結論を導出している．

BF 条件 物理量の表現 π について，その表現空間上に物理量の並進 $(a,\mathbf{1})\in\mathcal{P}_+{}^\uparrow$ を

$$T(a)\pi(A)T(a)^* = \pi((a,\mathbf{1})A) \qquad (A\in\mathfrak{A})$$

により実現する並進群の表現 $T(a)$ が存在し，その生成作用素 P^μ ($T(a)=e^{i(P,a)}$ できまる $P=(P^\mu)_{\mu=0,1,2,3}$) のスペクトルが，質量 m の 1 粒子部分 $\{p;(p,p)=m^2, p^0>0\}$ (ただし $m>0$) と，$\{p;(p,p)\geqq M^2, p^0>0\}$ に含まれるその他の部分からなる (ただし $M>m$)．

この場合，弱極限

$$\omega(A)\mathbf{1} = \underset{\lambda\to\infty}{\text{w-lim}}\,\pi((\lambda a,\mathbf{1})A) \qquad (A\in\mathfrak{A})$$

が任意の空間的ベクトル a について存在し，この式で定義される ω は真空状態で，ユニタリ同値(6.8)が 2 重錐 D の代わりに次に述べる空間的半無限錐 C について成立し，したがって表現 π は真空 ω を背景とする C に局在した励起を表わすと解釈できることが Buchholz と Fredenhagen により示され，DHR と同様の解析が得られている．C は任意の点 a から空間的ベクトル e で定まる方向に半無限に延びる空間的半直線 $\{a+\lambda e;\lambda>0\}$ (紐といってもよい) のま

* D. Buchholz and K. Fredenhagen: Commun. Math. Phys. **84** (1982) 1.

わりに 45° 以下の頂角で作られる無限凸錐で，$e \pm e'$ が空間的であるような正時間的ベクトル e' について $\pm e'$ を上下の頂点とする開 2 重錐を D とおくと，

$$C = \bigcup_{\lambda>0} \{a+\lambda(e+D)\}$$

の形のものである．C に局在する移動可能な励起を扱う BF 解析は位相的荷電をもつ励起も取り扱えるものと考えられる．

規約　以下では真空 ω とそれに付随する表現空間 $\mathcal{H} = \mathcal{H}_\omega$ を固定し，表現 π_ω を物理量と区別せずに，$\pi_\omega(\mathfrak{A})$ を $\mathfrak{A}$，$\pi_\omega(\mathfrak{A}(D))$ を $\mathfrak{A}(D)$ と書いて話を進める．各 $\mathfrak{A}(D)$ は von Neumann 環とし，真空を表わすベクトルは Ω，真空表現は恒等写像 ι で表わす．この規約は，以下 1 つの真空状態とその励起状態だけを議論するので，記号を簡単にするために採用する．（一般には π_ω が忠実とは限らない.）さらに 6-5 節では，$\mathcal{H}$ の可分性も仮定する．まとめると，真空表現は可分 Hilbert 空間上の忠実な既約表現であると仮定する．

6-2　局在自己準同形写像とセクター

条件(6.8)をみたす表現 π については，表現空間 $\mathcal{H}_\pi$ から $\mathcal{H}$ へのユニタリ作用素 V で

$$V\pi(A)V^* = A \qquad (A \in \mathfrak{A}(D')) \tag{6.11}$$

をみたすものが存在する．そこですべての $A \in \mathfrak{A}$ について

$$\rho(A) = V\pi(A)V^* \in \mathcal{B}(\mathcal{H}) \tag{6.12}$$

により，$\mathfrak{A}$ から $\mathcal{B}(\mathcal{H})$ への準同形写像 ρ を定義すると，$\mathfrak{A}$ の表現として $\mathcal{H}_\pi$ 上の表現 π と $\mathcal{H}$ 上の表現 $\rho \cdot \iota$ はユニタリ同値になるので，局在励起を表わす表現 π のユニタリ同値類 $[\pi]$ を扱うためには，π の代わりに

$$\pi_\rho(A) \equiv \rho(A) \qquad (A \in \mathfrak{A}) \tag{6.13}$$

を扱えば十分である．π_ρ は真空表現と同じ Hilbert 空間上に定義された表現で，しかも(6.8)の条件は，(6.11)式と同値なので，π_ρ については

$$\rho(A) = \pi_\rho(A) = A \qquad (A \in \mathfrak{A}(D')) \tag{6.14}$$

という見やすい条件になる．

ここで上記の ρ を特徴づけるため次の定義を導入する．

定義 6.2 $\mathfrak{A}$ の自己準同形写像 ρ が任意の $A\in\pi_{\omega}(\mathfrak{A}(D'))$ に対し

$$\rho(A)=A$$

をみたす（A を不変にする）とき，ρ は D に**局在**している，または D に台をもつ**局在自己準同形写像**であるという．

定理 6.3 (6.12)で定義される ρ は D に台をもつ局在自己準同形写像であり，等長で $\mathbf{1}$ を $\mathbf{1}$ に写す．

証明 任意の D_0 と $A\in\mathfrak{A}(D_0)$ について，D_0 と(6.14)式の D を含む2重錐 D_1 をとると，任意の $B\in\mathfrak{A}(D_1{}')$ に対し，まず D_0 と $D_1{}'$ が空間的であることから局所性により

$$[\pi_\rho(A),\pi_\rho(B)]=\pi_\rho([A,B])=0$$

が成立し，さらに，$D_1{}'\subset D'$ から単調性により $B\in\mathfrak{A}(D_1{}')\subset\mathfrak{A}(D')$ なので，(6.14)が適用できて

$$\pi_\rho(B)=B$$

である．この2式から，因果的双対性(6.9)を使って

$$\pi_\rho(A)\in\mathfrak{A}(D_1{}')'=\mathfrak{A}(D_1)''=\mathfrak{A}(D_1)$$

が得られ

$$\rho(A)=\pi_\rho(A)\in\mathfrak{A}$$

が結論される．$\mathfrak{A}(D_0)$ の和集合は $\mathfrak{A}$ で稠密なので，

$$\rho(\mathfrak{A})\subset\mathfrak{A}$$

が得られ，ρ は自己準同形写像である．

ρ の等長性 $\|\rho(A)\|=\|A\|$ と $\rho(\mathbf{1})=\mathbf{1}$ は，定義式(6.11)がユニタリ変換であることから明らかである．▌

注 各 $\rho(\mathfrak{A}(D))$ は ρ により $\mathfrak{A}(D)$ と同形であり，したがって $\mathcal{H}$ 上 von Neumann 環である．

移動可能性や表現のユニタリ同値類を考えるときに，表現のユニタリ同値を，対応する局在自己準同形写像の関係として言い表わすことが必要になる．

> **補助定理 6.4** 局在自己準同形写像 ρ_1 と ρ_2 に対応する表現のユニタリ同値
>
> $$\pi_{\rho_1} \cong \pi_{\rho_2} \tag{6.15}$$
>
> は，
>
> $$\rho_1 = \sigma\rho_2 \tag{6.16}$$
>
> をみたす内部自己同形写像 σ の存在と同値である．2 重錐 D が ρ_1 と ρ_2 の台を含むならば，σ は $\mathfrak{A}(D)$ のユニタリ作用素 U による内部自己同形写像
>
> $$\sigma = \mathrm{Ad}\, U, \quad (\mathrm{Ad}\, U)(A) \equiv UAU^* \quad (A \in \mathfrak{A}) \tag{6.17}$$
>
> である．

証明は，ユニタリ同値(6.15)を

$$\pi_{\rho_1}(A) = U\pi_{\rho_2}(A)U^* \qquad (A \in \mathfrak{A})$$

により与えるユニタリ作用素 U が，ρ_1 と ρ_2 の局在性を表わす(6.14)式により $\mathfrak{A}(D')'$ に属し，従って因果的双対性により $\mathfrak{A}(D)$ に属することから従う．▌

ρ_1 が D_1 に台をもつ局在自己準同形写像で，対応する表現 π_ρ が移動可能な局在励起を表わせば，D_1 を並行移動して得られる任意の 2 重錐 D_2 に対し，そこに台をもつ局在自己準同形写像 ρ_2 で(6.15)をみたすものが存在し，したがって(6.16)も成立する．このような ρ_1 を**移動可能**とよぶ．D に台をもつ移動可能な局在自己準同形写像の全体を $\Delta(D)$ と書く．$D_1 \subset D_2$ ならば $\Delta(D_1) \subset \Delta(D_2)$ である．

2 つの自己準同形写像 ρ_1 と ρ_2 の積 $\rho_1\rho_2$ を

$$(\rho_1\rho_2)(A) = \rho_1(\rho_2(A)) \qquad (A \in \mathfrak{A}) \tag{6.18}$$

により定義すると，$\rho_1\rho_2$ も自己準同形写像で，ρ_1 と ρ_2 の台を含む任意の 2 重錐 D は $\rho_1\rho_2$ の台となることが，(6.14)式から明らかである．また D を移動して得られる任意の 2 重錐 D_a に対し，D_a に台をもつ自己準同形写像 ρ_1' と ρ_2'

で，

$$\rho_i' = \sigma_i \rho_i, \quad \sigma_i = \mathrm{Ad}\, U_i \qquad (i=1,2)$$

となるものが存在すれば，$\rho_1'\rho_2'$ は D_a に台をもち，

$$\rho_1'\rho_2' = \sigma_1\rho_1\sigma_2\rho_2 = \sigma\rho_1\rho_2 \qquad (\sigma = \mathrm{Ad}\, U,\ U = U_1\rho_1(U_2))$$

となるので，ρ_1 と ρ_2 が移動可能ならば，その積 $\rho_1\rho_2$ も移動可能なことがわかる．とくに $\varDelta(D)$ は半群であることがわかった．

$\mathfrak{A}$ の局在内部自己同形写像 Ad U，$U\in\mathfrak{A}(D)$ の全体を $\mathcal{I}(D)$，すべての D についての $\mathcal{I}(D)$ の和集合を $\mathcal{I}$ とする．またすべての D についての $\varDelta(D)$ の和集合を $\varDelta$ とする．定理 6.3 と補助定理 6.4 により，移動可能な局在励起を表わす表現のユニタリ同値類は $\mathcal{I}\backslash\varDelta$ で表わされることがわかる．

> **定理 6.5** $\varDelta(D)$ および $\varDelta$ は半群であり，$\mathcal{I}\backslash\varDelta$ は可換半群である．$\bar{D}_1$ と $\bar{D}_2$ が空間的に位置し，$\rho_j\in\varDelta(D_j)$ $(j=1,2)$ ならば $\rho_1\rho_2=\rho_2\rho_1$.

証明 $\varDelta(D)$ が半群であることはすでに述べた．したがって $\varDelta$ も半群である．$\sigma_i = \mathrm{Ad}\, U_i$ $(i=1,2)$ のとき

$$(\sigma_1\rho_1)(\sigma_2\rho_2) = \sigma(\rho_1\rho_2), \qquad \sigma = \mathrm{Ad}(U_1\rho_1(U_2))$$

が成立するので，(6.18)式で定義した積は同値類を保つ．したがって $\mathcal{I}\backslash\varDelta$ は半群である．最後に $\bar{D}_1$ と $\bar{D}_2$ が空間的($\bar{D}_1' \supset \bar{D}_2$)で，$\rho_1\in\varDelta(D_1)$，$\rho_2\in\varDelta(D_2)$ ならば，$\rho_1\rho_2=\rho_2\rho_1$ を示そう．これが示されれば，$\rho\in\varDelta$ の移動可能性により，$\mathcal{I}\backslash\varDelta$ の可換性がただちに従う．

いま D と $A\in\mathfrak{A}(D)$ が与えられたとし，$\rho_1\rho_2$ と $\rho_2\rho_1$ が A に対し一致することを示す．このため D_1 と D_2 をそれぞれ D_3 と D_4 へ移動して，次の条件をみたすことができる(図 6-1).

(i) D_3 と D_4 はともに D に空間的

(ii) D_2 と D_4 は空間的，D_1 と D_3 も空間的

(iii) D_2 は D_1 と D_3 を含むある 2 重錐 D_5 に空間的

(iv) D_1 は D_2 と D_4 を含むある 2 重錐 D_6 に空間的

(v) D_5 と D_6 は空間的

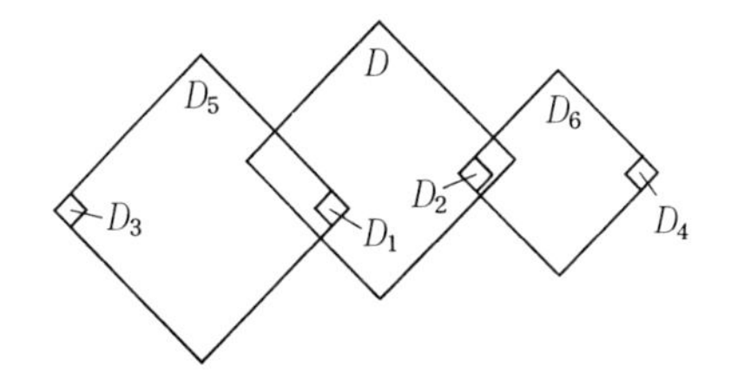

図 6-1　領域 $D, D_1, \cdots, D_6$ の配置例

ρ_1 と ρ_2 の移動可能性により $\rho_3 \in \varDelta(D_3)$, $\rho_4 \in \varDelta(D_4)$ があって

$$\rho_3 = (\mathrm{Ad}\, U_{31})\rho_1 \qquad (U_{31} \in \mathfrak{A}(D_5))$$

$$\rho_4 = (\mathrm{Ad}\, U_{42})\rho_2 \qquad (U_{42} \in \mathfrak{A}(D_6))$$

となる．このとき $A \in \mathfrak{A}(D)$ は(i)により不変なので

$$\rho_3\rho_4(A) = \rho_4\rho_3(A)\ (=A) \tag{6.19}$$

他方，(iii), (iv), (v)により

$$\rho_2(U_{31}) = U_{31}, \qquad \rho_1(U_{42}) = U_{42}, \qquad U_{31}U_{42} = U_{42}U_{31}$$

ゆえに(6.19)より

$$\begin{aligned}\rho_1\rho_2(A) &= (\mathrm{Ad}\, U_{42}{}^* U_{31}{}^*)\rho_3\rho_4(A) \\ &= (\mathrm{Ad}\, U_{31}{}^* U_{42}{}^*)\rho_4\rho_3(A) = \rho_2\rho_1(A)\end{aligned}$$

D についての $\mathfrak{A}(D)$ の和集合は $\mathfrak{A}$ で稠密なので，ρ_1 と ρ_2 の可換性が得られた．∎

$\rho \in \varDelta$ について，π_ρ が既約($\pi_\rho(\mathfrak{A})' = \boldsymbol{C}\mathbf{1}$)であるもの全体を $\varDelta^{\mathrm{irr}}$ と書く．$\rho \in \varDelta^{\mathrm{irr}}$ について，π_ρ のベクトル状態(純粋状態である)全体をひとつの**セクター**とよぶ．$\mathscr{I} \backslash \varDelta^{\mathrm{irr}}$ はセクターと1対1に対応し，セクターの標識とも見なせるので，**荷電量子数**ということもある．

既約分解を考えるうえでは，移動可能な局在励起を表わす表現の間で，直和と部分表現(不変部分空間への制限)が自由に行なえることが前提になるが，それは次の定理で与えられる．

> **定理 6.6**　$\mathscr{I} \backslash \varDelta$ は表現の直和および制限(部分表現を作ること)について閉じている．

証明　この証明には性質Bを活用する．まず $\rho_1, \rho_2 \in \varDelta$ の台を D_1, D_2 とし，

D_1 と D_2 を含む(大きな)開 2 重錐 D と $\bar{D}_0 \subset D$ となる(小さな)2 重錐 D_0 をきめる．さらに $\mathfrak{A}(D_0)$ に属する射影作用素 $E \neq \mathbf{0}, \mathbf{1}$ を定め，$P_1 = E$，$P_2 = \mathbf{1} - E$ とする．性質 B により $\mathfrak{A}(D)$ の等長作用素 $W_i\,(i=1,2)$ で $W_i W_i^* = P_i$ をみたすものが存在する．

$$\rho(A) = W_1 \rho_1(A) W_1^* + W_2 \rho_2(A) W_2^* \qquad (A \in \mathfrak{A}) \qquad (6.20)$$

と定義すると，$\rho(\mathbf{1}) = P_1 + P_2 = \mathbf{1}$ であり，$W_i^* W_j = \delta_{ij}\mathbf{1}$ により

$$\rho(A_1)\rho(A_2) = \rho(A_1 A_2)$$

も成立するので，π_ρ は $\pi_{\rho_1} \oplus \pi_{\rho_2}$ にユニタリ同値な表現で，π_ρ の $P_1\mathcal{H}$ および $P_2\mathcal{H}$ への制限が，それぞれ $\pi_{\rho_1}, \pi_{\rho_2}$ にユニタリ同値になっている．また $A \in \mathfrak{A}(D)'$ ならば，ρ_i の台が $D_i \subset D$ に含まれるので A は ρ_i で不変であり $(i=1,2)$，また $W_i \in \mathfrak{A}(D)$ により A は W_i と可換である．したがって $A \in \mathfrak{A}(D)'$ ならば $\rho(A) = A$ であり，ρ の台は D に含まれ，ρ は局在準同形写像である．

D を移動して得られる 2 重錐 D^a に対して，D_i を移動して得られる 2 重錐 $D_i{}^a \subset D^a$ と，$D_i{}^a$ に台をもつ局在準同形写像 $\rho_i{}^a$ で，対応する表現が π_{ρ_i} とユニタリ同値なものが存在する $(i=1,2)$．($\rho_i \in \Delta$ は移動可能である.) そこで上記 (6.20) と同様に $\rho_1{}^a$ と $\rho_2{}^a$ から ρ^a を作ると，ρ^a は D^a に台をもち，対応する表現は π_ρ とユニタリ同値である．すなわち ρ は移動可能である．したがって $\rho_1, \rho_2 \in \Delta$ ならば，

$$\pi_\rho \cong \pi_{\rho_1} \oplus \pi_{\rho_2} \qquad (6.21)$$

をみたす $\rho \in \Delta$ が存在することがわかった．(6.21) の要請からこのような π_ρ のユニタリ同値類は一意的なので，

$$[\rho] \in \mathcal{I} \backslash \Delta$$

は一意的に定まる．(以下 $[\rho] = [\rho_1] + [\rho_2]$ と書く.)

次に $\rho \in \Delta(D)$ が与えられ，自明でない射影作用素 E に対し，$E\mathcal{H}$ が $\pi_\rho(\mathfrak{A})$ の不変部分空間であるとする．このとき $E \in \pi_\rho(\mathfrak{A})'$ であるが，$A \in \mathfrak{A}(D)'$ ならば $\rho(A) = A$ なので，

$$\mathfrak{A}(D)' = \pi_\rho(\mathfrak{A}(D)') \subset \pi_\rho(\mathfrak{A})$$

$$E \in \pi_\rho(\mathfrak{A})' \subset \mathfrak{A}(D)'' = \mathfrak{A}(D) \qquad (\text{因果的双対性})$$

が成立する．そこで $\bar{D}$ を含む2重錐 D_3 をきめると，性質Bにより等長作用素 $V \in \mathfrak{A}(D_3)$ で，$VV^* = E$ をみたすものが存在する．そこで

$$\rho_3(A) = V^* \rho(A) V$$

とおくと，ρ_3 は D_3 に台をもつ移動可能な局在自己準同形写像であり，π_{ρ_3} は π_ρ の $E\mathcal{H}_\omega$ への制限と同値である．▌

6-3 励起の置換とセクターの統計

本節では，励起の置換に対する振舞いを表わす統計パラメタを導入し，セクターの分類を行なう．

2つの局在自己準同形写像 ρ, ρ' について，

$$\rho'(A)T = T\rho(A) \qquad (A \in \mathfrak{A}) \tag{6.22}$$

をみたす作用素 T は，表現 π_ρ と $\pi_{\rho'}$ の繫絡作用素であるが，ρ と ρ' の繫絡作用素とよび，ρ, ρ', T の組を

$$\boldsymbol{T} = (\rho' | T | \rho) \tag{6.23}$$

と表わす．

2重錐 D が ρ および ρ' の台を両方とも含めば，

$$\rho'(A) = \rho(A) = A \qquad (A \in \mathfrak{A}(D'))$$

なので，(6.22)により T は A と可換になり

$$T \in \mathfrak{A}(D')' = \mathfrak{A}(D) \tag{6.24}$$

である．

繫絡作用素については，作用素 T の Hermite 共役および積により，共役および積が定義できる．

$$(\rho' | T | \rho)^* = (\rho | T^* | \rho') \tag{6.25}$$

$$(\rho'' | T_2 | \rho') \circ (\rho' | T_1 | \rho) = (\rho'' | T_2 T_1 | \rho) \tag{6.26}$$

これに加えて，さらに次の**接合積**が定義できる．

$$({\rho_2}' | T_2 | \rho_2) \times ({\rho_1}' | T_1 | \rho_1) = ({\rho_2}'{\rho_1}' | T_2 \rho_2(T_1) | \rho_2 \rho_1) \tag{6.27}$$

簡単な計算で次の諸性質がわかる．

$$\boldsymbol{T}_3\times(\boldsymbol{T}_2\times\boldsymbol{T}_1)=(\boldsymbol{T}_3\times\boldsymbol{T}_2)\times\boldsymbol{T}_1 \qquad \text{(結合法則)} \tag{6.28}$$

$$(\boldsymbol{T}_2\times\boldsymbol{T}_1)^*=\boldsymbol{T}_1{}^*\times\boldsymbol{T}_2{}^* \tag{6.29}$$

$$(\boldsymbol{T}_2{}'\circ\boldsymbol{T}_2)\times(\boldsymbol{T}_1{}'\circ\boldsymbol{T}_1)=(\boldsymbol{T}_2{}'\times\boldsymbol{T}_1{}')\circ(\boldsymbol{T}_2\times\boldsymbol{T}_1) \tag{6.30}$$

ρ_1 の台と ρ_2 の台が空間的な位置にあり，$\rho_1{}'$ の台と $\rho_2{}'$ の台が空間的な位置にあるとき，$\boldsymbol{T}_1=(\rho_1{}'|T_1|\rho_1)$ と $\boldsymbol{T}_2=(\rho_2{}'|T_2|\rho_2)$ は**因果的に素**であるという．

補助定理 6.7　$\boldsymbol{T}_1$ と $\boldsymbol{T}_2$ が因果的に素ならば，

$$\boldsymbol{T}_1\times\boldsymbol{T}_2=\boldsymbol{T}_2\times\boldsymbol{T}_1 \tag{6.31}$$

証明　(6.31)は

$$T_1\rho_1(T_2)=T_2\rho_2(T_1) \tag{6.32}$$

と同等である．

$\rho_1{}'$ の台を含む十分大きな 2 重錐 $\bar{D}_1$ と $\rho_2{}'$ の台を含む十分大きな 2 重錐 $\bar{D}_2$ で，たがいに空間的な位置にあるものをとる．$\rho_1{}'$ と $\rho_2{}'$ の台が仮定により空間的な位置にあるのでこれは可能である．

ρ_1 と ρ_2 は移動可能なので，その台を順次移動してそれぞれ $\bar{D}_1,\bar{D}_2$ に台をもつ $\bar{\rho}_1,\bar{\rho}_2$ を得ることができる．この移動の繋絡ユニタリ作用素を U_j とし

$$\bar{\boldsymbol{T}}_j=\boldsymbol{T}_j\circ\boldsymbol{U}_j \qquad (j=1,2,\ \boldsymbol{U}_j=(\rho_j|U_j|\bar{\rho}_j))$$

とする．

(6.24)により $\bar{\boldsymbol{T}}_j\in\mathfrak{A}(\bar{D}_j)$ なので

$$\bar{\rho}_1(\bar{T}_2)=\bar{T}_2,\qquad \bar{\rho}_2(\bar{T}_1)=\bar{T}_1,\qquad \bar{T}_1\bar{T}_2=\bar{T}_2\bar{T}_1$$

となり，$\bar{T}_1,\bar{T}_2$ について(6.32)が成立し，

$$\bar{\boldsymbol{T}}_1\times\bar{\boldsymbol{T}}_2=\bar{\boldsymbol{T}}_2\times\bar{\boldsymbol{T}}_1 \tag{6.33}$$

が得られる．

移動 U_j はいくつものユニタリ繋絡作用素の積

$$\boldsymbol{U}_j=\boldsymbol{U}_{jn}\circ\cdots\circ\boldsymbol{U}_{j1},\qquad \boldsymbol{U}_{jk}=(\rho_{j(k+1)}|U_{jk}|\rho_{jk})$$

$$\rho_{j1}=\bar{\rho}_j,\qquad \rho_{j(n+1)}=\rho_j,\qquad j=1,2$$

のように作る．各 k において ρ_2 を動かす$(\rho_{2k}\neq\rho_{2(k+1)})$ときは ρ_1 を止め$(\rho_{1k}=\rho_{1(k+1)})$，$\rho_1$ を動かすときは ρ_2 を止める．ρ_2 の動かし方は，ρ_{2k} の台と $\rho_{2(k+1)}$

の台を含む2重錐 D_k で，ρ_{1k} の台と空間的に位置するものがあるように少しずつ動かす．$\bar{\rho}_1$ と $\bar{\rho}_2$ の台相互も，ρ_1 と ρ_2 の台相互も空間的に位置しているので，ρ_{1k} の台と ρ_{2k} の台をたえず空間的な位置に保ったまま，台を動かすことが可能である．

そこで

$$\bar{\boldsymbol{T}}_{jk} \equiv \boldsymbol{T}_j \circ \boldsymbol{U}_{jn} \circ \cdots \circ \boldsymbol{U}_{jk}, \qquad \bar{\boldsymbol{T}}_{j(n+1)} \equiv \boldsymbol{T}_j$$

とおいて，順次可換性

$$\bar{\boldsymbol{T}}_{1k} \times \bar{\boldsymbol{T}}_{2k} = \bar{\boldsymbol{T}}_{2k} \times \bar{\boldsymbol{T}}_{1k} \tag{6.34}$$

を証明しよう．

$k=1$ では，(6.34)は(6.33)と同じで成立している．そこで(6.34)が k で成立すれば $k+1$ で成立することを示そう．k で ρ_2 が移動する場合は $\bar{\boldsymbol{T}}_{1(k+1)}=\bar{\boldsymbol{T}}_{1k}$ が成り立ち，

$$\begin{aligned}\bar{\boldsymbol{T}}_{1(k+1)} \times \bar{\boldsymbol{T}}_{2(k+1)} &= (\bar{\boldsymbol{T}}_{1k} \times \bar{\boldsymbol{T}}_{2k}) \circ (\boldsymbol{I}_{1k} \times \boldsymbol{U}_{2k}{}^*) \\ &= (\bar{\boldsymbol{T}}_{2k} \times \bar{\boldsymbol{T}}_{1k}) \circ (\boldsymbol{U}_{2k}{}^* \times \boldsymbol{I}_{1k}) = \bar{\boldsymbol{T}}_{2(k+1)} \times \bar{\boldsymbol{T}}_{1(k+1)}\end{aligned}$$

となる．ただし $\boldsymbol{I}_{1k}=(\rho_{1k}|\boldsymbol{1}|\rho_{1k})$ で ρ_{2k} と $\rho_{2(k+1)}$ の台を含む2重錐 D_k が ρ_{1k} の台と空間的な位置にあるので，(6.33)と同じ理由で $\boldsymbol{I}_{1k} \times \boldsymbol{U}_{2k}{}^* = \boldsymbol{U}_{2k}{}^* \times \boldsymbol{I}_{1k}$ が成立するのである．また k における(6.34)を用いた．このように k において(6.34)が成立すれば $k+1$ でも成立することがわかったので，数学的帰納法によりすべての k で(6.34)が成立する．特に $k=n+1$ として(6.31)を得る．∎

さて，いよいよ n 個の励起の置換を議論しよう．$\rho_1, \cdots, \rho_n \in \Delta$ に対し，ρ_j と同値な $\rho_j{}^{(0)}$ で，その台が異なる添数 j の間で相互に空間的に位置する $\rho_j{}^{(0)}$ をとり，各 ρ_j と $\rho_j{}^{(0)}$ の繋絡作用素 $\boldsymbol{U}_j=(\rho_j{}^{(0)}|U_j|\rho_j)$ を1つずつ定める．添数1, $\cdots, n$ の置換 $1, \cdots, n \to p(1), \cdots, p(n)$ を p と書く．特に置換群 $\mathfrak{S}$ の単位元を e と書く．また

$$\boldsymbol{U}_{p(1)} \times \cdots \times \boldsymbol{U}_{p(n)} = \boldsymbol{U}(p^{-1}) \tag{6.35}$$

のように書く．すなわち左辺で p の代わりに p^{-1} としたものが $\boldsymbol{U}(p)$ である．

そこで

$$\boldsymbol{\varepsilon}_p(\rho_1 \cdots \rho_n) = \boldsymbol{U}^*(p) \circ \boldsymbol{U}(e) \tag{6.36}$$

と定義する．$\rho_j{}^{(0)}$ の台が相互に空間的なので，定理 6.5 により任意の p について

$$\rho^{(0)}_{p^{-1}(1)}\cdots\rho^{(0)}_{p^{-1}(n)} = \rho_1{}^{(0)}\cdots\rho_n{}^{(0)}$$

である．そのため(6.36)の積が定義可能で，$\boldsymbol{\varepsilon}_p$ は

$$(\rho_{p^{-1}(1)}\cdots\rho_{p^{-1}(n)}|\varepsilon_p|\rho_1\cdots\rho_n)$$

の形をしている．この $\boldsymbol{\varepsilon}_p$ は次の性質をもつ．

定理 6.8　(1)　$\boldsymbol{\varepsilon}_p$ は $\rho_j{}^{(0)}$ や $\boldsymbol{U}_j$ にはよらない．

(2)　ρ_j の台が相互に空間的な位置にあれば，

$$\boldsymbol{\varepsilon}_p(\rho_1\cdots\rho_n) = \boldsymbol{1}$$

(3)　$\boldsymbol{\varepsilon}_q(\rho_{p^{-1}(1)}\cdots\rho_{p^{-1}(n)})\circ\boldsymbol{\varepsilon}_p(\rho_1\cdots\rho_n) = \boldsymbol{\varepsilon}_{pq}(\rho_1\cdots\rho_n) \qquad (p,q\in\mathfrak{S}_n)$

(4)　$m<n$ について m と $m+1$ の互換を τ_m と書くと，

$$\boldsymbol{\varepsilon}_{\tau_m}(\rho_1\cdots\rho_n) = \boldsymbol{1}_{\rho_1}\times\cdots\times\boldsymbol{1}_{\rho_{m-1}}\times\boldsymbol{\varepsilon}_{\tau_m}(\rho_m\rho_{m+1})\times\cdots\times\boldsymbol{1}_{\rho_{m+1}}\times\cdots\times\boldsymbol{1}_{\rho_n}$$

証明　(1)　$\rho_j{}^{(0)}, \boldsymbol{U}_j$ の代わりに $\bar{\rho}_j{}^{(0)}, \bar{\boldsymbol{U}}_j$ をとると，違いは $\boldsymbol{V}_j=\bar{\boldsymbol{U}}_j\circ\boldsymbol{U}_j{}^*$ で表わせるが，$\boldsymbol{V}_j=(\bar{\rho}_j{}^{(0)}|V_j|\rho_j{}^{(0)})$ で，$\bar{\rho}_j{}^{(0)}$ の台は相互に空間的であり，$\rho_j{}^{(0)}$ の台も相互に空間的なので，$\boldsymbol{V}_j$ は相互に因果的に素である．したがって，補助定理 6.7 により $\boldsymbol{V}(p)=\boldsymbol{V}(e)$ となり，公式(6.30)により

$$\bar{\boldsymbol{U}}(p)\circ\boldsymbol{U}^*(p) = \bar{\boldsymbol{U}}(e)\circ\boldsymbol{U}^*(e), \qquad \bar{\boldsymbol{U}}^*(p)\circ\bar{\boldsymbol{U}}(e) = \boldsymbol{U}^*(p)\circ\boldsymbol{U}(e)$$

が結論される．ゆえに $\boldsymbol{\varepsilon}_p$ は $\rho_j{}^{(0)}$ や $\boldsymbol{U}_j$ にはよらない．

(2)　ρ_j の台が相互に空間的なら $\rho_j{}^{(0)}=\rho_j$，$U_i=\boldsymbol{1}$ にとれるので $\boldsymbol{\varepsilon}(p)=\boldsymbol{1}$ が得られる．

(3)は $\boldsymbol{\varepsilon}_p$ の定義から明らか．

(4)も $\boldsymbol{\varepsilon}_p$ の定義に公式(6.30)を使えば得られる．▌

注　n 個の繋絡作用素 $\boldsymbol{T}_j=(\rho_j{}'|T_j|\rho_j)$ に対しても，

$$\boldsymbol{T}(p) = \boldsymbol{T}_{p^{-1}(1)}\times\cdots\times\boldsymbol{T}_{p^{-1}(n)}$$

でその置換を定義する．$\rho_j{}'$ や ρ_j を台が相互に空間的なもので置きかえると，補助定理 6.7 により $\boldsymbol{T}(p)=\boldsymbol{T}(e)$ となることから，$\boldsymbol{T}$ の置換は $\boldsymbol{\varepsilon}_p$ を使って次の公式で与えられる．

$$\boldsymbol{T}(p)\circ\boldsymbol{\varepsilon}_p(\rho_1\cdots\rho_n)=\boldsymbol{\varepsilon}_p(\rho_1{}'\cdots\rho_n{}')\circ\boldsymbol{T}(e) \tag{6.37}$$

ここで特に $\rho_1=\cdots=\rho_n=\rho$ の場合を考え

$$\boldsymbol{\varepsilon}_p(\rho\cdots\rho)=\boldsymbol{\varepsilon}_\rho{}^{(n)}(p)=(\rho^n|\varepsilon_\rho{}^{(n)}|\rho^n) \tag{6.38}$$

と書き，$\varepsilon_\rho{}^{(n)}$ を**置換作用素**とよぶ．

> **系 6.9** (1) $p\to\varepsilon_\rho{}^{(n)}(p)$ は置換群 $\mathfrak{S}_n$ のユニタリ表現であり，その同値類は ρ の同値類だけで定まる．
>
> (2) $\varepsilon_\rho{}^n(p)\in\rho^n(\mathfrak{A})'$

証明 (1)は定理 6.8 (3)から明らか．(2)は $\varepsilon_\rho{}^{(n)}$ が ρ^n から ρ^n への繋絡作用素であるから，繋絡作用素の定義より明らかである．▌

注 $\varepsilon_\rho{}^{(n)}$ の表わす置換は次のように解釈できる．ρ と同値で台が相互に空間的に位置する $\rho_1\cdots\rho_n$ を考える．(上では $\rho_j{}^{(0)}$ と書いた.) それは ρ が表わす励起を相互に空間的な位置に総計 n 個置くことに相当する．ρ と ρ_j の繋絡作用素 $(\rho_j|U_j|\rho)$ を定めると，表現 π_ρ についてベクトル $U_j^*\Omega$ は真空に ρ_j で表わされる励起を起こした状態

$$(U_j^*\Omega,\pi_\rho(A)U_j^*\Omega)=(\Omega,\pi_{\rho_j}(A)\Omega) \tag{6.39}$$

を与え，表現 ρ^n について

$$|p\rangle=U_{p^{-1}(1)}{}^*\times\cdots\times U_{p^{-1}(n)}{}^*\Omega \tag{6.40}$$

は状態(6.39)の積状態を表わす．定理 6.5 により，(6.40)で与えられる状態 $\langle p|\pi_{\rho^n}(A)|p\rangle$ は置換 p ($\rho_1\cdots\rho_n$ の積の順序)によらないが，ベクトル(6.40)は p による可能性があり，$\varepsilon_\rho{}^{(n)}$ はまさに(6.40)相互の変換を与える．

$$\varepsilon_\rho{}^{(n)}(q)|p\rangle=|qp\rangle \tag{6.41}$$

すなわち，同一種類の n 個の(空間的に離れた)励起の置換を表わしていると解釈できる．

特に $n=2$ の場合 $\mathfrak{S}_2$ は e と互換 $\tau_1=(12)$ からなるので，興味があるのは，**統計作用素**とよばれる作用素

$$\varepsilon_\rho\equiv\varepsilon_\rho{}^{(2)}(\tau_1) \tag{6.42}$$

である．その性質は次の系で与えられる．

系 6.10 (1) $\varepsilon_\rho \in \rho^2(\mathfrak{A})'$

(2) $(\varepsilon_\rho)^2 = 1$

(3) $\rho' = \sigma_V \rho$ ならば,

$$\varepsilon_{\rho'} = \sigma_W \varepsilon_\rho, \qquad W = V\rho(V)$$

(4) $\mathbf{1}_\rho{}^k \equiv (\rho^k|1|\rho^k)$, $\boldsymbol{\varepsilon}_\rho = (\rho^2|\varepsilon_\rho|\rho^2)$ と書けば,

$$\boldsymbol{\varepsilon}_\rho{}^{(n)}(\tau_m) = \mathbf{1}_\rho{}^{m-1} \times \boldsymbol{\varepsilon}_\rho \times \mathbf{1}_\rho{}^{n-m-1}$$

ただし τ_m は m と $m+1$ の互換である.

証明 (1)と(2)は系 6.9 そのもの. (3)は単純な計算による. (4)は定理 6.8 (4)による. ▌

注 $\mathfrak{S}_n$ は互換で生成されるので, $\varepsilon_\rho{}^{(n)}(p)$ は ε_ρ で定まることが(4)からわかる.

以上, 励起の置換を考えたが, 次に励起の無限遠への移動による(視界からの)除去を考える.

定義 6.11 C^* 環 $\mathfrak{A}$ の正線形写像 ϕ と局在自己準同形写像 ρ が次の関係式をみたすとき, ϕ を ρ の**左逆写像**という.

$$\phi(A\rho(B)) = \phi(A)B \qquad (A, B \in \mathfrak{A}) \tag{6.43}$$

$$\phi(\rho(A)B) = A\phi(B) \qquad (A, B \in \mathfrak{A}) \tag{6.44}$$

励起 ρ の無限遠への移動による除去は, 次の補助定理により ρ の左逆写像を与える.

補助定理 6.12 2 重錐の列 D_n が $n \to \infty$ で任意の 2 重錐と空間的な位置になるよう空間的無限遠へ動くものとし, ある 2 重錐に台をもつ ρ を, D_n に台をもつ同値な ρ_n に移すユニタリ作用素 U_n を考える ($\rho_n = \sigma_{U_n}\rho$). このとき写像列 σ_{U_n} の部分有向点族 $\sigma_{U_{n(\alpha)}}$ が次の意味で極限写像 ϕ をもち, ϕ は ρ の左逆写像である.

$$\operatorname*{w-lim}_\alpha U_{n(\alpha)} A U_{n(\alpha)}{}^* = \phi(A) \qquad (A \in \mathfrak{A}) \tag{6.45}$$

証明 (6.45)の極限をもつ部分有向点族の存在は，作用素弱位相に関する各点 A での収束で定まる位相について，正線形写像全体の単位球がコンパクトであることから従う．有界な台をもつ A については，十分大きな n で D_n と A の台が空間的になり，

$$U_n\rho(A)U_n^* = \rho_n(A) = A$$

が成立し，

$$\operatorname*{w-lim}_{\alpha} U_{n(\alpha)}\rho(A)BU_{n(\alpha)}^* = A \operatorname*{w-lim}_{\alpha} U_{n(\alpha)}BU_{n(\alpha)}^* = A\phi(B)$$

が成立する．有界な台をもつ元 A は $\mathfrak{A}$ で稠密なので，一般の A についても上式が成立する．(6.43)についても同様に証明できる．▌

補助定理 6.13 ρ をきめるとその左逆写像全体は空でないコンパクトな凸集合である．

これは定義から明らかである．空でないことは補助定理 6.12 による．

いよいよセクターの分類を与える統計パラメタ λ を次の定理により導入する．

定理 6.14 $\rho\in\Delta$ が既約($\pi_\rho(\mathfrak{A})'=\boldsymbol{C}1$)とし，$\phi_\rho$ をその左逆写像とする．そのとき

(1) $\phi(\varepsilon_\rho) = \lambda 1$

(2) λ は 0 または $\pm d^{-1}$，ただし d は自然数．

(3) λ の値はセクター $[\rho]$ で一意的にきまる．

証明 (1) 系 6.10(1)により ε_ρ は $\rho^2(A)$（ただし $A\in\mathfrak{A}$）と可換なので，左逆写像の性質から

$$0 = \phi(\varepsilon_\rho\rho^2(A)-\rho^2(A)\varepsilon_\rho) = \phi(\varepsilon_\rho)\rho(A)-\rho(A)\phi(\varepsilon_\rho)$$

したがって，ρ が既約の仮定により

$$\phi(\varepsilon_\rho)\in\rho(\mathfrak{A})' = \boldsymbol{C}1 \qquad \text{すなわち} \qquad \phi(\varepsilon_\rho) = \lambda 1$$

(2) 系 6.9(2)を出発点として上と同じ計算をすると，$\phi^{n-1}(\varepsilon_\rho{}^n(p))$ が恒等作用素の定数倍，すなわち

$$\phi^{n-1}(\varepsilon_\rho{}^n(p)) = \omega_\lambda{}^n(p)\mathbf{1} \qquad (6.46)$$

の形であることがわかる．ϕ は正線形写像で，$\mathbf{1}$ を $\mathbf{1}$ に写すので，$\omega_\lambda{}^n(p)$ は $\mathfrak{S}_n$ の群環上の状態を与える．その値は系 6.10(4)を使って得られる次の公式を反復使用すると得られる．

$$\phi(\varepsilon_\rho{}^n(p)) = \begin{cases} \varepsilon_\rho{}^{n-1}(p') & (p(1)=1 \text{ の場合}) \\ \lambda\varepsilon_\rho{}^{n-1}(p') & (p(1)\neq 1 \text{ の場合}) \end{cases}$$

ただし，p を重なりのない巡回置換の積に表示したうえで，1 を消し去り，$t=2,\cdots,n$ を $t-1$ に書き換えて得られる $1,\cdots,n-1$ の置換が p' である．

その結果，$\omega_\lambda{}^n$ は重なりのない巡回置換の積については，それぞれの巡回置換に対する値の積になり，k 個の数字の巡回置換については λ^{k-1} という値をとる．

とくに完全対称および完全反対称への射影作用素

$$E_s{}^n = \sum p/n!, \qquad E_a{}^n = \sum(\mathrm{sgn}\, p)p/n!$$

に対しては次の値を取る($\mathrm{sgn}\, p$ は置換 p の符号)．

$$\omega_\lambda{}^n(E_s{}^n) = (1+\lambda)(1+2\lambda)\cdots(1+(n-1)\lambda)/n!$$

$$\omega_\lambda{}^n(E_a{}^n) = (1-\lambda)(1-2\lambda)\cdots(1-(n-1)\lambda)/n!$$

これがすべての n に対して正であるためには，

$$\lambda = 0 \quad \text{または} \quad 1+d\lambda = 0 \quad \text{または} \quad 1-d\lambda = 0$$

が成立しなければならない．ただし d は自然数である．

(3) いま左逆写像 ϕ_1 と ϕ_2 があって，

$$\phi_j(\varepsilon_\rho) = \lambda_j\mathbf{1} \qquad (j=1,2)$$

とする．補助定理 6.13 により，$0<\alpha<1$ に対し $\alpha\phi_1+(1-\alpha)\phi_2$ も左逆写像であり，

$$(\alpha\phi_1+(1-\alpha)\phi_2)(\varepsilon_\rho) = (\alpha\lambda_1+(1-\alpha)\lambda_2)\mathbf{1}$$

となる．(2)により

$$\alpha\lambda_1+(1-\alpha)\lambda_2 = 0 \quad \text{または} \quad \pm(d_\alpha)^{-1} \qquad (d_\alpha \text{ は自然数})$$

が任意の $0<\alpha<1$ について成立しなければならない．そのためには $\lambda_1=\lambda_2$ である．

次に ρ を同じ同値類の $\sigma_V\rho=\rho'$ に変えてみよう．ρ のひとつの左逆写像が ϕ ならば，$\phi'=\phi\sigma_{V^*}$ が ρ' の左逆写像であることを計算で確かめることができる．他方，系 6.10(3)により $\varepsilon_{\rho'}=\sigma_W(\varepsilon_\rho)$，$W=V\rho(V)$ となるので

$$\phi'(\varepsilon_{\rho'}) = \phi(\sigma_{\rho(V)}\varepsilon_\rho) = \sigma_V\phi(\varepsilon_\rho) = \sigma_V(\lambda 1) = \lambda 1$$

のように，ふたたび同じ λ が得られる．▌

セクター $[\rho]$ の統計パラメタを λ_ρ と表わす．与えられた統計パラメタ λ_ρ の値に対し，$\mathfrak{S}_n$ の表現 $\varepsilon_\rho{}^n$ は次のようにきまる．

定理 6.15 $\rho\in\Delta$ の左逆写像 ϕ が $\phi(\varepsilon_\rho)=\lambda 1$ をみたせば，$\mathfrak{S}_n$ のユニタリ表現 $\varepsilon_\rho{}^n$ に付随する Young の図形は，ちょうど次の条件をみたすものである．

(1) $\lambda = d^{-1}$ の場合: 各列の長さが d 以下．

(2) $\lambda = -d^{-1}$ の場合: 各行の長さが d 以下．

(3) $\lambda = 0$ の場合: 制限なし．

証明の概要 $\mathfrak{S}_n$ の群環の中心の極小射影作用素が 1 対 1 で Young の図形に対応しており，ユニタリ表現 $\varepsilon_\rho{}^n$ でそのうちどれが 0 にならないかが問題になる．

(3) $\lambda=0$ の場合は一番簡単で，(6.46)の $\omega_\lambda{}^n(p)$ はそのあとの記述で $\lambda=0$ とおけば，$p\neq e$ では 0 で，群環の元に対しては単位元の係数を取り出すトレース状態になっている．したがって群環上忠実($\omega_0{}^n(A^*A)=0$ なら $A=0$)であり，(6.46)により，任意の極小中心作用素について表現 $\varepsilon_\rho{}^n$ は 0 でない．したがって，すべての Young の図形が制限なしに現われる．

(1)と(2)の場合，(6.46)により群環の正元に対し，$\varepsilon_\rho{}^n$ が 0 ならば $\omega_\lambda{}^n$ も 0 であるが，他方不等式

$$\|\phi(A^*A)\| \geqq \lambda^2\|A^*A\| \tag{6.47}$$

が任意の左逆写像 ϕ に対して成立するので，A^*A に $\varepsilon_\rho{}^n(\cdot)$ を代入すると，$\omega_\lambda{}^n$ が 0 ならば $\varepsilon_\rho{}^n$ も 0 になることがわかる((6.47)の証明については論文*参照)．

* S. Doplicher, R. Haag and J. E. Roberts: Commun. Math. Phys. **23** (1971) 199, Lemma 3.8.

したがって $\omega_\lambda{}^n(E)\neq 0$ となる極小中心射影作用素 E をきめればよい．$\omega_\lambda{}^n$ はすでに具体的に与えられているが，それは次の表現上の忠実なトレース状態に一致する．

$\mathcal{H}_d$ を有限次元 d の Hilbert 空間とし，その n 個のテンソル積

$$\mathcal{H}_d{}^{\otimes n} = \mathcal{H}_d\otimes\cdots\otimes\mathcal{H}_d \qquad (n\text{ 個の積})$$

上にテンソル積の因子の置換としてはたらく $\mathfrak{S}_n$ の表現

$$\pi(p)(\xi_1\otimes\cdots\otimes\xi_n) = \xi_{p^{-1}(1)}\otimes\cdots\otimes\xi_{p^{-1}(n)}$$

および，それに各置換 p の符号 $\mathrm{sgn}\,p$ を掛けて得られる

$$\pi'(p) = (\mathrm{sgn}\,p)\pi(p)$$

を考えると，$\lambda=1/d$ について次式が成立する．

$$d^{-n}\,\mathrm{Tr}(\pi(p)) = \omega_\lambda{}^n(p) \tag{6.48}$$

$$d^{-n}\,\mathrm{Tr}(\pi'(p)) = \omega_{-\lambda}{}^n(p) \tag{6.49}$$

したがって $\pi(p)$ については，$\mathcal{H}_d$ の1次独立なベクトルが d 個しかないので，d 個以上の反対称化は不可能であり，そのため(1) $\lambda=d^{-1}$ の場合には，Young の図形の各列の長さに d 以下という制限がでる．(2) $\lambda=-d^{-1}$ の場合は，$\pi'(p)$ の $\mathrm{sgn}\,p$ の因子のため，同じ事情で Young の図形の各行の長さが d 以下という制限がでる．▌

特に $\lambda=\pm 1$ の場合は次の定理が成り立つ．

定理 6.16 $\rho\in\Delta$ について次の各条件は同値である．

(a) ρ は自己同形写像である．

(b) ρ^2 は既約である($\rho^2(\mathfrak{A})'=\boldsymbol{C}\mathbf{1}$)．

(c) $\varepsilon_\rho = \pm\mathbf{1}$

証明 もともと $\mathfrak{A}'=\boldsymbol{C}\mathbf{1}$ なので，(a)から(b)が従う．(b)が成立すれば系6.10(1)と(2)により(c)が従う．最後に(c)を仮定する．ε_ρ は(6.36)で $\rho_1=\rho_2=\rho$，$n=2$ とおいて得られるが，$\boldsymbol{U}$ の構成要素 $(\rho_j{}^{(0)}|U_j|\rho)$ $(j=1,2)$ について，$\rho_1{}^{(0)}=\rho$，$U_1=\mathbf{1}$ とおけば

$$\varepsilon_\rho = U_2{}^{-1}\rho(U_2) \tag{6.50}$$

任意の $A\in\mathfrak{A}(D)$ に対し，$\rho_2{}^{(0)}$ の台を ρ の台および D と空間的な位置に選べば

$$A=\rho_2{}^{(0)}(A)=U_2\rho(A)U_2{}^*$$

となる．もし $\varepsilon_\rho=\pm 1$ なら(6.50)により $U_2=\pm\rho(U_2)$ となり，$A=\rho(U_2AU_2{}^*)\in\rho(\mathfrak{A})$ になる．したがって $\rho(\mathfrak{A})$ は $\mathfrak{A}$ で稠密であり，したがって $\rho(\mathfrak{A})=\mathfrak{A}$ が成立する．すなわち(a)が示された．▌

まとめ　ρ が既約な場合，$\mathfrak{A}$ の既約表現 π_ρ の同値類 $[\rho]$ について，真空に励起 ρ をいくつか作ってそれを置換したときの振舞いから，セクター $[\rho]$ の統計パラメタ λ が導入され，それは0または $\pm d^{-1}$ という値をとる．$d(\rho)=d$ はセクター $[\rho]$ の**統計次元**とよばれる．

$\lambda\neq 0$ のときの置換を記述する $\omega_\lambda{}^n(p)$ は(6.40),(6.41)で与えられ，それらはちょうど階数 d のパラBoseおよびパラFermi粒子の n 粒子系の振舞いと一致するので，$\lambda>0$ を**Bose統計**，$\lambda=d^{-1}$ を**階数 d のパラBose統計**，$\lambda<0$ を**Fermi統計**，$\lambda=-d^{-1}$ を**階数 d のパラFermi統計**とよぶ．階数1の場合は通常のBose粒子とFermi粒子に対応し，定理6.16により，それはちょうど ρ が自己同形写像の場合である．$\lambda=0$ の場合は $d=\infty$ に相当するので**無限統計**とよび，これに対して $\lambda\neq 0$ の場合を**有限統計**とよぶ．

セクター $[\rho]$ について，π_ρ の表現空間 $\mathscr{H}_\rho$ に物理量の並進を実現する並進群のユニタリ表現が存在し，そのエネルギー運動量スペクトルが未来錐 V_+ に含まれ(正エネルギー条件)，さらに $\rho\rho'$ が真空表現(恒等表現)を含むようなセクター $[\rho']$（セクター $[\rho]$ の**荷電共役セクター**とよばれる→6-4節)が存在すれば，$[\rho]$ は有限統計をもつことが示されている*．とくにBF条件のもとではそのような前提条件が成立するので，無限統計が排除される．

D が ρ の台に含まれれば，$\rho(\mathfrak{A}(D))$ は $\mathfrak{A}(D)$ の部分von Neumann環である．II_1 型因子環 M の部分因子環についてJonesは，Jones指標 $[M:N]$ を導入し，一般の部分von Neumann環についても，それが極小指標として一般化されている．この極小指標と ρ の統計次元 $d(\rho)$ の間には次の関係がある**．

---

* S. Doplicher, R. Haag and J. E. Roberts: Commun. Math. Phys. **35** (1974) 49, Appendix.

** R. Longo: Commun. Math. Phys. **126** (1989) 217.

$$d(\rho)^2 = [\mathfrak{A}(D) : \rho(\mathfrak{A}(D))]$$

以上の解析は既約な場合 $\rho\in\Delta^{\mathrm{irr}}$ について述べたが，一般の $\rho\in\Delta$ については，ρ の左逆写像 ϕ のうち，$\phi(\varepsilon_\rho)^2$ が恒等作用素の定数倍になるものが存在し，それを**標準的な左逆写像**とよぶ．標準的左逆写像 ϕ に対し，$\phi(\varepsilon_\rho)=0$ となる場合，ρ は**無限統計**をもつといい，$\phi(\varepsilon_\rho)\neq 0$ の場合**有限統計**をもつという．ρ が有限統計をもつことの必要十分条件は，有限統計をもつ有限個の既約な $\rho_i\in\Delta^{\mathrm{irr}}$ の直和として，次の既約分解ができることである．

$$\pi_\rho = \sum \pi_{\rho_i}$$

有限統計をもつ既約な ρ_i の無限個の直和に同値な $\rho\in\Delta$ があれば，それは無限統計をもつが，一般の無限統計の ρ の構造は知られていない．

この節での議論と結論は，空間の次元が低い場合には変わってくる．DHR 解析では 2 次元時空，BF 解析では 3 次元時空で，いわゆる組み糸群の統計とよばれる，より複雑な統計が現われる*．

6-4 荷電共役セクター

局在自己準同形写像 ρ の左逆写像の構成は，(6.45)式により，励起 ρ を空間的無限遠へ移動する内部自己同形写像 σ_{U_n} の弱極限として得られ，したがって励起 ρ を無限遠への移動により消し去る操作で得られた．実際その逆の操作の意味をもつ $U_n{}^*$ については，$A\in\mathfrak{A}(D)$ について十分大きな n に対しては ρ_n の台が D と空間的になるため，$\rho_n(A)=A$ が成立し，

$$U_n{}^*AU_n = U_n{}^*\rho_n(A)U_n = \rho(A)$$

となるので，一般の $A\in\mathfrak{A}$ についても

$$\lim_{n\to\infty} \sigma_{U_n{}^*}(A) = \rho(A) \tag{6.51}$$

となる．

---

* たとえば，K. Fredenhagen, K. H. Rehren and B. Schroer: Commun. Math. Phys. **125** (1989) 201; Rev. Math. Phys. **4** (1992) Special issue.

そこで σ_{U_n} の極限として得られる左逆写像 ϕ は，$\mathfrak{A}$ の自己正写像であっても自己準同形写像ではないものの，真空表現に対しては真空表現の状態から励起 ρ に相当する何かを取り去る意味をもつはずで，あとには ρ と逆の励起が残されているはずであり，それが場の理論の荷電共役を与えるであろうことが推定される．

本節では，有限統計をもつセクターについてこのような考え方が成立することを説明する．そこで，$\mathfrak{A}$ の局在自己準同形写像 ρ のうち次の 2 条件をみたすものの全体を $\Delta_f{}^{\mathrm{irr}}$ と名づける．

(a)　$\rho(\mathfrak{A})$ は既約である

(b)　$\lambda_\rho \neq 0$　　(有限統計)

> **定理 6.17**　$\rho \in \Delta_f{}^{\mathrm{irr}}$ に対し，$\bar{\rho}\rho$ が真空表現(恒等表現) ι を含む $\bar{\rho} \in \Delta_f{}^{\mathrm{irr}}$ が存在し，セクター $[\bar{\rho}]$ はセクター $[\rho]$ により一意的に定まる．このとき $\bar{\rho}\rho$ は真空表現を多重度 1 で含み，$\lambda_\rho = \lambda_{\bar{\rho}}$ である．

この定理で与えられるセクター $[\bar{\rho}]$ をセクター $[\rho]$ の**荷電共役セクター**という．定理 6.5 により $[\bar{\rho}\rho] = [\rho\bar{\rho}]$ なので $[\bar{\bar{\rho}}] = [\rho]$ は明らかである．すなわち荷電共役を 2 度行なうともとへ戻る．この荷電共役と左逆写像の関係は次のようである．

> **定理 6.18**　(1) $\rho \in \Delta_f{}^{\mathrm{irr}}$ の左逆写像 φ は一意的で，補助定理 6.12 の U_n により
>
> $$\operatorname*{w-lim}_{n\to\infty} U_n A U_n{}^* = \varphi(A) \tag{6.52}$$
>
> として得られる．
>
> (2) 真空状態 $\omega(A) = (\Omega, A\Omega)$ と左逆写像 φ から作られる状態 $\omega(\varphi(A)), A \in \mathfrak{A}$ に付随する GNS 表現 π_φ は $\pi_{\bar{\rho}}(A) = \bar{\rho}(A)$ とユニタリ同値である．
>
> (3) $\bar{\rho}\rho$ と ι の繋絡作用素 $\boldsymbol{R} = (\bar{\rho}\rho|R|\iota)$ のうち，

$$\bar{\boldsymbol{R}} \equiv \mathrm{sgn}(\lambda_\rho)\boldsymbol{\varepsilon}(\bar{\rho}, \rho) \circ \boldsymbol{R} \equiv (\rho\bar{\rho}|\bar{R}|\iota) \tag{6.53}$$

に対して($\mathrm{sgn}(\lambda_\rho)$ は λ_ρ の符号)

$$\bar{R}^*\rho(R) = 1, \quad R^*\bar{\rho}(\bar{R}) = 1 \tag{6.54}$$

をみたすものが存在し，左逆写像 φ は

$$\varphi(A) = d(\rho)^{-1}R^*\bar{\rho}(A)R \qquad (A \in \mathfrak{A}) \tag{6.55}$$

により与えられる．

荷電共役セクターの粒子像を議論するために，さらに共変性の条件を ρ に課する．Δ_r^{irr} に属する ρ のうち，次の条件をみたすもの全体を Δ_s と表わす．

(c) $\mathcal{H}$ 上に $\tilde{\mathcal{P}}_+^\uparrow$ の連続ユニタリ表現 $g \in \tilde{\mathcal{P}}_+^\uparrow \to U_\rho(g)$ で次式をみたすものが存在する．

$$U_\rho(g)\rho(A)U_\rho(g)^* = \rho(gA) \qquad (A \in \mathfrak{A}, g \in \tilde{\mathcal{P}}_+^\uparrow) \tag{6.56}$$

ただし gA は，g に対応する $\mathcal{P}_+^\uparrow$ の元による A の変換を表わす．

定理 6.19 (1) $\rho \in \Delta_s$ ならば $\bar{\rho} \in \Delta_s$ である．

(2) (6.56)をみたす $U_\rho(g)$ は一意的である．

(3) $\rho_1, \rho_2 \in \Delta_s$ が同値で $\boldsymbol{R} = (\rho_2|R|\rho_1)$ を繋絡作用素とすれば，R は U_{ρ_1} と U_{ρ_2} の繋絡作用素でもある．

(4) U_ρ の質量スペクトルと $U_{\bar{\rho}}$ の質量スペクトルは準同値である．

とくにセクター $[\rho]$ に 1 粒子状態($\tilde{\mathcal{P}}_+^\uparrow$ の既約表現)が含まれていて，しかも有限多重度の場合には，次の結果が成立する．

定理 6.20 $\rho \in \Delta_s$ の $\tilde{\mathcal{P}}_+^\uparrow$ の表現 U_ρ に，質量 m の表現が有限な全多重度で含まれている場合には，次が成立する．

(a) U_ρ および $U_{\bar{\rho}}$ の質量 m の部分空間 $\mathcal{H}_\rho{}^m, \mathcal{H}_{\bar{\rho}}{}^m$ の間にユニタリ写像 C があって，表現 U_ρ と $U_{\bar{\rho}}$ を繋絡する．(したがって粒子のスピンと多重度は ρ と $\bar{\rho}$ で一致する．)

(b) 粒子のスピン s と統計パラメタ λ の符号 $\mathrm{sgn}\,\lambda$ の間に次の関係

がある（$[\rho]$ に属する粒子のすべてについて成立）.

$$(-1)^{2s} = \mathrm{sgn}\,\lambda \tag{6.57}$$

（6.57）式は**スピンと統計の関係**とよばれ，場の理論で証明が知られているとともに，粒子の多重度が無限大の場合には反例があることも知られている．

$\rho=\bar{\rho}$ のセクターは実と疑実の2種類に分類され，疑実のセクターでは粒子と荷電共役粒子（反粒子ともいう）は違わなければならないことが示される．これは場の理論の Carruthers の定理に対応する．

本節の諸定理の証明は紙数の関係もあり省略する*.

6-5　場の作用素環系とゲージ群

この節では，Dirac 場のように，超選択則のため真空と重畳不可能な1粒子状態と真空とを橋渡しする作用素を導入し，それが空間的に離れた台をもつ場合に，パラ Fermi 統計へ橋渡しをする作用素同士では**反交換関係**，それ以外は**交換関係**という，正規交換関係を導く．基本的な仮定は6-1節にまとめたように可分 Hilbert 空間の忠実既約な真空表現で，因果的双対性と性質Bをみたすものを出発点とする．背景となる数学は，コンパクト群についての Doplicher と Roberts の双対定理**である．

もともと DHR 解析は，Fermi 場を含めた場の理論において，ゲージ不変な作用素の作る局所物理量の作用素環系から出発して，いかに初めのゲージ不変でない場とゲージ群を再構成できるかという考え方で出発した***．その再構成すべきゲージ群と場の作用素環系の構造は次のようである．ただし可分 Hilbert 空間 $\mathscr{H}_0$ 上に，局所物理量のなす von Neumann 環 $\mathfrak{A}(D)$ の生成する C^* 環 $\mathfrak{A}$ の忠実，既約な真空表現 π_0 が与えられているものとする．

---

*　S. Doplicher, R. Haag and J. E. Roberts: Commun. Math. Phys. **35** (1974) 49.

**　S. Doplicher and J. E. Roberts: Invent. Math. **98** (1989) 157.

***　S. Doplicher, R. Haag and J. E. Roberts: Commun. Math. Phys. **13** (1969) 1 ; **15** (1969) 173.

定義 6.21 ゲージ群 G をもつ場の局所環系 $\mathcal{F}$ とは，(1) $\mathcal{H}_0$ を部分空間として含む Hilbert 空間 $\mathcal{H}$ 上の $\mathfrak{A}$ の表現 π で，その $\mathcal{H}_0$ 上の部分表現が忠実既約真空表現 π_0 であるものと，(2) $\mathcal{H}_0$ 上恒等作用素となる $\mathcal{H}$ 上のユニタリ作用素のなすある(作用素の強位相に関する)コンパクト群 G と，(3) 各 2 重錐 D に対応する $\mathcal{H}$ 上の von Neumann 環 $\mathcal{F}(D)$ およびすべての $\mathcal{F}(D)$ で生成される C^* 環 $\mathcal{F}$ との組 $(\pi, G, \mathcal{F})$ で，次の性質をみたすものをいう．

(α) $g \in G$ は，ユニタリ変換 gAg^* により $\mathcal{F}$ の自己同形写像 α_g を誘起し，α_g は各 D について $\mathcal{F}(D)$ の自己同形写像を与え，$\mathcal{F}$ および $\mathcal{F}(D)$ の $\alpha_g, g \in G$ で不変な元全体(不動点環 $\mathcal{F}^G$ および $\mathcal{F}(D)^G$)が $\pi(\mathfrak{A})$ および $\pi(\mathfrak{A}(D))$ に一致する．

(β) 場の C^* 環 $\mathcal{F}$ は $\mathcal{H}$ 上既約である　　($\mathcal{F}' = \boldsymbol{C}\mathbf{1}$)

(γ) 各 $\mathcal{F}(D)$ に対し $\mathcal{H}_0$ は巡回的である　　($\overline{\mathcal{F}(D)\mathcal{H}_0} = \mathcal{H}$)

(δ) D_1 と D_2 が相互に空間的ならば，$\mathcal{F}(D_1)' \supset \pi(\mathfrak{A}(D))$

場 $\mathcal{F}$，ゲージ群 G，物理量 $\mathfrak{A}$ の関係はこの定義の(α)で明らかにされているが，空間的に位置した 2 領域の場の交換関係については，(δ)が最低条件であり，その理想形は次に述べる正規交換関係である．

定義 6.22 ゲージ群 G と場の局所環系 $\mathcal{F}$ の組が**正規交換関係をみたす**とは，G の中心の元 k で 2 乗が恒等元($k^2 = e$)であり，k が定める Z_2 次数づけに関して $\mathcal{F}$ が次の**次数つき局所可換性**をみたすことをいう．

次数つき局所可換性: D_1 と D_2 が相互に空間的とし，

$$F_\sigma \in \mathcal{F}(D_1), \quad F_\sigma' \in \mathcal{F}(D_2), \quad \alpha_k F_\sigma = \sigma F_\sigma, \quad \alpha_k F_\sigma' = \sigma F_\sigma'$$

($\sigma = \pm$)とすると，次式が成立する．

$$F_+ F_+' = F_+' F_+, \quad F_+ F_-' = F_-' F_+, \quad F_- F_-' = -F_-' F_- \tag{6.58}$$

ゲージ群と場を導入する目的は，ひとつの真空表現から出発して，移動可能な局在励起を表わすセクターを，すべてひとつの Hilbert 空間とその上の既約な C^* 環 $\mathscr{F}$ で記述することにある．それが達成されたことを表わす用語を次に導入する．

定義 6.23 ゲージ群と場の局所環系の組において，物理量の C^* 環 $\mathfrak{A}$ の表現 π が，移動可能な局在励起を表わす(すべての 2 重錐 D について $\pi_1(\mathfrak{A}(D))$ が $\pi_0(\mathfrak{A}(D))$ とユニタリ同値であるような)既約表現 π_1 のうち有限統計をもつものをすべて含むとき，**完備**という．

本節最後の定義として，組 $(\pi, G, \mathscr{F})$ についての同値性を定義する．

定義 6.24 ゲージ群と場の局所環系 2 組 $(\pi_i, G_i, \mathscr{F}_i)$, $i=1,2$ が**同値**であるとは，π_1 の表現空間 $\mathscr{H}_1$ から π_2 の表現空間 $\mathscr{H}_2$ へのユニタリ作用素 W が存在して次の繋絡関係式をみたすことをいう．

$$W\pi_1(A) = \pi_2(A)W \qquad (A \in \mathfrak{A})$$

$$WG_1 = G_2W$$

$$W\mathscr{F}_1(D) = \mathscr{F}_2(D)W \qquad (D \text{ は任意の 2 重錐})$$

目標とするところが以上の定義ではっきりしたので，結果を定理として述べる．

定理 6.25 局所物理量系 $\mathfrak{A}$ の可分 Hilbert 空間 $\mathscr{H}_0$ 上の忠実既約真空表現 π_0 が因果的双対性および性質 B をみたせば，ゲージ群と場の局所環系で正規交換関係をみたし完備なものが存在し，その同値類は一意的である．

すなわち目標が全部達成されるのである．

注 定義 6.22 の正規交換関係を要請しなければ，ゲージ群 G と場の作用素環系 $\mathscr{F}$ のとり方は，与えられた π_0 に対して(同値類を考えても)一意的とはかぎらない．たとえば同じ自由場数個から作られるパラ Bose 場やパラ Fermi

場の例は，正規交換関係をみたさない．（交換関係，反交換関係のいずれもみたさない．）そのような場合でも，物理量（それは常に空間的に位置する 2 領域間での可換性を因果律の理由で要請する）を固定した上で，正規交換関係をみたす場を見つけることができる，というのが上記定理の主張には含まれる．このような事情は，空間的に位置する 2 領域間で交換関係または反交換関係をみたす Wightman 場については，いわゆる Klein 変換を行なうことで（物理量は変えずに），正規交換関係をみたす場に変更することが可能であることが証明されている*.

上の定理で存在を示したゲージ群と場は，定義に掲げた以上にいろいろな性質をもち，また前節の統計の解析とも密接に関係している．次の定理はこの事情を明らかにするものである．

定理 6.26 ゲージ群と場の作用素環系は次の性質をもつ．

(a) $\pi(\mathfrak{A})'\cap\mathcal{F}=\boldsymbol{C}\mathbf{1}$

(b) C^* 環 $\mathcal{F}$ の自己同形写像 γ がある $g\in G$ について α_g と一致するためには，$\mathfrak{A}$ の元がすべて γ の不動点であることが必要十分である．

(c) $\pi(\mathfrak{A})'=G''$, $\quad \pi=\oplus d(\xi)\pi_\xi$

ここに和は，すべての 2 重錐 D で $\pi_\xi(\mathfrak{A}(D))\cong\pi_0(\mathfrak{A}(D))$ をみたし，次数 $d(\xi)$ の有限統計をもつ既約表現 π_ξ の同値類すべてにわたる．

さらに正規交換関係をみたす場合には，次が成立する．

(d) $k\in G$ による $\mathcal{H}$ の次数づけは，ちょうどパラ Bose 統計とパラ Fermi 統計の区別に対応する．すなわち，上記(c)の直和の既約表現 π_ξ の表現空間 $\mathcal{H}_\xi$ に属するベクトル $\boldsymbol{\Phi}$ については，次式が成り立つ．

$$k\boldsymbol{\Phi}=(\operatorname{sgn}\lambda_\xi)\boldsymbol{\Phi}$$

* H. Araki: J. Math. Phys. 2 (1961) 267.

(e) 場の局所作用環系 $\mathcal{F}(D)$ は，次のねじれた双対性をみたす．

$$\mathcal{F}^t(D) \equiv V\mathcal{F}(D)V^*, \qquad V = 2^{-1/2}(1+ik) \tag{6.59}$$

とおくと，

$$\mathcal{F}^t(D) = \mathcal{F}(D')' \tag{6.60}$$

ただし $\mathcal{F}(D')$ の定義は $\mathfrak{A}(D')$ と同様である．

$$\mathcal{F}(D') = \{\mathcal{F}(D_1); D_1 \subset D'\} \text{ で生成される } C^* \text{ 環}$$

上の(c)の既約分解における π_ξ の多重度 $d(\xi)$ は，ちょうど定理 6.15 の証明に現われる $\mathcal{H}_d$ の次元であり，ξ^n の表現空間で置換作用素が作用する表現空間を支えるものである．また上記(c)から，G が可換であることと，すべてのセクターで $d(\xi)=1$(通常の Bose または Fermi 統計)であることが同値であることが，すぐわかる．実際この場合についての DHR 解析と場の作用素環系の構成は，一般の場合よりずっと簡単である．

上記 2 定理の証明は紙数の都合もあり省略する*．

この節で存在が示された場の作用素環系を使って，第 5 章で展開した S 行列の理論と平行して，真空と重畳可能でない粒子を含めた散乱理論を展開することができる．

6-6 局在荷電の理論

古典的な場の理論では，前節のゲージ群のような大域的な変換について，ラグランジアンが不変であれば，いわゆる Noether の定理とよばれる結果として，保存方程式をみたす流れの密度が定義できる．対応する場の量子論ではその積分が局所的に場の G による変換を生成し，G の Lie 環の表現を与える．本節ではそのような G およびその Lie 環の局所的表現を議論する．

前節で導入された場の局所環系 $\mathcal{F}(D)$ に対し，連結 Lie 群 G のユニタリ表現 $g \in G \to U(g)$ で次の条件をみたすものが与えられているものとする．

* S. Doplicher and J. E. Roberts: Commun. Math. Phys. **131** (1990) 51.

$$\left.\begin{array}{ll} U(g)\Omega = \Omega & \\ U(g)\mathcal{F}(D)U(g)^* = \mathcal{F}(D) & (\text{任意の 2 重錐 } D) \end{array}\right\} \tag{6.61}$$

前節のゲージ群 G はこの性質をもっている．ゲージ群がなくて $\mathcal{F}(D)=\mathfrak{A}(D)$ の場合でもこのような非自明な G が存在する場合もあり，そのときは**内部対称性**とよばれる．

いま $U(g)$ が誘起する $\mathfrak{A}$ の自己同形写像を α_g と書く．

$$\alpha_g(A) = U(g)AU(g)^* \qquad (A\in\mathfrak{A}) \tag{6.62}$$

定義 6.27 $\bar{D}_1\subset D_2$ をみたす開 2 重錐 D_1, D_2 の任意の組に対して，$\mathcal{F}(D_2)$ のユニタリ作用素による G の連続表現

$$g\in G \to V_g\in\mathcal{F}(D_2)$$

が存在して，次の 2 条件をみたすとき，G は**局所的に実現可能**であるという．

$$V_g F V_g^* = \alpha_g(F) \qquad (F\in\mathcal{F}(D_1)) \tag{6.63}$$

$$\alpha_h(V_g) = V_{hgh^{-1}} \qquad (g, h\in G) \tag{6.64}$$

特殊相対論の運動群 $\mathcal{P}_+{}^\uparrow$ あるいは $\tilde{\mathcal{P}}_+{}^\uparrow$ は $\mathcal{F}(D)$ を集合としても保存しない．しかし単位元の近くだけを考えれば，領域 D を少ししか動かさないので，上と似た定式化が可能である．それはとくに Lie 環を考える上で重要である．

いま $\tilde{\mathcal{P}}_+{}^\uparrow$ の連続ユニタリ表現 $U(L)$ が

$$\left.\begin{array}{ll} \tilde{L}\in\tilde{\mathcal{P}}_+{}^\uparrow \to U(\tilde{L}), \quad U(\tilde{L})AU(\tilde{L})^* = \alpha_{\tilde{L}}A & (A\in\mathfrak{A}) \\ \alpha_{\tilde{L}}(\mathfrak{A}(D)) = \mathfrak{A}(LD) & (L \text{ は } \tilde{L}\in\tilde{\mathcal{P}}_+{}^\uparrow \text{ に対応する } \mathcal{P}_+{}^\uparrow \text{ の元}) \end{array}\right\} \tag{6.65}$$

をみたしているとする．また $U(L)$ はゲージ不変とする．

$$U(g)U(L) = U(L)U(g) \qquad (g\in G, L\in\tilde{\mathcal{P}}_+{}^\uparrow) \tag{6.66}$$

定義 6.28 G が定義 6.27 のように局所的に実現可能であり，さらに $\bar{D}_0\subset D_1$ をみたす任意の開 2 重錐 D_0 と，$\tilde{\mathcal{P}}_+{}^\uparrow$ の単位元の近傍 $\tilde{\mathcal{P}}_0$ で任意の $\tilde{L}_0\in\tilde{\mathcal{P}}_0$ が $\tilde{L}_0D_0\subset D_1$ をみたすものについて，$\mathcal{F}(D_2)$ のユニタリ作用素による $\tilde{\mathcal{P}}_+{}^\uparrow$ の表現 V_L で，$\tilde{L}_0\in\mathcal{P}_0, F_0\in\mathcal{F}(D_0)$ ならば

$$V_{\tilde{L}_0} F_0 V_{\tilde{L}_0}{}^* = \alpha_{\tilde{L}_0}(F_0) \qquad (6.67)$$

をみたし，すべての $V_g\,(g\in G)$ と可換なものが存在するとき，G と $\tilde{\mathcal{P}}_+{}^\uparrow$ は**局所的に同時実現可能**という．

これらに対応して，G の Lie 環 $\mathfrak{g}$ および $\mathcal{P}_+{}^\uparrow$ の Lie 環 $\mathfrak{p}$ の表現を考えると，次の定義に到達する．

定義 6.29 $\bar{D}_1\subset D_2$ をみたす開 2 重錐 D_1, D_2 の組について，$\mathcal{F}(D_2)$ に帰属する自己反共役作用素(一般に非有界である)による Lie 環 $\mathfrak{g}$ の表現

$$u\in\mathfrak{g}\rightarrow J_u$$

がその解析ベクトルからなる共通の稠密な $U(G)$ 不変集合上で次式をみたすとき，$\mathfrak{g}$ の**局所カレント代数**とよぶ．

$$[J_u, J_v] = J_{[u,v]} \qquad (u, v\in\mathfrak{g}) \qquad (6.68)$$

$$[J_u, F] = \delta_u(F) \qquad (F\in\mathcal{F}(D_1), u\in\mathfrak{g}) \qquad (6.69)$$

$$\alpha_g(J_u) = J_{g(u)} \qquad (g\in G, u\in\mathfrak{g}) \qquad (6.70)$$

ここに δ_u は u に対応する $\alpha_g\,(g\in G)$ の生成微分写像である．

Lie 環の表現論から，G が定義 6.27 の意味で局所的に実現可能ならば，

$$V_{\exp\lambda u} = \exp\lambda J_u \qquad (u\in\mathfrak{g}, \lambda\in\boldsymbol{R}) \qquad (6.71)$$

をみたす局所カレント代数が定まる．これを G の局所的実現 V に付随する**カレント代数**とよぶ．

G がゲージ群の場合，G の異なる表現を区別する $\mathfrak{g}$ の包絡環の Casimir 作用素は，異なるセクターを区別する一般的な荷電の役割を果たす．$\mathfrak{g}$ の表現 J によるその局所版は，局在荷電を表わすと考えられる．Casimir 作用素の場合，(6.62)，(6.70)によってそれはすべての $U(g)$ と可換になり，したがって $\mathfrak{A}$ に帰属する(非有界な)物理量である．

次に，以上の目標が成立するための十分条件を説明しよう．

定義 6.30 von Neumann 環 M_1, M_2 について次の関係式が成立するとき，M_2 は M_1 を**分裂包含**するという．

（i）$M_2 \supset M_1$

（ii）あるベクトル Ω は，$M_1, M_2, M_1{}' \cap M_2$ のいずれに対しても分離的かつ巡回的である．

（iii）ある I 型因子環 N が M_1 と M_2 の中間にある．

$$M_2 \supset N \supset M_1$$

ただし I 型因子環とは，ある Hilbert 空間 $\mathscr{H}$ 上のすべての有界線形作用素のなす von Neumann 環 $\mathscr{B}(\mathscr{H})$ に＊同形な von Neumann 環をいう．

この条件を $\mathscr{F}(D_1) \subset \mathscr{F}(D_2)$ について考えるのであるが，条件の意味についての吟味はあとまわしにして，まず結論を述べる．

定理 6.31 $\bar{D}_1 \subset D_2$ をみたす 2 重錐 D_1, D_2 の任意の組に対し，$\mathscr{F}(D_2)$ が $\mathscr{F}(D_1)$ を分裂包含すれば，G と $\tilde{\mathscr{P}}_+{}^\uparrow$ は局所的に同時実現可能で，付随する局所カレント代数を構成できる．

分裂包含の局在荷電への応用は Doplicher* により始められ，G の局所的な同時実現可能性は Doplicher と Longo** により，また G と $\tilde{\mathscr{P}}_+{}^\uparrow$ のそれは Buchholz, Doplicher と Longo*** により示された．証明はこれらの論文を参照されたい．なおこの方法で定義される局在荷電は，2 重錐 D_1 を全空間に近づければ，大域的なゲージ群 G の生成作用素により与えられる荷電に近づくことも証明されている****．場の作用素環系における分裂包含は Borchers が予想し，自由場については Buchholz***** が証明している．

* S. Doplicher: Commun. Math. Phys. **85** (1982) 73.

** S. Doplicher and R. Longo: Commun. Math. Phys. **88** (1983) 399.

*** D. Buchholz, S. Doplicher and R. Longo: Ann. Phys. **170** (1986) 1.

**** C. D. Antoni, S. Doplicher, K, Fredenhagen and R. Longo: Commun. Math. Phys. **110** (1987) 325.

***** D. Buchholz: Commun. Math. Phys. **36** (1974) 287.

分裂包含のうち，分離巡回条件(ii)は，局所物理量の系 $\{\mathfrak{A}(D)\}$ に対して定義 4.13 の弱加法性を仮定すると，場の作用素環系に対しても同じ性質が導かれ，定理 4.14 の Reeh-Schlieder の定理により成り立つ．このとき正規交換関係が $\mathcal{F}(D_1)' \cap \mathcal{F}(D_2)$ については役に立つ．条件(i)は単に $\mathfrak{A}(D)$ の単調性の公理から従うので，分裂包含の仮定のうち本質的に新しい仮定は，中間 I 型因子環の存在仮定(iii)である．その物理的意味について議論しよう．

定義 6.32 $\mathfrak{A}(D)$ 上の正規状態 ω に対し，$\mathfrak{A}$ に属する射影作用素 E が次の性質をもつとき，E を ω の**局所フィルタ**という．

フィルタの性質: $\mathfrak{A}$ の任意の局所正規状態 φ について，$\varphi(E) \neq 0$ ならば，被約状態

$$\varphi_E(A) \equiv \varphi(EAE)/\varphi(E) \tag{6.72}$$

を $\mathfrak{A}(D)$ に制限すると，φ のいかんにかかわらず ω に一致する．

$$\varphi_E(A) = \omega(A) \qquad (A \in \mathfrak{A}(D)) \tag{6.73}$$

定理 6.33 局所物理量の作用素環系 $\{\mathfrak{A}(D)\}$ について，$\bar{D}_1 \subset D_2$ をみたす 2 重錐 D_1, D_2 の任意の組に対し，$\mathfrak{A}(D_2)$ が $\mathfrak{A}(D_1)$ を分裂包含するためには，任意の 2 重錐 D_1 と $\mathfrak{A}(D_1)$ の任意の正規状態 ω について，D_2 に属する局所フィルタ E が存在することが必要十分である．

局所フィルタの存在は，ある領域における状態を，それよりもやや大きな領域の機械を使って準備することが可能であることを意味しており，分裂包含の仮定はまさにこの仮定と同値である．局所フィルタの考え方および定理 6.33 の証明は Buchholz, Doplicher および Longo による*．局所フィルタの存在は，物理量に対して意味をもつが，局所物理量の作用素環系についての分裂包含の性質から場の作用素環系のそれを導出できるかどうかは知られていない．

Buchholz と Wichmann** は別の観点から次のように分裂包含の性質を導

* p. 206 の脚注 *** と同じ．
** D. Buchholz and E. H. Wichmann: Commun. Math. Phys. **106** (1986) 321.

いている．時刻 $t=0$ の半径 r の球を底とする 2 重錐を D_r とする．またエネルギー作用素を $P^0=H$ と書く．

定義 6.34 Hilbert 空間 $\mathscr{H}$ の部分集合 N が次の条件をみたすとき，N は**核型集合**であるという．N の線形包上に定義された線形汎関数列 l_n $(n\in\boldsymbol{N})$と，単位ベクトル列 $\boldsymbol{\Phi}_n$ $(n\in\boldsymbol{N})$が存在して，

（i）$\lambda_n=\sup\{l_n(\Psi)\,;\Psi\in N\}$ は $\sum_n \lambda_n<\infty$ をみたし，

（ii）すべての $\Psi\in N$ に対し，$\sum_n l_n(\Psi)\boldsymbol{\Phi}_n=\Psi$ である．

ここで，N の核型指標 ν を

$$\nu(N)=\inf\sum_n \lambda_n \tag{6.74}$$

で定義する．ただし(i),(ii)の条件をみたす列 $l_n,\boldsymbol{\Phi}_n$ のあらゆる可能性にわたって下限をとる．

そこで

$$\mathscr{L}_r\equiv\{W\Omega\,;\,W\in\mathfrak{A}(D_r),\,W^*W=1\} \tag{6.75}$$

と定義して，次の条件を考える．

核型条件 すべての $\beta>0$ に対し $e^{-\beta H}\mathscr{L}_r$ は核型であり，正の定数 c,n,r_0,β_0 が存在して，$r\geqq r_0$，$0<\beta<\beta_0$ で

$$\nu(e^{-\beta H}\mathscr{L}_r)\leqq e^{cr^3\beta^{-n}} \tag{6.76}$$

が成立する．

この条件は，粒子像の解釈が可能で，よい熱力学的性質を示す局所場の理論では成立するものと期待される．

この条件から分裂包含関係が次のように得られる．

定理 6.35 局所物理量の作用素環系の，可分な Hilbert 空間上の真空表現において，真空ベクトル $\boldsymbol{\Omega}$ は各 $\mathfrak{A}(D)$ の巡回ベクトルで，核型条件をみたすものとする．このとき各 D_1 に対し $D_2\supset D_1$ が存在して，$\mathfrak{A}(D_2)$ は $\mathfrak{A}(D_1)$ を分裂包含する．

7 具体例

本書の主題に関係した話題のひとつとして，2 次元カイラル共形場の理論と作用素環論に関係する最近の話題を本章でとりあげる．

7-1　2 次元共形場理論

第 3 章で導入された制限 Poincaré 群に

スケール変換　$x^\mu \to \lambda x^\mu \qquad (\lambda > 0)$

反転　$$x^\mu \to \frac{x^\mu + (x,x)c^\mu}{1+2(c,x)+(c,c)(x,x)}$$

（c は Minkowski 空間の定数ベクトル）

を加えて生成される群は**共形変換群**とよばれる．ただし，反転が空間の全単射になるためには，無限遠点を加えて考える必要がある．

この変換は，波動方程式

$$(\partial_0{}^2 - \partial_1{}^2 - \partial_2{}^2 - \partial_3{}^2)\varphi = 0 \qquad (\partial_\mu = \partial/\partial_\mu) \tag{7.1}$$

の解を解に移す．とくに 2 次元時空では，光錐座標

$$t = x^0 + x^1, \qquad \bar{t} = x^0 - x^1 \tag{7.2}$$

を導入すると，共形変換は t の変換と $\bar{t}$ の変換に分離し，

変位	$t \to t+a, \quad \bar{t} \to \bar{t}+b$
Lorentz 変換	$t \to e^{u}t, \quad \bar{t} \to e^{-u}\bar{t}$
スケール変換	$t \to \lambda t, \quad \bar{t} \to \lambda \bar{t}$
反転	$t \to \dfrac{t}{1+\bar{c}t}, \quad \bar{t} \to \dfrac{\bar{t}}{1+c\bar{t}}$

のようになる．

他方，波動方程式(7.1)は

$$\frac{\partial}{\partial t}\frac{\partial}{\partial \bar{t}}\varphi = 0$$

となり，その解は

$$\varphi = \varphi_1(t)+\varphi_2(\bar{t})$$

のように，それぞれの変数の任意関数の和に分離する．保存する流れの場合にも同様の事情があるので，$t, \bar{t}$ のうちひとつの変数，例えば t だけに依存する量子場を考えることが意味をもってくる．これを**カイラル共形場**とよぶ．

2 次元時空の局所物理量の理論についていえば，2 点 $(t', \bar{t}'), (t, \bar{t})$ を上下の頂点とする 2 重錐((4.1)参照)は，$(t, t')\times(\bar{t}, \bar{t}')$ のように開区間 $(a, b)=\{t; a<t<b\}$ の直積になる．とくに $\bar{t}$ 座標によらない物理量だけをとりあげると，各区間 $I=(t, t')$ に上の 2 重錐で測定できる物理量からなる作用素環 $\mathfrak{A}(I)$ を対応させることになる．

共形変換を考えるときは無限遠点を考察の対象にとり込む必要があるので，射影座標 (t_1, t_2)，$t=t_1/t_2$，あるいは絶対値 1 の複素数

$$w = \frac{i-t}{i+t} \qquad \left(t=\frac{i(1-w)}{1+w}\right) \tag{7.3}$$

を変数に選ぶ．共形変換群は，射影座標では行列式 1 の 2 次行列 A のベクトル (t_1, t_2) への作用で表わせるが，± 1 の作用は t を変えないので，群としては $SL(2R)/\boldsymbol{Z}_2$ になる．複素数 w でも射影座標 (z_1, z_2)，$w=z_1/z_2$ を導入し，単位円 $|w|=1$ を不変とするように，$(z, z)=|z_1|^2-|z_2|^2$ を不変にする線形変換

に着目すると，そのうち行列式1のものが $SL(2R)$ と同形になり，共形変換群は $SU(1,1)/\boldsymbol{Z}_2$ で表わされる．これは円 S^1 上の **Möbius 変換群**とよばれ，$M(1)$ と書かれる．

時空の2重錐領域に対応する光錐座標 t の区間は，w 座標について円弧(円周上の区間)に対応する．円周上の異なる2点 a, b について，a から出発し，円周上を正方向に動いて b に達する円弧を $I=(a,b)$ と記すことにする．このとき，2次元カイラル共形場の物理量の生成する作用素環系は，次のように公理化できる．

円周 S^1 上の各区間 I(I は空でもなく，S^1 にも一致しないとする)に対し，I で測定可能な物理量が生成する作用素環 $\mathfrak{A}(I)$ と，Möbius 変換群 $M(1)$ のユニタリ表現 U が Hilbert 空間 $\mathscr{H}$ 上に与えられ，次の諸性質をみたす．

局所物理量についての公理(2次元カイラル共形場)

(1) **単調性** $I_1 \supset I_2$ ならば $\mathfrak{A}(I_1) \supset \mathfrak{A}(I_2)$

(2) **共変性** $g \in M(1)$ に対し $U(g)\mathfrak{A}(I)U(g)^* = \mathfrak{A}(gI)$

ただし $gI=(ga, gb)$ は g の円周への作用による像．

(3) **局所性** $I_1{}' \supset I_2$ ならば $\mathfrak{A}(I_1)' \supset \mathfrak{A}(I_2)$

ただし $I=(a,b)$ に対し $I'=(b,a)$

(4) **生成条件** $\bigcup_I \{\mathfrak{A}(I);\ -1 \notin \bar{I}\}$ は既約である．

(5) **正エネルギー条件** 変位 $t \to t+a$ に対応する $M(1)$ の1径数群

$$g(a) = \begin{pmatrix} 1-i(a/2) & -i(a/2) \\ i(a/2) & 1+i(a/2) \end{pmatrix} \tag{7.4}$$

のユニタリ表現 $U(g(a)) = e^{iHa}$ の生成作用素 H が正作用素である．

(6) **真空ベクトル** $\mathscr{H}$ の単位ベクトル Ω が任意の $g \in M(1)$ で不変である： $U(g)\Omega = \Omega$.

変位 $t \to t+a$ は，最初の時空座標では $x^0 \to x^0 + a/2$, $x^1 \to x^1 + a/2$ であり，3-4節の記号では $H = P^0 + P^1$ である．定理4.5で与えられる正エネルギー条件から $P^0 \geqq |P^1|$ なので，$H \geqq 0$ が真空ベクトルの巡回表現では成立すること

になる．この性質を公理(5)として採用した．そうすると公理(6)のベクトル Ω が与える状態は，定義 4.3 の意味の真空になる．

円周上の点 -1 は t 座標の無限遠点に対応し，公理(4)の条件 $-1 \notin I$ は I が t（したがって時空）の有限領域に対応することを意味している．生成条件(4)により，任意のベクトルは $\bigcup_I \mathfrak{A}(I)$ について巡回的なので，Ω も巡回ベクトルである．すなわち $\bigcup_I \mathfrak{A}(I)\Omega$ は $\mathcal{H}$ で稠密である．

以下ひとつの Hilbert 空間で議論をするので，（$\mathcal{H}$ での閉包をとって）$\mathfrak{A}(I)$ はすべて von Neumann 環であるものとする．

定理 7.1 $-1 \notin \bar{I}$ をみたす任意の区間 I について

$$\underset{a\to\pm\infty}{\text{w-lim}}\, U(g(a))AU(g(-a)) = (\Omega, A\Omega)\mathbf{1} \tag{7.5}$$

が任意の $A \in \mathfrak{A}(I)$ に対し成立する．（クラスター性） また

$$\underset{a\to\pm\infty}{\text{w-lim}}\, U(g(a)) = E_\Omega \qquad (E_\Omega\xi = (\Omega, \xi)\Omega) \tag{7.6}$$

さらに，

$$H\Psi = 0 \quad \text{ならば} \quad \Psi = c\Omega \qquad (c \text{ は複素数})$$

である．

略証 $\bar{I}, \bar{J}$ が -1 を含まなければ，十分大きい $|a|$ に対し，$J' \supset g(a)I$ となるので，一様有界な $U(g(a))AU(g(-a))$ の集積点は局所性(3)により任意の $B \in \mathfrak{A}(J)$ と可換であり，したがって生成条件(4)により，恒等作用素 $\mathbf{1}$ の複素数倍である．その複素数は，$U(g(-a))\Omega = \Omega$ により，

$$(\Omega, U(g(a))AU(g(-a))\Omega) = (\Omega, A\Omega) \tag{7.7}$$

でなければならないので，(7.5)を得る．(7.5)から

$$\lim_{a\to\pm\infty} (\Psi, U(g(a))A\Omega) = (\Omega, A\Omega)(\Psi, \Omega) \tag{7.8}$$

が得られる．生成条件により $A\Omega$ は $\mathcal{H}$ で稠密で $U(g(a))$ は一様有界なので，(7.6)を得る．とくに $U(g(a))\Psi = \Psi$ ならば

$$(\Psi, \Psi) = \lim_{a\to\pm\infty} (\Psi, U(g(a))\Psi) = (\Psi, \Omega)(\Omega, \Psi)$$

より，$\Psi=c\Omega$ を得る．▌

本章では定義 4.13 をさらに強めた次の性質を仮定する．

定義 7.2 $c\in(a,b)$ をみたす任意の相異なる 3 点 a,b,c に対し

$$\{\mathfrak{A}((a,c))\cup\mathfrak{A}((c,b))\}''=\mathfrak{A}((a,b)) \tag{7.9}$$

が成立することを**強加法性**とよぶ．

補題 7.3 ϕ,S^1 と異なる任意の 2 区間 I,J（相互関係は問わない）に対し，$gI=J$ をみたす $g\in M(1)$ が存在する．また与えられた区間 (a,b) 内の任意の 2 点 c_1,c_2 に対し，$h(a,b)=(a,b)$，$hc_1=c_2$ をみたす $h\in M(1)$ が存在する．

証明 変数 t で考えると，有限区間同士の場合，スケール変換を I に施して J と同じ長さにしてから変位を行なえば $gI=J$ となる．$I\neq J'$ の場合，$I\cup J$ と $I'\cup J'$ のどちらか S^1 と異なる組について示せば十分である．その組を I,J とすると，$I\cup J$ の外の点へ無限遠点を移す $g_1\in M(1)$ が存在し，g_1I,g_1J が有限区間となるので，$g_2g_1I=g_1J$ となる g_2 が存在し，$g=g_1{}^{-1}g_2g_1$ とすればよい．$I=J'$ の場合は，まず変位により I を動かすと $I\neq J'$ の場合に帰着される．h に関しては，まず a を無限遠点（円周上では -1）に移す $g_1\in M(1)$ を考え，その上でスケール変換と変位の合成 g_2 で

$$g_2(g_1(c_1,b))=g_1(c_2,b)$$

とすれば，g_2 は無限遠点を動かさないので，$h=g_1{}^{-1}g_2g_1$ は求める性質をもつ．▌

中央の点 c が無限遠点の場合，強加法性は単に離れた 2 領域 $(a,c),(c,b)$ にまたがる物理量がないことを意味する．補題 7.3 により a,c,b を任意の a',c',b' へ移動する $g\in M(1)$ が存在する（ただし $c\in(a,b)$，$c'\in(a',b')$）ので，(7.9)が $c=-1$ で成立すれば任意の a,b,c で成立する．

強加法性が成立すると，単調性により加法性

$$\{\mathfrak{A}((a,b))\cup\mathfrak{A}((c,d))\}''=\mathfrak{A}((a,d)) \tag{7.10}$$

が成立する．ただし $c\in(a,b)$，$b\in(c,d)$．(∵左辺は

$$\{\mathfrak{A}((a,b))\cup\mathfrak{A}((b,d))\}''=\mathfrak{A}((a,d))$$

を含み，右辺は明らかに左辺を含む．)

また，任意の有限区間 $I(-1\notin I)$ に対し，$g(a)I$ は任意の有限区間 J の有限被覆を与えるので，加法性より

$$\left\{\bigcup_a U(g(a))\mathfrak{A}(I)U(g(-a))\right\}''\supset\bigcup_J\mathfrak{A}(J)$$

が成立し，弱加法性が成立する．正エネルギー条件と生成条件により，Reeh-Schlieder の定理 4.14 が有限区間について成立する．さらに，$\mathfrak{A}\Omega$ が稠密ならば $U\mathfrak{A}\Omega=U\mathfrak{A}U^*\Omega$ も任意の $g\in M(1)$，$U=U(g)$ に対し稠密になる．従って

定理 7.4 強加法性のもと(弱加法性のもとでもよい)，任意の区間 $I\neq\phi, S^1$ について，真空ベクトル Ω は $\mathfrak{A}(I)$ の巡回かつ分離ベクトルである．

本章では強加法性に加えて次を仮定する((6.9)参照)．

因果的双対性の仮定 任意の区間 $I\neq\phi, S^1$ について

$$\mathfrak{A}(I)'=\mathfrak{A}(I') \qquad (I=(a,b)\text{ のとき }I'=(b,a)) \tag{7.11}$$

であるとする．

von Neumann 環 $\mathfrak{A},\mathfrak{B}$ について，$\mathfrak{A}\supset\mathfrak{B}$ でかつ

$$\{(\mathfrak{A}\cap\mathfrak{B}')\cup\mathfrak{B}\}''=\mathfrak{A} \tag{7.12}$$

が成立するとき，$\mathfrak{A}$ の部分環 $\mathfrak{B}$ は**余正規**であるという．

補題 7.5 強加法性と因果的双対性の仮定のもとで，相異なる 3 点 a,b,c が $c\in(a,b)$ をみたせば $\mathfrak{A}((c,b))$ および $\mathfrak{A}((a,c))$ は $\mathfrak{A}((a,b))$ の部分環として余正規であり，

$$\mathfrak{A}((a,b))\cap\mathfrak{A}((a,c))'=\mathfrak{A}((c,b)) \tag{7.13}$$

$$\mathfrak{A}((a,b))\cap\mathfrak{A}((c,b))'=\mathfrak{A}((a,c)) \tag{7.14}$$

証明 (7.13)は次の計算と(7.11)から得られる．

$$\{\mathfrak{A}((a,b))\cap\mathfrak{A}((a,c))'\}' = \{\mathfrak{A}((a,b))'\cup\mathfrak{A}((a,c))\}''$$
$$= \{\mathfrak{A}((b,a))\cup\mathfrak{A}((a,c))\}'' = \mathfrak{A}((b,c))$$

したがって，$\mathfrak{A}=\mathfrak{A}((a,b))$, $\mathfrak{B}=\mathfrak{A}((a,c))$ に対し(7.12)が強加法性により成立し，余正規性が従う．他も同様である．∎

7-2 Bisognano-Wichmann の定理と Borchers の定理

Minkowski 空間内の次の**くさび領域**を考える．

$$W_R = \{x;\ |x^0|<x^1\}, \qquad W_L = \{x;\ |x^0|<-x^1\} \tag{7.15}$$

Poincaré 群の変換のうち，次のものはこの領域について特別の性質をもつ．

$$\Lambda_1(u):\quad \begin{cases} x^0\to(\cosh u)x^0+(\sinh u)x^1 \\ x^1\to(\sinh u)x^0+(\cosh u)x^1 \end{cases} \qquad (\text{純 Lorentz 変換})$$

$$\theta_1\quad:\quad x^0\to -x^0,\qquad x^1\to -x^1 \qquad (\text{TCP}_1\ \text{変換})$$

$$T_+(a):\quad x^0\to x^0+a,\qquad x^1\to x^1+a$$
$$T_-(a):\quad x^0\to x^0+a,\qquad x^1\to x^1-a \qquad (\text{光錐方向の変位})$$

他の座標は動かないものとする．このとき

$$\Lambda_1(u)W_R = W_R,\qquad \Lambda_1(u)W_L = W_L \tag{7.16}$$

$$\theta_1 W_R = W_L,\qquad \theta_1 W_L = W_R \tag{7.17}$$

$$T_+(a)W_R\subset W_R,\qquad T_+(a)W_L\supset W_L \tag{7.18}$$

$$T_-(a)W_R\supset W_R,\qquad T_-(a)W_L\subset W_L \tag{7.19}$$

また上の変換相互の間の次の関係が重要になる．

$$\Lambda_1(u)T_\pm(a)\Lambda_1(u)^{-1} = T_\pm(e^{\pm u}a) \tag{7.20}$$

$$\theta_1 T_\pm(a)\theta_1 = T_\pm(-a) \tag{7.21}$$

$$\theta_1\Lambda_1(u) = \Lambda_1(u)\theta_1 \tag{7.22}$$

Bisognano と Wichmann* は Wightman の公理をみたす量子場について，

* J. J. Bisognano and E. H. Wichmann : J. Math. Phys. **16**(1975)985-1007 ; **17**(1976)303-321.

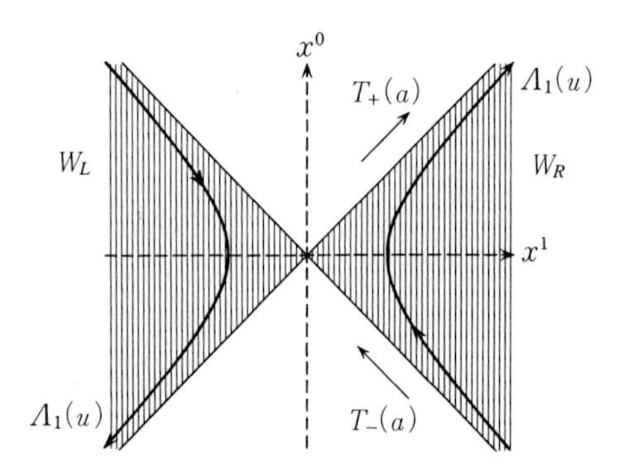

図 7-1 くさび領域 W_R, W_L

W_R に台をもつ任意の f から得られる量子場 $\phi_j(f)$ の全体(j, f を動かす)が生成する多項式環 $\mathcal{P}$ を考えると，任意の $A \in \mathcal{P}$ に対し次式をみたすことを見出した.

$$\Theta_1 U(\Lambda_1(i\pi))A\Omega = A^*\Omega \tag{7.23}$$

ここに Ω は真空ベクトル，U は第 3 章で論じた Poincaré 群のユニタリ表現で，$U(\Lambda(u)) = e^{iuK}$ のとき $U(\Lambda_1(i\pi))$ は正作用素 $e^{-\pi K}$ を表わし，(7.23)式は $A\Omega$ がこの非有界作用素の定義域に入っていることも含めて成立する．また Θ_1 は定理 5.13 の注 3 で説明した TCP 作用素 Θ について，空間反転 P を x^1 座標の反転 P_1 だけに変更したもので，x^1 軸まわりの回転 $R_1(\pi)$ を使って $\Theta_1 = \Theta U(R_1(\pi))$ と書けて，有限個の量子場が Wightman の公理をみたせばその存在が保証されている.

(7.23)式の重要な意義は，von Neumann 環の冨田-竹崎理論の作用素 $\bar{S} = J\Delta^{1/2}$ の定義式(付録 B)と同じ形をしている点にある．実際 Bisognano と Wichmann は，量子場のよい性質を仮定すると，ある意味で $\mathcal{P}$ に付随した von Neumann 環 $\mathfrak{A}(W_R)$ を定義できて，そのモジュラー作用素 Δ とモジュラー共役作用素 J が，系の対称性と

$$\Delta^{it} = U(\Lambda_1(-2\pi t)), \qquad J = \Theta_1 \tag{7.24}$$

のように結ばれていることを示した.

この理論は量子場についての立ち入った議論が必要なのでここでは詳細を省いたが，1992 年になって Borchers がそのひとつの抽象化に成功した.

定理 7.6 Ω が von Neumann 環 M の巡回かつ分離ベクトルで，ユニタリ作用素の連続 1 径数群 $U(\lambda)$ が次の性質をもつものとする.

$$\begin{aligned} U(\lambda)\Omega &= \Omega \qquad (\lambda\in\boldsymbol{R}) \\ U(\lambda)MU(\lambda)^* &\subset M \qquad (\lambda\geqq 0) \end{aligned} \tag{7.25}$$

$U(\lambda)$ の生成作用素を H とする($U(\lambda)=e^{i\lambda H}$)とき，次の 2 条件は同値である.

(i) $H\geqq 0$

(ii)
$$\Delta^{it}U(\lambda)\Delta^{-it} = U(e^{-2\pi t}\lambda) \tag{7.26}$$
$$JU(\lambda)J = U(-\lambda) \tag{7.27}$$

ここに Δ と J は (M,Ω) についてのモジュラー作用素およびモジュラー共役作用素である.

この定理のうち，条件(i)から条件(ii)が出ることを Borchers* が証明した. その論文を見て，じつは(ii)から(i)が出ることを Wiesbrock** が指摘した.

この定理を図 7-1 の状況に当てはめてみよう. M は右くさび領域 W_R の物理量が作る von Neumann 環 $\mathfrak{A}(W_R)$ にとる. 光錐に沿っての変位 $T_+(a)$ は $a>0$ で W_R を W_R の中に移すので，対応するユニタリ表現 $U(a)=U(T_+(a))$ は(7.25)を満足する. 真空ベクトル Ω は $U(a)$ で不変であり，弱加法性の仮定のもとでは M の巡回かつ分離ベクトルである(定理 4.14). さらに，7-1 節の正エネルギー条件の説明でも触れたように，$U(a)=e^{iaK}$ の生成作用素 $K=P^0+P^1$ は正作用素である. そこで Borchers の定理により条件(ii)が成立する.

他方 Bisognano-Wichmann の関係式(7.24)の右辺は，Poincaré 群の性質から(7.26)および(7.27)と同じ式をみたす. すなわち Borchers の定理の結論である条件(ii)の 2 式は，まさに(7.24)の右辺が運動群の性質としてみたすべき関係式に一致しているのである.

---

* H. J. Borchers : Commun. Math. Phys. **141** (1992) 315-332.

** H.-W. Wiesbrock : Lett. Math. Phys. **25** (1992) 157-159.

7-3 Wiesbrock の理論

上記定理7.6では，ユニタリ作用素の1径数群が，正の径数値で，ある von Neumann 環の単射自己準同形写像を誘起している．Wiesbrock は，それがより大きい環のモジュラー自己同形写像である場合を考え，非常に興味ある理論を作りあげた．

> **定義 7.7** M, N を包含関係 $M \supset N$ にあるふたつの von Neumann 環とし，Ω を M および N の巡回かつ分離ベクトルとする．M, Ω のモジュラー作用素を Δ_M とする．もし包含関係
>
> $$\Delta_M{}^{it} N \Delta_M{}^{-it} \subset N \tag{7.28}$$
>
> がすべての $t \geqq 0$ について成立するとき，$M \supset N$ は(Ω に関し)**正半モジュラー包含関係**であるといい，(7.28)式がすべての $t \leqq 0$ について成立するとき，**負半モジュラー包含関係**であるという．

半モジュラー包含関係の基本的な性質は次の Wiesbrock の定理*である．ここで，$\Delta_M, \Delta_N, J_M, J_N$ は M, Ω および N, Ω のモジュラー作用素とモジュラー共役作用素を表わす．

> **定理 7.8** $M \supset N$ が Ω について負半モジュラー包含関係とする．そのとき
>
> $$p = (\log \Delta_N - \log \Delta_M)/(2\pi) \tag{7.29}$$
>
> は $\log \Delta_M$ および $\log \Delta_N$ の定義域の共通部分で本質的に自己共役であり，その閉包 $\bar{p}$ は正である．さらに
>
> $$U(a) = \exp(ia\bar{p}) \tag{7.30}$$
>
> は次の諸性質をもつ．
>
> (1) $\Delta_M{}^{it} U(a) \Delta_M{}^{-it} = \Delta_N{}^{it} U(a) \Delta_N{}^{-it} = U(e^{-2\pi t} a)$ (7.31)

* H.-W. Wiesbrock : Commun. Math. Phys. **157** (1993) 83-92.

(2) $J_M U(a) J_M = J_N U(a) J_N = U(-a)$ (7.32)

(3) $\Delta_N{}^{it} = U(1)\Delta_M{}^{it}U(-1)$ (7.33)

(4) $N = U(1)MU(-1)$ (7.34)

(5) $\Delta_M{}^{it}\Delta_N{}^{-it} = U(e^{-2\pi t}-1)$ (7.35)

(6) $U(a)MU(a)^* \subset M$ ($a \geqq 0$ のとき) (7.36)

(7) $J_N J_M = U(2)$ (7.37)

もし M が因子環で，Ω が $N' \cap M$ の巡回ベクトルでもあれば，M は III_1 型である．

この定理の内容について詳しく解説しよう．正の自己共役作用素 $A = \int_0^\infty \lambda dE(\lambda)$ について，その関数 $f(A)$ は

$$\|f(A)\Psi\|^2 = \int_0^\infty |f(\lambda)|^2 d(\Psi, E(\lambda)\Psi) < \infty$$

をみたすベクトル Ψ の全体を定義域(稠密である)とし

$$f(A)\Psi = \int_0^\infty f(\lambda)dE(\lambda)\Psi$$

で定義される．$f(\lambda) = \log\lambda$ の場合が $\log\Delta_M$，$\log\Delta_N$ である．上の定理で最も証明が難しい部分は，p が本質的自己共役，すなわちその閉包 $\bar{p}$ が自己共役であるという主張である．上に引用した Wiesbrock の論文の証明は誤りであることが Zsido や筆者により指摘され，訂正された．

p がその定義域で正の期待値をもつことは，簡単な議論により以前から知られていた．$N \subset M$ により $N\Omega$ 上で N および M の S 作用素 S_N, S_M は一致する ($SA\Omega = A^*\Omega$, $A \in N$)．これは 2 次形式として $\Delta_N \geqq \Delta_M$ を意味する．これから $t > 0$ に対し

$$(t+\Delta_N)^{-1} \leqq (t+\Delta_M)^{-1}$$

が得られ，

$$\log(t+\Delta_N) - \log(t+\Delta_M) = \int_0^\infty \{(s+\Delta_M)^{-1} - (s+\Delta_N)^{-1}\} ds \geqq 0$$

が得られる．ここで $t\to 0$ の極限をとれば，定義域のベクトル Ψ について，$(\Psi, p\Psi)\geqq 0$ が得られ，$\bar{p}\geqq 0$ がわかる．

また $\bar{p}$ の自己共役性がわかると，Trotter 公式

$$U(a) = \lim_{n\to\infty}\{\Delta_N{}^{ia/n}\Delta_M{}^{-ia/n}\}^n$$

と $\Delta_N{}^{ib}N\Delta_N{}^{-ib}=N$ および負モジュラーの仮定 $\Delta_M{}^{ib}N\Delta_M{}^{-ib}\subset N$（ただし $b\leqq 0$）により

$$U(a)NU(a)^* \subset N \qquad (a\geqq 0 \text{ のとき}) \tag{7.38}$$

が従う．$\bar{p}\geqq 0$，$U(a)\Omega=\Omega$ なので定理 7.6 を N と $U(a)$ に当てはめて，(7.31)と(7.32)の 2 番目の等号が成立する．

とくに(7.31)の 2 番目の等号から

$$\{\Delta_N{}^{it}U(a);\ t, a\in\boldsymbol{R}\}$$

は 2 径数の Lie 群を生成し，その Lie 環は

$$i[\log\Delta_N, \bar{p}] = -2\pi\bar{p} \tag{7.39}$$

をみたす $\log\Delta_N$ と $\bar{p}$ で張られる．$\log\Delta_M$ も

$$\log\Delta_M = (\log\Delta_N - 2\pi\bar{p}) \text{ の閉包} \tag{7.40}$$

としてこの Lie 環の元であることがいえれば，

$$i[\log\Delta_M, \bar{p}] = i[\log\Delta_N, \bar{p}] = -2\pi\bar{p} \tag{7.41}$$

により(7.31)の前の等号も従う．

この Lie 環の構造は(7.39)で一意的に定まり，(7.33)および(7.35)が従う．(7.33)からは(7.34)が von Neumann 環の一般的議論により得られる．(7.34)と(7.38)からすぐ(7.36)が得られる．

(7.37)式は(7.35)式を使って次のように示される．N の元 A で $\sigma_t{}^N(A)=\Delta_N{}^{it}A\Delta_N{}^{-it}$ が t の整関数となるものは N の中で稠密にあり，そのような A に対して

$$\begin{aligned} U(-2)A\Omega &= U(e^{-2\pi(-i/2)}-1)A\Omega = \Delta_M{}^{1/2}\Delta_N{}^{-1/2}A\Omega \\ &= \Delta_M{}^{1/2}\sigma_{i/2}{}^N(A)\Omega = J_M(J_M\Delta_M{}^{1/2})\sigma_{i/2}{}^N(A)\Omega \\ &= J_M\sigma_{i/2}{}^N(A)^*\Omega \end{aligned}$$

$$= J_M \sigma_{-i/2}{}^N(A^*)\Omega = J_M \varDelta_N{}^{1/2} A^* \Omega = J_M \varDelta_N{}^{1/2}(J_N \varDelta_N{}^{1/2}) A\Omega$$
$$= J_M J_N \varDelta_N{}^{-1/2} \varDelta_N{}^{1/2} A\Omega = J_M J_N A\Omega$$

したがって $U(-2)=J_MJ_N$ が得られ，$U(2)=U(-2)^*$ について(7.37)が得られる．

$A\in M$ に対し

$$\gamma(A) \equiv (J_NJ_M)A(J_MJ_N)$$

は**正準自己準同形写像**とよばれ，von Neumann環の減少列

$$M \supset N \supset \gamma(M) \supset \gamma(N) \supset \gamma^2(M) \supset \cdots$$

は**正準トンネル**とよばれる．それが連続減少列

$$\varGamma_a(M) = U(a)MU(a)^*$$

の自然数点 $a=1,2,3,4,\cdots$ に一致していて，$U(a)$ はその連続補間を与えるところが興味深い．

定理の最後のⅢ$_1$型はConnesによるvon Neumann環の分類の名称である．この部分の仮定のもとでは，3径数のLie環が次の定理*のように得られる．

> **定理 7.9** 前定理の仮定に加えて，Ω が $N'\cap M$ の巡回ベクトルならば，$M, N, N'\cap M$ のモジュラー作用素
>
> $$\varDelta_M{}^{it},\ \varDelta_N{}^{is},\ \varDelta_{N'\cap M}^{ir}$$
>
> はLie群 $SL(2R)/\boldsymbol{Z}_2$ のユニタリ表現を生成する．

仮定から，$N'\cap M\subset M$，$N'\cap M\subset N'$ が Ω に関しそれぞれ正および負のモジュラー包含関係であることがわかり，前定理の結果を使えば定理が得られる．

これらの結果を基にして，Ⅲ$_1$型因子環の包含関係 $N\subset M$ と2次元カイラル共形場 $\{\mathfrak{A}(I)\}$ の間に次の関係がある**．

> **定理 7.10** Ⅲ$_1$型因子環系 $\{\mathfrak{A}(I)\}$ が7-1節の2次元カイラル共形

---

* H.-W. Wiesbrock: Lett. Math. Phys. **28** (1993) 107-114.
** H.-W. Wiesbrock: Lett. Math. Phys. **31** (1994) 303-307; Commun. Math. Phys. **158** (1993) 537-543.

場の公理と強加法性および因果的双対性をみたせば，III_1 型因子環の包含関係

$$M = \mathfrak{A}((-1,1)) \supset N = \mathfrak{A}((i,1))$$

は(7.12)の意味で余正規であり，Ω は $M, N, N' \cap M$ の巡回かつ分離ベクトルで，$M \supset N$ は Ω に関し負モジュラー包含関係である．逆に $M \supset N$ が余正規で，ベクトル Ω が $M, N, N' \cap M$ の巡回かつ分離ベクトルで，$M \supset N$ が Ω に関して負モジュラー包含関係ならば，定理 7.9 の $SL(2R)/\boldsymbol{Z}_2$ の表現と M および(真空ベクトルとしての)Ω から 7-1 節の公理と強加法性および因果的双対性を満たす 2 次元カイラル共形場の作用素環系 $\{\mathfrak{A}(I)\}$ が得られる．

上記の理論の基礎は定理 7.8 であり，$\log \Delta_M$ と $\log \Delta_N$ の定義域が十分大きな共通部分をもつかどうかが証明の鍵であるが，この問題は $\Delta_M{}^{it}\Delta_N{}^{is}$ が 2 径数の Lie 群を生成することを示してしまえば，付随する Lie 環の定義域についての一般論(共通の解析的ベクトルが稠密であること)からすぐに得られる．その証明は，じつは定理 7.6 の次の一般化から簡単に得られる．

定理 7.11 M, N は Hilbert 空間 $\mathscr{H}$ 上の von Neumann 環，ξ_0 と η_0 はそれぞれ M, N の巡回かつ分離ベクトル，対応するモジュラー作用素等を Δ_M, J_M および Δ_N, J_N，$U(s)$ は測度 0 の集合 E を除いた実数 s に対し $\mathscr{H}$ 上に定義された有界線形作用素，$\beta>0$ とする．次の 2 条件は等価．

(i) 次式をみたす $\mathscr{H}$ 上の有界線形作用素 T が存在する．

$$T^*\xi_0 = \eta_0, \qquad TNT^* \subset M$$
$$U(s) = \Delta_M{}^{-i(s/2\beta)} T \Delta_N{}^{i(s/2\beta)} \quad (s \in \boldsymbol{R} \setminus E) \qquad (7.42)$$

(ii) $U(s)$ の拡張 $U(z)$ が $0 \leqq \mathrm{Im}\, z \leqq \beta$，$z \notin E$ をみたす複素数 z で存在して，$0 < \mathrm{Im}\, z < \beta$ で正則，$0 \leqq \mathrm{Im}\, z \leqq \beta$，$z \notin E$ で作用素弱位相について連続であり次式をみたす．

(a) ある定数 G について $\|U(z)\| \leqq G$ $(0 \leqq \mathrm{Im}\, z \leqq \beta,\ z \notin E)$

(b) $U(s)^*\xi_0 = \eta_0$ $(s\in\boldsymbol{R},\ s\notin E)$

(c) $U(s)NU(s)^* \subset M$ $(s\in\boldsymbol{R},\ s\notin E)$

(d) $U(s+i\beta)N'U(s+i\beta)^* \subset M'$ $(s\in\boldsymbol{R})$

この2条件が成立すれば，(7.34)式の $U(s)$ は $s\in E$ でも右辺で定義されて連続であり，次式をみたす.

(1) $U(s-2\beta t) = \varDelta_M{}^{it}U(s)\varDelta_N{}^{-it}$ $(s, t\in\boldsymbol{R})$

(2) $U(s+i\beta) = J_M U(s) J_N$ $(s\in\boldsymbol{R})$

この定理をまず $T(t)=\varDelta_M{}^{-it}\varDelta_N{}^{it}$ ($T=1$ の場合) に適用して $T(z)$ ($0\leqq\mathrm{Im}\,z\leqq 1/2$) を得る．ただし $\|T(z)\|\leqq 1$ で，とくに $T(t+i/2)=J_M T(t) J_N$ である．そこで

$$V(z) = T(\bar{\zeta})^*, \qquad \zeta = \frac{1}{2\pi}\log(1-e^z)$$

と定義すると，$\beta=\pi$ に対し $V(z)$ は(ii)の条件をみたす．とくに $V(s+i\pi)=J_N V(s) J_N$ で，$\|V(z)\|\leqq 1$ であり，

$$T = V(0) = \lim_{t\to-\infty} \varDelta_N{}^{-it}\varDelta_M{}^{it}$$

の存在がわかる．じつは $U(a)=V(\log a)$ が定理7.8の $U(a)$ である．ここまでわかるとあとは(7.31)や(7.35)が計算できて $\varDelta_N{}^{it}\varDelta_M{}^{is}$ が2径数 Lie 群を生成することもわかる.

付録A Hilbert空間と作用素

A-1 Hilbert空間

Hilbert 空間 $\mathscr{H}$ の元は**ベクトル**とよばれる．ベクトルの間には線形演算が与えられている．2つのベクトル $\boldsymbol{\Phi}_1, \boldsymbol{\Phi}_2$ と2つの複素数 c_1, c_2 からその**線形結合**

$$c_1\boldsymbol{\Phi}_1 + c_2\boldsymbol{\Phi}_2$$

がベクトルとしてきまる．これはベクトルと複素数の積 $\boldsymbol{\Psi}_i = c_i\boldsymbol{\Phi}_i\ (i=1,2)$ とベクトルの和 $\boldsymbol{\Psi}_1 + \boldsymbol{\Psi}_2$ に分けて考えることもできる．この演算について線形空間の基本的な性質が成立する．たとえば $1\boldsymbol{\Phi} = \boldsymbol{\Phi}$，$\boldsymbol{\Phi} + (-1)\boldsymbol{\Phi} = 0$ などである．

Hilbert空間の特徴は，2つのベクトル $\boldsymbol{\Phi}, \boldsymbol{\Psi}$ の間に**内積**とよばれる複素数 $(\boldsymbol{\Phi}, \boldsymbol{\Psi})$ が定義されていることである．その基本的な性質は

1. **線形性** $(\boldsymbol{\Phi}, c_1\boldsymbol{\Psi}_1 + c_2\boldsymbol{\Psi}_2) = c_1(\boldsymbol{\Phi}, \boldsymbol{\Psi}_1) + c_2(\boldsymbol{\Phi}, \boldsymbol{\Psi}_2)$ (A.1)
2. **Hermite 性** $\overline{(\boldsymbol{\Phi}, \boldsymbol{\Psi})} = (\boldsymbol{\Psi}, \boldsymbol{\Phi})$
3. **正値性** $(\boldsymbol{\Psi}, \boldsymbol{\Psi}) \geqq 0$，　0になるのは $\boldsymbol{\Psi} = 0$ のみ

ここで $\overline{a+ib} = a - ib$ (a, b は実数)．また1と2をあわせると，第1成分についての共役線形性

$$(c_1\boldsymbol{\Phi}_1 + c_2\boldsymbol{\Phi}_2, \boldsymbol{\Psi}) = \overline{c_1}(\boldsymbol{\Phi}_1, \boldsymbol{\Psi}) + \overline{c_2}(\boldsymbol{\Phi}_2, \boldsymbol{\Psi}) \tag{A.2}$$

が得られる．数学の文献では内積$(\boldsymbol{\Phi},\boldsymbol{\Psi})$の第1成分$\boldsymbol{\Phi}$について(A.1)式のような線形性を仮定し，したがって第2成分$\boldsymbol{\Psi}$について(A.2)のような共役線形性が成り立つと定義するのが通常である．ここでは物理の文献における通常の規約に従った．

正値性から次の**Cauchy-Schwarzの不等式**が得られる(補助定理2.9)．

$$|(\boldsymbol{\Phi},\boldsymbol{\Psi})|^2 \leqq (\boldsymbol{\Phi},\boldsymbol{\Phi})(\boldsymbol{\Psi},\boldsymbol{\Psi}) \qquad (\boldsymbol{\Phi},\boldsymbol{\Psi}\text{ は任意}) \tag{A.3}$$

内積の基本的性質とこの不等式を使うと，

$$\|\boldsymbol{\Psi}\| \equiv (\boldsymbol{\Psi},\boldsymbol{\Psi})^{1/2} \geqq 0$$

が**ノルム**の基本的性質

1. $\|\boldsymbol{\Psi}\| \geqq 0$，$\|\boldsymbol{\Psi}\|=0$は$\boldsymbol{\Psi}=0$と同等
2. $\|c\boldsymbol{\Psi}\| = |c|\|\boldsymbol{\Psi}\|$
3. $\|\boldsymbol{\Psi}_1+\boldsymbol{\Psi}_2\| \leqq \|\boldsymbol{\Psi}_1\|+\|\boldsymbol{\Psi}_2\|$　　(三角不等式)

をみたすことがわかる．

ベクトルの列(あるいは有向族)$\boldsymbol{\Psi}_n$が

$$\lim \|\boldsymbol{\Psi}_n-\boldsymbol{\Psi}\| = 0$$

をみたすとき，$\lim \boldsymbol{\Psi}_n=\boldsymbol{\Psi}$と書き，ベクトル$\boldsymbol{\Psi}$に**強収束**する(または収束する)という．任意のベクトル$\boldsymbol{\Phi}$に対して

$$\lim (\boldsymbol{\Phi},\boldsymbol{\Psi}_n-\boldsymbol{\Psi}) = 0$$

が成立すれば，$\text{w-}\lim \boldsymbol{\Psi}_n=\boldsymbol{\Psi}$と書き，$\boldsymbol{\Psi}$に**弱収束**するという．強収束すれば(A.3)により弱収束するが，逆は必ずしも成立しない．

ベクトルの列$\boldsymbol{\Psi}_n$が

$$\|\boldsymbol{\Psi}_m-\boldsymbol{\Psi}_n\| \to 0 \qquad (m,n\to\infty)$$

をみたすとき**Cauchy列**という．強収束する列はCauchy列であるが，Hilbert空間では，任意のCauchy列はそれが強収束する極限ベクトルをもつという**完備性**を要求する．

以上をまとめると，“複素Hilbert空間は，内積をもつ完備な複素線形空間である”という定義になる．

A-2 前 Hilbert 空間と完備化

前節の Hilbert 空間の定義の中で，完備性を除いた残りの性質がみたされている空間は，**前 Hilbert 空間**とよばれる．それをある意味で拡大して Hilbert 空間にする完備化について説明しよう．

与えられた空間 $\mathscr{H}$ のベクトル Ψ_n $(n=1,2,\cdots)$ の Cauchy 列 $\{\Psi_n\}$ の全体を考える．$\mathscr{H}$ を拡大して Hilbert 空間が作れるのならば $\{\Psi_n\}$ はあるベクトルに収束するはずなので，その極限ベクトルの代わりに Cauchy 列そのものをこれから作る Hilbert 空間の元に採用しようという意図である．

ふたつの Cauchy 列 $\Psi=\{\Psi_n\}$ と $\Phi=\{\Phi_n\}$ について，

$$\lim \|\Psi_n-\Phi_n\| = 0 \tag{A.4}$$

が成立するとき，Ψ と Φ は同値であると定義する．(極限があれば，極限は等しくなるのでこの定義を採用する.) Cauchy 列の同値類の全体を $\bar{\mathscr{H}}$ と書き，線形結合と内積を

$$c\{\Phi_n\}+d\{\Psi_n\} = \{c\Phi_n+d\Psi_n\} \tag{A.5}$$

$$(\{\Phi_n\},\{\Psi_n\}) = \lim(\Phi_n,\Psi_n) \tag{A.6}$$

により定義すると，$\bar{\mathscr{H}}$ は Hilbert 空間になる．Cauchy 列の定義から(A.5)の右辺も Cauchy 列になり，(A.6)の右辺は収束する．$\bar{\mathscr{H}}$ の完備性も証明できるのである．$\mathscr{H}$ の元 Ψ についてはすべての n について $\Psi_n=\Psi$ となる Cauchy 列 $\hat{\Psi}=\{\Psi\}$ を対応させると，$\mathscr{H}$ は $\bar{\mathscr{H}}$ の線形部分集合 $\hat{\mathscr{H}}=\{\hat{\Psi}\}$ と内積も含めて同形になり，$\hat{\mathscr{H}}$ は $\bar{\mathscr{H}}$ の中で稠密である．$\mathscr{H}$ と $\hat{\mathscr{H}}$ を同一視して考えれば，$\bar{\mathscr{H}}$ は $\mathscr{H}$ の拡大になっている．$\bar{\mathscr{H}}$ を $\mathscr{H}$ の**完備化**といい，通常 $\mathscr{H}$ を $\hat{\mathscr{H}}$ と同一視する．

もし内積の正値性が完全には成立せず，その代わり

3′. **半正値性**　任意の $\Psi\in\mathscr{H}$ に対し $(\Psi,\Psi)\geqq 0$

が成立する($\Psi\neq 0$ でも $(\Psi,\Psi)=0$ が起こりうる)場合には，まず次のように正値性をもたせてから完備化により Hilbert 空間を得ることができる．

半正値性から(A.3)式を導くことはできる．そこで

$$N = \{\boldsymbol{\Phi} \in \mathcal{H}\,;\, (\boldsymbol{\Phi}, \boldsymbol{\Phi}) = 0\}$$

により$(\boldsymbol{\Phi}, \boldsymbol{\Phi})=0$をみたすベクトル$\boldsymbol{\Phi}$の集合$N$を定義すると，$N$の元$\boldsymbol{\Phi}$は(A.3)により任意の$\boldsymbol{\Psi}$と直交($(\boldsymbol{\Phi}, \boldsymbol{\Psi})=0$)し，線形部分集合を作る．そこで，$\boldsymbol{\Psi}_1-\boldsymbol{\Psi}_2 \in N$ならば$\boldsymbol{\Psi}_1$と$\boldsymbol{\Psi}_2$は同値であるとして，$\mathcal{H}$のベクトルの同値類全体($\mathcal{H}/N$と書き$\mathcal{H}$の$N$による**商空間**とよぶ)を考える．$N$の線形性により，$\mathcal{H}/N$は線形空間になる．また$\boldsymbol{\Phi}_1-\boldsymbol{\Phi}_2 \in N$，$\boldsymbol{\Psi}_1-\boldsymbol{\Psi}_2 \in N$ならば，$N$と$\mathcal{H}$の直交性により$(\boldsymbol{\Phi}_1, \boldsymbol{\Psi}_1)=(\boldsymbol{\Phi}_2, \boldsymbol{\Psi}_2)$が得られるので，$\mathcal{H}$での$(\boldsymbol{\Phi}, \boldsymbol{\Psi})$はそのまま$\mathcal{H}/N$上の内積を定義し，特に$(\boldsymbol{\Phi}, \boldsymbol{\Phi})=0$は$\boldsymbol{\Phi} \in N$すなわち$\boldsymbol{\Phi}$が0の同値類に属するときに限られる．すなわち正値性が得られたことになる．

A-3 正規直交基底

Hilbert空間の例としては，複素数列の作る**$\boldsymbol{l}_2$空間**とよばれるものがある．ある集合Aの元αを目印とする複素数Ψ_αの組

$$\boldsymbol{\Psi} = \{\Psi_\alpha\}_{\alpha \in A}$$

で，l_2条件

$$\sum_\alpha |\Psi_\alpha|^2 < \infty \tag{A.7}$$

をみたすもの全体を空間$\mathcal{H}$とし，線形演算と内積を

$$c\boldsymbol{\Phi}+d\boldsymbol{\Psi} = \{c\Phi_\alpha+d\Psi_\alpha\}_{\alpha \in A} \tag{A.8}$$

$$(\boldsymbol{\Phi}, \boldsymbol{\Psi}) = \sum \overline{\Phi_\alpha}\Psi_\alpha \tag{A.9}$$

のように定義すると，複素Hilbert空間になる．これをl_2空間という．

任意のHilbert空間では，そのベクトルの集合

$$\{e_\alpha\}_{\alpha \in A} \qquad (e_\alpha \in \mathcal{H})$$

で次の条件をみたすものが存在し，**正規直交基底**とよばれる．ただしAは基底ベクトルe_αを区別する目印αの集合である．

正規直交性: $\|e_\alpha\|=1$，$\alpha \neq \beta$なら$(e_\alpha, e_\beta)=0$.

完備性: 基底ベクトルの有限個の線形結合

$$\sum_{n=1}^{N} c_{\alpha_n} e_{\alpha_n} \qquad (c_{\alpha_n} \text{ は複素数})$$

の全体は $\mathscr{H}$ で稠密である.

このとき $\mathscr{H}$ の任意のベクトル Ψ は

$$\Psi = \sum \Psi_\alpha e_\alpha \qquad (\Psi_\alpha = (e_\alpha, \Psi) \text{ は複素数}) \tag{A.10}$$

のように展開できて，線形演算と内積は(A.5),(A.6)をみたす．すなわち l_2 空間の形に書ける．目印の集合 A の濃度(元の個数)は正規直交基底の選び方によらず，空間 $\mathscr{H}$ の**次元**とよばれる．特にそれが自然数 n ならば通常の n 次元(Euclid)空間となる．A と自然数全体が1対1対応をもてば，$\mathscr{H}$ は**可算無限次元**である．そのいずれかの場合，$\mathscr{H}$ は**可分**であるという．

A-4 ユニタリ写像と反ユニタリ写像

2つのHilbert空間 $\mathscr{H}_1, \mathscr{H}_2$ の間に $\mathscr{H}_1$ から $\mathscr{H}_2$ への全単射(集合としての同形写像) U があり，Hilbert空間としての構造を保つ，すなわち次の2性質

$$U(c_1\Psi_1 + c_2\Psi_2) = c_1 U\Psi_1 + c_2 U\Psi_2 \tag{A.11}$$

$$(U\Phi, U\Psi) = (\Phi, \Psi) \tag{A.12}$$

をみたすとき，U を**ユニタリ写像**という．(単射性と(A.11)は(A.12)から導くことができる.) このとき $\mathscr{H}_1$ と $\mathscr{H}_2$ の次元は等しい．逆に次元の等しいHilbert空間の間にはユニタリ写像が存在する．すなわち，Hilbert空間の(ユニタリ写像による)同形類は次元により完全に分類される．

$\mathscr{H}_1$ から $\mathscr{H}_2$ へのユニタリ写像 U の逆写像 U^{-1} は

$$U^{-1}(U\Psi) = \Psi \qquad (\Psi \in \mathscr{H}_1)$$

により定義され，$\mathscr{H}_2$ から $\mathscr{H}_1$ へのユニタリ写像になる．

$\mathscr{H}$ の元 Ψ に複素数 $f(\Psi)$ を対応させる写像 f が線形性

$$f(c_1\Psi_1 + c_2\Psi_2) = c_1 f(\Psi_1) + c_2 f(\Psi_2) \tag{A.13}$$

をもつとき，**線形汎関数**とよぶ．f が Ψ の強収束について連続であること，弱収束について連続であること，および次の意味で有界であることはみな同値

である．

$$|f(\Psi)| \leqq \lambda\|\Psi\| \tag{A.14}$$

$\mathscr{H}$ の元 $\boldsymbol{\Phi}$ で定まる汎関数

$$\boldsymbol{\Phi}^*(\Psi) = (\boldsymbol{\Phi}, \Psi) \tag{A.15}$$

は有界線形汎関数であり，逆に任意の有界線形汎関数はこの形のものに限る（**Riesz の定理**）．

線形汎関数の間には，次式により自然に線形結合が定義できる．

$$(c_1 f_1 + c_2 f_2)(\Psi) \equiv c_1 f_1(\Psi) + c_2 f_2(\Psi) \tag{A.16}$$

(A.12)式で定義される $\boldsymbol{\Phi}^*$ については次式が成立する．

$$(c_1\boldsymbol{\Phi}_1 + c_2\boldsymbol{\Phi}_2)^* = \overline{c_1}\boldsymbol{\Phi}_1{}^* + \overline{c_2}\boldsymbol{\Phi}_2{}^* \tag{A.17}$$

さらに内積を

$$(\boldsymbol{\Phi}_1{}^*, \boldsymbol{\Phi}_2{}^*) = (\boldsymbol{\Phi}_2, \boldsymbol{\Phi}_1) \tag{A.18}$$

により定義すると，$\boldsymbol{\Phi}^*$ の全体は Hilbert 空間になる．これを $\mathscr{H}^*$ と書き，$\mathscr{H}$ の**共役空間**とよぶ．

Hilbert 空間 $\mathscr{H}_1$ から Hilbert 空間 $\mathscr{H}_2$ への全単射 V が次の2性質をみたすとき，**反ユニタリ作用素**という．

$$V(c_1\Psi_1 + c_2\Psi_2) = \overline{c_1}V\Psi_1 + \overline{c_2}V\Psi_2 \tag{A.19}$$

$$(V\boldsymbol{\Phi}, V\Psi) = (\Psi, \boldsymbol{\Phi}) \tag{A.20}$$

単射性と(A.19)は，(A.20)から導ける．$\mathscr{H}$ から $\mathscr{H}^*$ への写像

$$V\boldsymbol{\Phi} \equiv \boldsymbol{\Phi}^*$$

は反ユニタリ写像である．

$\mathscr{H}_1$ から $\mathscr{H}_2$ への写像 U が線形性(A.11)をみたすとき，**線形写像**という．線形写像の間には，(A.16)式と同様に自然に線形結合が定義される．任意のベクトル Ψ について

$$\|U\Psi\| \leqq \lambda\|\Psi\| \tag{A.21}$$

をみたす実数 $\lambda(\geqq 0)$ が存在する U は**有界**であるといい，(A.18)をみたす λ の下限を $\|U\|$ と書いて U の**ノルム**という．それはノルムの基本的性質（前掲）をみたす．

有界線形写像 U に対し，次式をみたす有界線形写像 U^* が Riesz の定理により存在し，一意的に定まる．

$$(\boldsymbol{\Phi}, U^*\boldsymbol{\Psi}) = (U\boldsymbol{\Phi}, \boldsymbol{\Psi}) \qquad (\mathrm{A.22})$$

U がユニタリ写像であることと，$U^* = U^{-1}$，すなわち

$$U^*U = \mathbf{1}_{(1)}, \quad UU^* = \mathbf{1}_{(2)} \qquad (\mathrm{A.23})$$

は同値である．ここに $\mathbf{1}_{(i)}$ は $\mathscr{H}_i$ の**恒等作用素**である．

$$\mathbf{1}_{(i)}\boldsymbol{\Psi} = \boldsymbol{\Psi} \qquad (\boldsymbol{\Psi} \in \mathscr{H}_i)$$

上の定義で線形性(A. 11)の代わりに反線形性(A. 19)を使うと，**反線形写像**が定義できる．そのとき V^* は

$$(\boldsymbol{\Phi}, V^*\boldsymbol{\Psi}) = (\boldsymbol{\Psi}, V\boldsymbol{\Phi}) \qquad (\mathrm{A.24})$$

により定義され，反線形写像になる．$V^* = V^{-1}$ は反線形写像が反ユニタリ写像であるための必要十分条件である．

上記の定義で $\mathscr{H}_1 = \mathscr{H}_2 = \mathscr{H}$ のときは，写像の代わりに**作用素**という．$\mathscr{H}$ 上の**ユニタリ作用素**，**有界線形作用素**，**反ユニタリ作用素**，**有界反線形作用素**などである．

A-5　部分空間と射影作用素

Hilbert 空間 $\mathscr{H}$ の部分集合 $\mathscr{K}$ が線形結合で閉じているとき，すなわち $\mathscr{K}$ の任意の 2 元 $\boldsymbol{\Psi}_1, \boldsymbol{\Psi}_2$ と任意の複素数 c_1, c_2 に対し，$c_1\boldsymbol{\Psi}_1 + c_2\boldsymbol{\Psi}_2$ も $\mathscr{K}$ に属しているとき，$\mathscr{K}$ を**線形部分集合**という．$\mathscr{H}$ の任意の収束列

$$\lim \boldsymbol{\Psi}_n = \boldsymbol{\Psi}$$

について，すべての n に対し $\boldsymbol{\Psi}_n \in \mathscr{K}$ ならば $\boldsymbol{\Psi} \in \mathscr{K}$ が成立するとき，$\mathscr{K}$ を $\mathscr{H}$ の**部分空間**という．この定義で，強収束列の代わりに弱収束列を使っても同じものが定義できる．

$\mathscr{H}$ の部分集合 S に対し，S のすべての元 $\boldsymbol{\Phi}$ に対し

$$(\boldsymbol{\Phi}, \boldsymbol{\Psi}) = 0$$

の意味で S と“直交する”$\mathscr{H}$ のベクトル $\boldsymbol{\Psi}$ の全体を $S^\perp$ と書くと，$S^\perp$ は部

分空間になる．またS自身が部分空間であるための必要十分条件として次式が得られる．

$$(S^{\perp})^{\perp} = S$$

部分空間$\mathcal{K}$について$\mathcal{K}^{\perp}$を$\mathcal{K}$の**直交補空間**という．任意のベクトル$\boldsymbol{\Psi}$は

$$\boldsymbol{\Psi} = \boldsymbol{\Psi}_{/\!/}+\boldsymbol{\Psi}_{\perp} \qquad (\boldsymbol{\Psi}_{/\!/}\in\mathcal{K},\ \boldsymbol{\Psi}_{\perp}\in\mathcal{K}^{\perp}) \tag{A.25}$$

のように一意に分解できる．$\boldsymbol{\Psi}$に$\boldsymbol{\Psi}_{/\!/}$を対応させる写像

$$P(\mathcal{K})\boldsymbol{\Psi} = \boldsymbol{\Psi}_{/\!/}$$

は有界線形作用素で，次の性質をもつ．

$$P(\mathcal{K})^2 = P(\mathcal{K}), \qquad P(\mathcal{K})^* = P(\mathcal{K}) \tag{A.26}$$

逆に線形作用素Pが$P^2=P=P^*$をみたせば，Pの像

$$\mathcal{K} = P\mathcal{H} = \{P\boldsymbol{\Psi}\,;\,\boldsymbol{\Psi}\in\mathcal{H}\}$$

が部分空間となり，$P=P(\mathcal{K})$である．また次式が成り立つ．

$$P(\mathcal{K}^{\perp}) = \mathbf{1}-P(\mathcal{K}) \tag{A.27}$$

$P^2=P=P^*$をみたす線形作用素Pを(直交)**射影作用素**という．

A-6　直和と直積分

ある集合Iの元αを目印とするHilbert空間$\mathcal{H}_\alpha$の族について，その**直和**

$$\mathcal{H} = \oplus\mathcal{H}_\alpha$$

を次のように定義する．$\mathcal{H}$は各$\mathcal{H}_\alpha$の元$\boldsymbol{\Psi}_\alpha$の組

$$\boldsymbol{\Psi} = \{\boldsymbol{\Psi}_\alpha\}_{\alpha\in I} \equiv \bigoplus_\alpha \boldsymbol{\Psi}_\alpha$$

のうち次のl_2条件をみたすもの全体である．

$$\|\boldsymbol{\Psi}\|^2 \equiv \sum_\alpha \|\boldsymbol{\Psi}_\alpha\|^2 < \infty \tag{A.28}$$

線形結合と内積は成分ベクトルを使って

$$c\left(\bigoplus_\alpha \boldsymbol{\Phi}_\alpha\right)+d\left(\bigoplus_\alpha \boldsymbol{\Psi}_\alpha\right) = \bigoplus_\alpha (c\boldsymbol{\Phi}_\alpha+d\boldsymbol{\Psi}_\alpha) \tag{A.29}$$

$$\left(\bigoplus_{\alpha}\boldsymbol{\Phi}_\alpha, \bigoplus_{\alpha}\boldsymbol{\Psi}_\alpha\right) = \sum_{\alpha}(\boldsymbol{\Phi}_\alpha, \boldsymbol{\Psi}_\alpha) \tag{A.30}$$

と定義される．(A.30)は(A.28)により絶対収束し，$\mathcal{H}$ は Hilbert 空間になる．A_α が $\mathcal{H}_\alpha$ 上の有界線形作用素で，

$$\|A_\alpha\| \leqq \lambda$$

をすべての $\alpha\in I$ に対してみたす正数 λ があれば，直和

$$A = \bigoplus_{\alpha}A_\alpha, \quad A\left(\bigoplus_{\alpha}\boldsymbol{\Psi}_\alpha\right) = \bigoplus_{\alpha}A_\alpha\boldsymbol{\Psi}_\alpha \tag{A.31}$$

は有界線形作用素になる．

次に，連続的な直和として**直積分**を導入しよう．測度空間 $(\boldsymbol{\Omega}, d\mu)$ と $\boldsymbol{\Omega}$ の点 $\boldsymbol{\omega}$ を目印とする可分 Hilbert 空間 $\mathcal{H}_\omega$ の族を考える．たとえば $\boldsymbol{\Omega}=\boldsymbol{R}$(実数全体)，あるいは $\boldsymbol{\Omega}=[0, 1]$，測度としては Lebesgue 測度 $d\mu(\omega)=d\omega$ をとる．可測性を定義するために，各 $\mathcal{H}_\omega$ のベクトル $e_\omega{}^n$ からなる可算個の族 $e^n=\{e_\omega{}^n\}_{\omega\in\Omega}$ $(n=1, 2, \cdots)$ で，$\{e_\omega{}^n\}_n$ 有限個の線形結合全体が $\mathcal{H}_\omega$ で稠密となり，$(e_\omega{}^n, e_\omega{}^m)$ が任意の m, n に対し μ 可測になるものを定める．そこで各 n について $(e_\omega{}^n, \boldsymbol{\Psi}_\omega)$ が μ 可測になる $\boldsymbol{\Psi}_\omega\in\mathcal{H}_\omega$ の族 $\{\boldsymbol{\Psi}_\omega\}$ を**可測族**とよび，直積分

$$\mathcal{H} = \int \mathcal{H}_\omega d\mu(\omega)$$

は，可測族(通常，次の最右辺の記号を用いる)

$$\boldsymbol{\Psi} = \{\boldsymbol{\Psi}_\omega\}_{\omega\in\Omega} \equiv \int \boldsymbol{\Psi}_\omega d\mu(\omega)$$

で次の L_2 条件をみたすものの全体であると定義する．

$$\|\boldsymbol{\Psi}\|^2 \equiv \int \|\boldsymbol{\Psi}_\omega\|^2 d\mu(\omega) < \infty \tag{A.32}$$

正確には，成分 $\boldsymbol{\Psi}_\omega$ が μ についてほとんどいたるところ等しい 2 つの可測族は同一視した同値類を $\mathcal{H}$ のベクトルとする．

線形結合と内積は成分ベクトルを使って

$$c\int \boldsymbol{\Phi}_\omega d\mu(\omega)+d\int \Psi_\omega d\mu(\omega) = \int (c\boldsymbol{\Phi}_\omega+d\Psi_\omega)d\mu(\omega) \tag{A.33}$$

$$\left(\int \boldsymbol{\Phi}_\omega d\mu(\omega), \int \Psi_\omega d\mu(\omega)\right) = \int (\boldsymbol{\Phi}_\omega, \Psi_\omega)d\mu(\omega) \tag{A.34}$$

と定義される．(A. 34)は(A. 32)により絶対可積分で，$\mathcal{H}$ は Hilbert 空間になる．A_ω が $\mathcal{H}_\omega$ 上の有界線形作用素であって，すべての m, n について $(e_\omega{}^m, A_\omega e_\omega{}^n)$ が ω の可測関数ならば，$\{\Psi_\omega\}\in\mathcal{H}$ のとき $\{A_\omega\Psi_\omega\}\in\mathcal{H}$ となり，直積分

$$A = \int A_\omega d\mu(\omega), \quad A\int \Psi_\omega d\mu(\omega) = \int A_\omega \Psi_\omega d\mu(\omega) \tag{A.35}$$

は $\mathcal{H}$ 上の有界線形作用素になる．

Ω の各点が測度1をもつ場合は直積分が直和になる．

A-7　スペクトル分解

有界線形作用素 A が $A^*=A$ をみたすとき**自己共役**であるという．可分な Hilbert 空間 $\mathcal{H}$ の有界自己共役作用素 A に対し，実数 $\boldsymbol{R}$ 上の直積分

$$\mathcal{L} = \int \mathcal{H}_\lambda d\mu(\lambda)$$

と $\mathcal{H}$ から $\mathcal{L}$ へのユニタリ写像 U が定まり，

$$U\Psi = \int \Psi_\lambda d\mu(\lambda)$$

となるベクトル Ψ への A の作用は

$$UA\Psi = \int \lambda\Psi_\lambda d\mu(\lambda) \tag{A.36}$$

のように実数 λ を掛ける作用として $\mathcal{L}$ 上で表示される．これを A の**スペクトル表示**という．区間 $[-\|A\|, \|A\|]$ の外では測度 μ は0である．

B を $\boldsymbol{R}$ の可測集合とし，その定義関数を χ_B とする．

$$\lambda\in B \text{ なら } \chi_B(\lambda) = 1, \quad \lambda\notin B \text{ なら } \chi_B(\lambda) = 0$$

成分 Ψ_λ が $\lambda \notin B$ で 0 となる $\{\Psi_\lambda\} \in \mathcal{L}$ の全体は $\mathcal{L}$ の部分空間で

$$\mathcal{L}_B = \int_B \mathcal{H}_\lambda d\mu(\lambda)$$

と書く．$\mathcal{L}_B$ への射影作用素は

$$P(\mathcal{L}_B) \int \Psi_\lambda d\mu(\lambda) = \int \chi_B(\lambda) \Psi_\lambda d\mu(\lambda)$$

と表示される．対応する $\mathcal{H}$ 上の射影作用素

$$E_A(B) = P(U^{-1}\mathcal{L}_B)$$

は A の**スペクトル射影作用素**とよばれる．射影作用素を値にもつ集合関数で，測度と同様の性質をもち，

$$A = \int \lambda E_A(d\lambda) \qquad (\mathrm{A}.37)$$

と書ける．

特に測度が $\boldsymbol{R}$ の可算部分集合 Λ の外で 0 の場合には，各 $\lambda \in \Lambda$ について 1 点 λ からなる集合に対して $E_\lambda \equiv E_A(\{\lambda\})$ とおけば，$E_\lambda \mathcal{H}$ は

$$A\Psi = \lambda\Psi$$

をみたす A の**固有ベクトル** Ψ 全体のなす**固有空間**で，λ は A の**固有値**である．異なる固有値 λ の固有空間 $E_\lambda \mathcal{H}$ は互いに直交し，$\mathcal{H}$ はその直和になる．スペクトル射影作用素 $E_A(B)$ は単に B に属する固有値 λ について E_λ の和をとったものである．(A.35)は

$$A = \sum \lambda E_\lambda \qquad (\mathrm{A}.35)'$$

となる．

μ 測度 0 の($\boldsymbol{R}$ の)開集合すべての和集合は μ 測度 0 である最大の開集合になり，その補集合(閉集合である)を μ の**台**といい，また A の**スペクトル**という．μ は A の**スペクトル測度**という．(A.35)′ の場合，A のスペクトルは固有値全体の閉包である．

有界線形作用素 A について，A と A^* が可換($AA^* = A^*A$)のとき A は**正規**であるという．正規作用素については，上記で実数 $\boldsymbol{R}$ を複素数 $\boldsymbol{C}$ で置き換え

たスペクトル分解が成立する．ユニタリ作用素 U は $UU^* = U^*U(=\mathbf{1})$ なので正規である．このとき測度 μ は単位円周 $\boldsymbol{T} = \{z \in \boldsymbol{C}\,;\,|z|=1\}$ の外では0である．すなわち

$$U = \int_0^{2\pi} e^{i\theta} dE(\theta)$$

のように書ける．

スペクトル分解を使うと，

$$f(A) = \int f(\lambda)E(d\lambda), \qquad Uf(A)\Psi = \int f(\lambda)\Psi_\lambda d\mu(\lambda)$$

のように自己共役あるいは正規作用素 A の**関数** $f(A)$ を定義することができる．特に $f(x)$ が x の多項式のときは，この定義は代数的に作った A の多項式 $f(A)$ と一致する．

A-8 トレース

任意のベクトル Ψ について

$$(\Psi, A\Psi) \geqq 0$$

をみたす線形作用素 A を**正作用素**という．正作用素 A と正規直交基底 $\{e_\alpha\}$ に対し，A の**トレース**を

$$\mathrm{Tr}\, A = \sum_\alpha (e_\alpha, Ae_\alpha) \tag{A.38}$$

により定義する．$0 \leqq \mathrm{Tr}\, A \leqq \infty$ であり，その値は正規直交基底にはよらない．

任意の有界線形作用素 A について A^*A は正作用素であり，その関数

$$|A| \equiv (A^*A)^{1/2} \tag{A.39}$$

も正作用素である．$|A|$ を A の**絶対値**とよぶ．

$$\|A\|_1 \equiv \mathrm{Tr}\,|A| < \infty$$

のとき，A は**トレース類**に属するといい，そのような A の全体を $\mathcal{T}(\mathcal{H})$ と書いてトレース類とよぶ．

$\mathcal{H}$ 上の有界線形作用素の全体を $\mathcal{B}(\mathcal{H})$ と書くと，$\mathcal{T}(\mathcal{H})$ は $\mathcal{B}(\mathcal{H})$ のイデアルである．すなわち $\mathcal{T}(\mathcal{H})$ は線形部分集合であり，$\rho\in\mathcal{T}(\mathcal{H})$，$A\in\mathcal{B}(\mathcal{H})$ ならば，ρA も $A\rho$ も，$\mathcal{T}(\mathcal{H})$ に属する．トレース類に属する A については，正作用素でなくても，(A. 38)の右辺は絶対収束し有限値 $\mathrm{Tr}\,A$ を与える．

$\mathrm{Tr}\,A$ は $\mathcal{T}(\mathcal{H})$ 上の線形汎関数で，次の性質をもつ．

正値性: $\mathrm{Tr}(A^*A)\geqq 0$

不変性: $\mathrm{Tr}(UAU^*)=\mathrm{Tr}\,A$　　(U はユニタリ作用素)

一般の有界線形作用素 $A\in\mathcal{B}(\mathcal{H})$ について次式が成立する．

$$\mathrm{Tr}(A^*A)=\mathrm{Tr}(AA^*) \tag{A. 40}$$

$A\in\mathcal{T}(\mathcal{H})$，$B\in\mathcal{B}(\mathcal{H})$ ならば $AB\in\mathcal{T}(\mathcal{H})$，$BA\in\mathcal{T}(\mathcal{H})$ で次式が成り立つ．

$$\mathrm{Tr}(AB)=\mathrm{Tr}(BA)$$

A がトレース類に属する自己共役作用素ならば，A は離散的なスペクトル分解(A. 35)′を持ち，

$$\|A\|_1=\sum|\lambda|\dim E_\lambda<\infty \tag{A. 41}$$

である．ただし $\dim E_\lambda$ は固有空間 $E_\lambda\mathcal{H}$ の次元を表わす．

A-9 非有界作用素

Hilbert 空間 $\mathcal{H}$ の線形部分集合 $\mathfrak{D}$ を $\mathcal{H}$ の中へ写す写像 A が線形性

$$A(c_1\Psi_1+c_2\Psi_2)=c_1A\Psi_1+c_2A\Psi_2 \tag{A. 42}$$

を，$\mathfrak{D}$ の任意のベクトル Ψ_1,Ψ_2 および任意の複素数 c_1,c_2 に対しもつとき，A を**線形作用素**，$\mathfrak{D}$ をその**定義域**という．以下，主として取り扱うのは $\mathfrak{D}$ が $\mathcal{H}$ の中で稠密な場合である．

$\mathfrak{D}$ が稠密であるとし，$\mathfrak{D}$ の任意のベクトル Ψ に対し

$$(\Phi,A\Psi)=(\Phi',\Psi) \tag{A. 43}$$

をみたすベクトル Φ' があるようなベクトル Φ の全体 $\mathfrak{D}^*$ を定義域とする作用素 A^* を

$$A^*\Phi=\Phi' \tag{A. 44}$$

により定義すると，A^* は線形作用素になり，A の**共役作用素**とよばれる．($\boldsymbol{\Phi}$ をきめたとき，$\boldsymbol{\Phi}'$ が一意的にきまるように，$\mathfrak{D}$ が稠密という条件を置いた.)
共役作用素を考える上では，次の可閉作用素の概念が重要である．

線形作用素 A について，その定義域 $\mathfrak{D}$ のベクトルの列 $\boldsymbol{\Psi}_n$ が 0 に収束し，$A\boldsymbol{\Psi}_n$ があるベクトル $\boldsymbol{\Phi}$ に収束すれば，$\boldsymbol{\Phi}=0$ が常に成立するとき，A は**可閉**であるという．このとき，$\mathfrak{D}$ のベクトルの列 $\boldsymbol{\Psi}_n$ に対し

$$\lim \boldsymbol{\Psi}_n = \boldsymbol{\Psi}, \qquad \lim A\boldsymbol{\Psi}_n = \boldsymbol{\Phi} \tag{A.45}$$

が成立するような $\boldsymbol{\Psi}$ の全体を $\bar{\mathfrak{D}}$ とし，$\bar{\mathfrak{D}}$ を定義域とする作用素 $\bar{A}$ を

$$\bar{A}\boldsymbol{\Psi} = \boldsymbol{\Phi} \tag{A.46}$$

により定義すると，$\bar{A}$ は線形作用素になり，A の**閉包**とよばれる．$\mathfrak{D}$ のベクトル $\boldsymbol{\Psi}$ に対してすべての $\boldsymbol{\Psi}_n$ を $\boldsymbol{\Psi}$ にとれば，$\boldsymbol{\Phi}=A\boldsymbol{\Psi}$ となるので，$\bar{\mathfrak{D}}$ は $\mathfrak{D}$ を含み $\mathfrak{D}$ 上で $\bar{A}$ は A と一致する．すなわち $\bar{A}$ は A の拡大である．なお上の定義で強収束の代わりに弱収束を用いても同値な定義になる．

位相線形空間としての直積 $\mathcal{H}\times\mathcal{H}$ の線形部分集合として

$$G = \{(\boldsymbol{\Psi}, A\boldsymbol{\Psi})\in\mathcal{H}\times\mathcal{H}\,;\,\boldsymbol{\Psi}\in\mathfrak{D}\}$$

を A の**グラフ**という．逆に $\mathcal{H}\times\mathcal{H}$ の線形部分集合 Γ はもし $(\boldsymbol{\Psi},\boldsymbol{\Phi})\in\Gamma$ となる $\boldsymbol{\Phi}$ が各 $\boldsymbol{\Psi}$ について高々1個ならば，$\mathcal{H}$ の線形作用素のグラフになる．A が可閉であるという条件は，A のグラフ G の $\mathcal{H}\times\mathcal{H}$ における閉包 $\bar{G}$ がグラフになるための条件であり，その条件がみたされたとき，$\bar{G}$ をグラフとする線形作用素が $\bar{A}$ である．

共役作用素の定義域 $\mathfrak{D}^*$ が再び稠密であるためには，A が可閉であることが必要十分である．A が可閉ならば共役作用素の共役作用素は閉包になる．

$$(\mathfrak{D}^*)^* = \bar{\mathfrak{D}}, \qquad (A^*)^* = \bar{A} \tag{A.47}$$

$\bar{A}=A$ となる A は**閉作用素**という．A^* はいつでも閉作用素である．また $\bar{A}$ も閉作用素($\overline{(\bar{A})}=\bar{A}$)である．有界作用素は可閉であり，定義域が $\mathcal{H}$ である可閉作用素は有界かつ閉作用素である．

定義域の任意のベクトル $\boldsymbol{\Psi},\boldsymbol{\Phi}$ について

$$(\boldsymbol{\Phi}, A\boldsymbol{\Psi}) = (A\boldsymbol{\Phi}, \boldsymbol{\Psi}) \tag{A.48}$$

をみたす線形作用素 A は**Hermite 作用素**という．稠密な定義域をもつ Hermite 作用素については，A^* は $\bar{A}$ の定義域上で $\bar{A}$ と一致するが，必ずしも $A^*=\bar{A}$ とはならない．特に $A^*=A$ となる場合 A は**自己共役**であるといい，$A^*=\bar{A}$ となる場合 A は**本質的に自己共役**であるという．(いずれの場合も定義域は稠密とし，当然(A.48)は成立している．)

Hermite 作用素は自己共役作用素に拡大できるとはかぎらない．また拡大できる場合でも，自己共役拡大が一意的とはかぎらない．自己共役拡大が一意的なのは，本質的に自己共役である場合だけである．稠密な定義域をもつ正作用素(定義域の任意のベクトル Ψ に対し $(\Psi, A\Psi)\geqq 0$)は Hermite 作用素で自己共役拡大をもつ．

自己共役作用素については，有界な自己共役作用素とまったく同様にスペクトル分解ができる．

A-10 ユニタリ作用素の1径数群

実数 t を目印とするユニタリ作用素 $U(t)$ の族があって，次の2条件をみたすものをユニタリ作用素の**1径数群**とよぶ．

(i) $U(s)U(t) = U(t+s)$ (s, t は任意の実数)

(ii) $\lim_{s\to 0} U(s)\Psi = \Psi$ (Ψ は任意のベクトル)

$U(s)$ がユニタリ作用素で逆作用素をもつことから，(i)で $t=0$ とおくと $U(0)=1$ を得る．そこで(i)で $t=-s$ とおくと $U(-s)=U(s)^{-1}=U(s)^*$ が得られる．(i)に(ii)を適用すると一般の t での連続性

$$\lim_{t'\to t} U(t')\Psi = U(t)\Psi \tag{A.49}$$

が得られる．

ユニタリ作用素の1径数群に対しては，自己共役線形作用素(**生成作用素**とよばれる) H が一意的に存在して

$$U(s) = \exp(isH) \tag{A.50}$$

と表わされる．H のスペクトル表示((A.37)で A を H としたもの)を用いると

$$U(s) = \int e^{is\lambda} E(d\lambda)$$

である．

ベクトル Ψ が H の定義域に属するための条件は

$$\int \lambda^2 d\mu_\Psi(\lambda) < \infty, \qquad \mu_\Psi(B) \equiv (\Psi, E(B)\Psi)$$

である．そのような Ψ はまた

$$\frac{d}{dt}U(t)\Psi \equiv \lim_{s\to 0} s^{-1}(U(t+s)-U(s))\Psi = iHU(t)\Psi = iU(t)H\Psi$$

が存在するベクトルとしても特徴づけることができる．

A-11 テンソル積

Hilbert空間 $\mathcal{H}, \mathcal{K}$ の正規直交基底を $\{e_m\}, \{f_n\}$ とするとき，記号 $e_m \otimes f_n$ (m, n の任意の組合せを考える)を正規直交基底とするHilbert空間を $\mathcal{H}\otimes\mathcal{K}$ と書き，$\mathcal{H}$ と $\mathcal{K}$ の**テンソル積**とよぶ．そのベクトルは

$$\Psi = \sum_{m,n} \Psi_{m,n} e_m \otimes f_n, \qquad \sum_{m,n} |\Psi_{m,n}|^2 < \infty$$

の形($\Psi_{m,n}$ は複素数)で，その線形結合と内積は

$$c \sum_{m,n} \Phi_{m,n} e_m \otimes f_n + d \sum_{m,n} \Psi_{m,n} e_m \otimes f_n = \sum_{m,n} (c\Phi_{m,n} + d\Psi_{m,n}) e_m \otimes f_n$$

$$\left(\sum_{m,n} \Phi_{m,n} e_m \otimes f_n, \sum_{m,n} \Psi_{m,n} e_m \otimes f_n \right) = \sum_{m,n} \overline{\Phi_{m,n}} \Psi_{m,n}$$

である．

$\mathcal{H}, \mathcal{K}$ のベクトル

$$\xi = \sum_m c_m e_m \in \mathcal{H}, \qquad \eta = \sum_n d_n f_n \in \mathcal{K}$$

に対し，$\mathscr{H}\otimes\mathscr{K}$ のベクトル $\xi\otimes\eta$ を

$$\xi\otimes\eta \equiv \sum_{m,n} c_m d_n e_m \otimes f_n \tag{A.51}$$

と定義する．$\xi\otimes\eta$ は ξ および η について線形である．

$$(c\xi_1+d\xi_2)\otimes\eta = c(\xi_1\otimes\eta)+d(\xi_2\otimes\eta) \tag{A.52}$$

$$\xi\otimes(c\eta_1+d\eta_2) = c(\xi\otimes\eta_1)+d(\xi\otimes\eta_2) \tag{A.53}$$

またテンソル積特有の次の性質をもつ．

$$(c\xi)\otimes\eta = \xi\otimes(c\eta) = c(\xi\otimes\eta) \tag{A.54}$$

$$(\xi_1\otimes\eta_1, \xi_2\otimes\eta_2) = (\xi_1,\xi_2)(\eta_1,\eta_2) \tag{A.55}$$

$\mathscr{H}$ と $\mathscr{K}$ の任意の正規直交基底 $\{e_\alpha'\}$ と $\{f_\beta'\}$ について，上の定義(A.51)に従って $\{e_\alpha'\otimes f_\beta'\}$ を作ると，それは $\mathscr{H}\otimes\mathscr{K}$ の正規直交基底になる．したがって $\mathscr{H}\otimes\mathscr{K}$ はその定義に使った $\mathscr{H}$ と $\mathscr{K}$ の正規直交基底の選び方にはよらないといえる．

$\mathscr{H}$ と $\mathscr{K}$ 上の線形作用素 A と B に対し，

$$(A\otimes B)\sum_{m,n}\Psi_{m,n}e_m\otimes f_n = \sum_{m,n}\Psi_{m,n}(Ae_m\otimes Bf_n) \tag{A.56}$$

により $\mathscr{H}\otimes\mathscr{K}$ 上の線形作用素 $A\otimes B$ を定義する．次の公式が成立する．

$$(A\otimes B)(\xi\otimes\eta) = (A\xi)\otimes(B\eta) \tag{A.57}$$

$$(\xi\otimes\eta, (A\otimes B)(\xi'\otimes\eta')) = (\xi, A\xi')(\eta, B\eta') \tag{A.58}$$

付録B 作用素環

以下 Hilbert 空間上に作用する有界線形作用素が構成する $*$ 環を考える．ここに $*$ は作用素の Hermite 共役を表わし，作用素 A とともに A^* を必ず含んでいる(複素数を係数体とする)環がここにいう $*$ 環である．

作用素の位相としては多数の可能性があり，それぞれ有用であるが，それらの位相で閉じた $*$ 環としては，C^* 環と von Neumann 環があり，それぞれ重要な研究対象である．以下入門的，基本的な事項を簡単に要約する．

B-1 C^* 環

まず抽象的な定義を述べる．

定義 B.1 集合 $\mathfrak{A}$ が次の性質をもつとき **C^* 環**という．

(a) $\mathfrak{A}$ は複素数を係数体とする環である．

(b) $\mathfrak{A}$ 上に次の性質をみたす全単射 $A\in\mathfrak{A}\to A^*\in\mathfrak{A}$ が定義されている．ただし $A_j\in\mathfrak{A}$，$c_j\in\boldsymbol{C}$，$\bar{c}$ は c の複素共役．

$$(c_1A_1+c_2A_2)^* = \overline{c_1}A_1^*+\overline{c_2}A_2^*, \qquad (A_1A_2)^* = A_2^*A_1^*$$
$$(A^*)^* = A$$

(c) $\mathfrak{A}$ の線形演算についてノルムの基本的性質(→A-1 節)をみたす正の実数 $\|A\|$ (A の**ノルム**という)が $\mathfrak{A}$ の各元 A に対し与えられ，$\mathfrak{A}$ はこのノルムについて完備である．

(d) ノルムは次の性質(**C^* ノルム**の性質)をもつ．

$$\|A^*A\| = \|A\|^2 \tag{B.1}$$

以上の性質をみたせば，$\mathfrak{A}$ のノルムは次の諸性質をもつ．

$$\|\mathbf{1}\| = 1, \quad \|A^*\| = \|A\|, \quad \|A_1A_2\| \leqq \|A_1\|\cdot\|A_2\|$$

したがって，簡単にいうと，C^* 環は＊Banach 環で，そのノルムが C^* ノルムの性質(B.1)をみたすものである．

Hilbert 空間 $\mathcal{H}$ 上の有界線形作用素全体を $\mathcal{B}(\mathcal{H})$ と書く．C^* 環 $\mathfrak{A}$ から $\mathcal{B}(\mathcal{H})$ の中への写像 π が次の意味で $\mathfrak{A}$ の代数演算を保つとき，π を $\mathfrak{A}$ の($\mathcal{H}$ 上の)**表現**という．

$$\pi(c_1A_1+c_2A_2) = c_1\pi(A_1)+c_2\pi(A_2)$$

$$\pi(A_1A_2) = \pi(A_1)\pi(A_2)$$

$$\pi(A^*) = \pi(A)^*$$

表現は自動的に連続である．

$$\|\pi(A)\| \leqq \|A\| \tag{B.2}$$

表現 π が単射のとき(すなわち $\pi(A)=\mathbf{0}$ は $A=0$ のときだけ成立)，π は**忠実**であるという．忠実な表現はノルムを保存する．

$$\|\pi(A)\| = \|A\| \tag{B.3}$$

次の定理は，C^* 環が本質的には Hilbert 空間の有界線形作用素の作る＊環のうち，ノルム位相で閉じたものであり，上の定義はその抽象化であることを示している．

定理 B.2 Hilbert 空間 $\mathcal{H}$ 上の有界線形作用素のノルム

$$\|A\| = \sup\{\|A\Psi\|/\|\Psi\| \,;\, \Psi\in\mathcal{H},\ \Psi\neq 0\} \tag{B.4}$$

は(B.1)式をみたし，$\mathcal{B}(\mathcal{H})$ の(ノルム位相について)閉じた部分＊環

は C^* 環である．逆に任意の C^* 環 $\mathfrak{A}$ に対し，適当な Hilbert 空間 $\mathscr{H}$ 上の忠実な表現 π が存在する．

忠実な表現 π については，$\pi(\mathfrak{A})$ は $\mathscr{B}(\mathscr{H})$ のノルム位相に関して閉じた部分 $*$ 環であり，$\mathfrak{A}$ と $\pi(\mathfrak{A})$ は全単射 π によりすべての代数演算について同形であり，しかも(B.3)により等長でもあるので，$\mathfrak{A}$ を $\pi(\mathfrak{A})$ と同一視することが可能である．しかし，C^* 環の表現にはあとで述べるように一般には同値でない表現が多数あり，その多様な表現全体を対象とする点に C^* 環論の特徴があり，それゆえに上記のように特定の表現によらない抽象的な定義が意味をもつ．

与えられた C^* 環の表現は，2-3 節で説明したように，状態 φ から GNS 構成法で構成することができる．そのようにして得られる表現 π_φ のすべての状態 φ についての直和表現(→2-2 節)

$$\pi_u \equiv \bigoplus_{\varphi} \pi_\varphi \tag{B.5}$$

は**普遍表現**とよばれ，定理 4.2 にいう忠実な表現の 1 例を与える．

以下，非縮退な表現(定義 2.16)を考えよう．(すなわち $\mathscr{H}$ 上の表現 π について $\pi=\mathbf{0}$ というときは $H=\mathbf{0}$ とする．) 2-2 節の定義 2.12 のあとで述べたように，2 つの表現 π_1 と π_2 について，

$$T\pi_1(A) = \pi_2(A)T \qquad (A \in \mathfrak{A}) \tag{B.6}$$

をみたす $\mathscr{H}_1$ から $\mathscr{H}_2$ への写像(繋絡写像)が $T=0$ 以外ないとき，π_1 と π_2 は**素**であるといい，(B.6)をみたすユニタリ写像 T があるとき，**ユニタリ同値**(または単に**同値**)という．その中間として，同値より弱い準同値の概念がある．表現空間 $\mathscr{H}_1$ と $\mathscr{H}_2$ のテンソル積(→A-11 節)上に

$$\hat{\pi}_1(A) = \pi_1(A)\otimes\mathbf{1}, \qquad \hat{\pi}_2(A) = \mathbf{1}\otimes\pi_2(A)$$

のように与えられる表現 $\hat{\pi}_1$ と $\hat{\pi}_2$ がユニタリ同値のとき，π_1 と π_2 は**準同値**であるという．(von Neumann 環を使った普通の定義はあとで与える．) たとえば，有限次元 n の Hilbert 空間 $\mathscr{H}_1=\boldsymbol{C}^n$ 上には，n 行 n 列の行列全体のなす C^* 環 $\mathfrak{A}$ の自然な表現 π_1 があるが，その k 個の直和

$$\mathcal{H}_2 = \mathcal{H}_1 \oplus \cdots \oplus \mathcal{H}_1 \approx \mathcal{H}_1 \otimes \boldsymbol{C}^k$$

$$\pi_2(A) = \pi_1(A) \oplus \cdots \oplus \pi_1(A) \approx \pi_1(A) \otimes \mathbf{1}$$

は既約表現 π_1 とユニタリ同値ではないが，準同値になる．この例のように，多重度の違いを調製したうえでユニタリ同値になる表現を準同値とよぶ．

C^* 環の任意の 2 表現 π_1, π_2 の組に対し，たがいに素な 3 表現 π_{12}, π_1', π_2' が存在して，π_1 は $\pi_{12} \oplus \pi_1'$ と，また π_2 は $\pi_{12} \oplus \pi_2'$ と準同値になり，これら 3 表現は準同値類として一意的である．$\pi_{12} = \mathbf{0}$ のときは π_1 と π_2 が素である．他方，$\pi_1' = \pi_2' = \mathbf{0}$ ならば π_1 と π_2 は準同値である．

既約表現相互については，準同値とユニタリ同値は同じであり，同値でなければ素である．他方，既約表現を含む基礎的な表現として，任意の部分表現が自分自身と準同値な表現を**準素表現**とよぶ．準同値類の立場からは最小単位となる表現であり，次節の von Neumann 環の用語を使うと，**因子環表現**ともよばれる．

B-2 von Neumann 環

$\mathcal{B}(\mathcal{H})$ にノルム位相より弱い次の位相を考える．

（1）**作用素の強位相**：自然数 n，$\mathcal{H}$ の n 個のベクトル $\xi_1, \cdots, \xi_n$，および n 個の正の実数 $\varepsilon_1, \cdots, \varepsilon_n$ を自由にとって

$$N(A) = \{A' \in \mathcal{B}(\mathcal{H});\ \|A'\xi_j - A\xi_j\| < \varepsilon_j\} \qquad \text{(B.7)}$$

のように定まる集合 $N(A)$ により，$A \in \mathcal{B}(\mathcal{H})$ の近傍系を生成する．作用素の有向族 $A_\alpha \in \mathcal{B}(\mathcal{H})$ がこの位相で $A \in \mathcal{B}(\mathcal{H})$ に収束するのは，任意の $\xi \in \mathcal{H}$ に対し

$$\lim \|A_\alpha \xi - A\xi\| = 0$$

となるときである．

（2）**作用素の弱位相**：自然数 n，$\mathcal{H}$ の $2n$ 個のベクトル $\xi_1, \cdots, \xi_n, \eta_1, \cdots, \eta_n$ および n 個の正の実数 $\varepsilon_1, \cdots, \varepsilon_n$ を自由にとって

$$N(A) = \{A' \in \mathcal{B}(\mathcal{H});\ |(\xi_j, A'\eta_j) - (\xi_j, A\eta_j)| < \varepsilon_j\} \qquad \text{(B.8)}$$

のように定まる集合$N(A)$により，$A\in\mathcal{B}(\mathcal{H})$の近傍系を生成する．作用素の有向族$A_\alpha\in\mathcal{B}(\mathcal{H})$がこの位相で$A\in\mathcal{B}(\mathcal{H})$に収束するのは，任意の$\xi,\eta\in\mathcal{H}$に対し

$$\lim(\xi, A_\alpha\eta) = (\xi, A\eta)$$

となるときである．

（3） **σ弱位相**: ノルムの2乗和が有限な2組のベクトルの列ξ_j, η_j ($j=1,2,\cdots,n$; $\sum\|\xi_j\|^2<\infty$, $\sum\|\eta_j\|^2<\infty$)と正の実数εを自由にとって

$$N(A) = \{A'\in\mathcal{B}(\mathcal{H}); |\sum(\xi_j, (A'-A)\eta_j)|<\varepsilon\} \tag{B.9}$$

のように定まる集合$N(A)$により，$A\in\mathcal{B}(\mathcal{H})$の近傍系を生成する．作用素の有向族$A_\alpha\in\mathcal{B}(\mathcal{H})$がこの位相で$A\in\mathcal{B}(\mathcal{H})$に収束するのは，任意の密度行列$\rho$（→定理2.7）に対し

$$\lim \mathrm{Tr}(\rho A_\alpha) = \mathrm{Tr}(\rho A)$$

となるときである．

このほかにも，σ強位相，$*$強位相，$\sigma *$強位相等も考えられる．$\mathcal{B}(\mathcal{H})$の$*$部分環については，これらの位相のどれかひとつについて閉じていることは，これらすべての位相で閉じていることと同値である．

> **定義 B.3** $\mathcal{B}(\mathcal{H})$の部分$*$環Mが恒等作用素$\mathbf{1}$を含み，作用素の弱位相について閉じている（強位相あるいはσ弱位相でも同じ）とき，**von Neumann 環**とよぶ．

$\mathcal{B}(\mathcal{H})$の部分$*$環Mが作用素の弱位相（強位相等々でも同じ）で閉じていれば，環としての単位元eをもち，

$$\mathcal{H} = \mathcal{H}_e+\mathcal{H}_0, \quad \mathcal{H}_e = e\mathcal{H}, \quad \mathcal{H}_0 = (1-e)\mathcal{H}$$

という直和分解について，任意の$A\in M$は$\mathcal{H}_0$上で0であり，Mを$\mathcal{H}_e$に制限して考えると，それはvon Neumann環である．von Neumann環と同形なC^*環は$\boldsymbol{W^*}$**環**とよばれ，この例のMはW^*環である．通常$\mathcal{H}_0=0$の場合（非縮退の場合）を考えるので，初めから$\mathbf{1}\in M$をvon Neumann環の定義に入れてある．

$\mathcal{B}(\mathcal{H})$ の部分集合 S に対し，S の各元と可換な $\mathcal{B}(\mathcal{H})$ の元全体を

$$S' = \{A \in \mathcal{B}(\mathcal{H});\ B \in S \Rightarrow [B, A] = 0\} \qquad \text{(B.10)}$$

と書いて，S の**可換子環**という．この操作を2回行なったものは，$S'' = (S')'$ と書いて**2重可換子環**とよぶ．次の定理は von Neumann 環を自己共役な2重可換子環として特徴づけるものである．

> **定理 B.4** S が $\mathcal{B}(\mathcal{H})$ の $*$ 不変部分集合（$A \in S$ ならば $A^* \in S$）のとき，S の可換子環 S' は von Neumann 環である．2重可換子環 S'' は S を含む von Neumann 環の中で最小の von Neumann 環であり，S の元の多項式の強位相極限全体（S で生成される von Neumann 環）でもある．とくに M が von Neumann 環ならば $M'' = M$ である．

von Neumann 環 M について $M \cap M'$ は，M の元のうち M の任意の元と可換なもの全体で，M の**中心**とよばれる．中心が自明な場合，すなわち

$$M \cap M' = \boldsymbol{C}\mathbf{1}$$

のとき M を**因子環**という．

B-1節で述べた C^* 環の表現 π_1, π_2 の準同値は，表現が生成する von Neumann 環

$$M_1 = \pi_1(\mathfrak{A})'', \qquad M_2 = \pi_2(\mathfrak{A})''$$

について，M_1 から M_2 への同形写像（環としての演算および $*$ を保つ全単射）で，任意の $A \in \mathfrak{A}$ についてその表現作用素 $\pi_1(A)$ を $\pi_2(A)$ に写像するものが存在する（別の言い方をすれば，写像 $\pi_1(A) \to \pi_2(A)$ を弱閉包まで拡張できる）ことと同値で，通常この条件で定義を与える．また C^* 環の表現 π が準素であるためには，$\pi(\mathfrak{A})''$ が因子環であることが必要十分である．したがって**因子環表現**ともよばれる．

2つの von Neumann 環 M_1 と M_2 の同形写像は自動的に強位相，弱位相，σ 弱位相それぞれについて連続である．

M_1, M_2 がそれぞれ作用する Hilbert 空間 $\mathcal{H}_1, \mathcal{H}_2$ の間のユニタリ写像 U で

$$UM_1U^* = M_2$$

をみたすものがあるとき，M_1 と M_2 は**空間的に同形**であるという．そのとき明らかに M_1 と M_2 は代数的に同形であるが，逆は必ずしも成立せず，両者の差は多重度あるいは可換子環の大きさである．この点を明らかにするのが次に説明する結果である．

Hilbert 空間 $\mathcal{H}_1$ 上の von Neumann 環 M_1 について，$\mathcal{H}_1$ の部分空間 $\mathcal{H}_2$ が M_1 で不変($\mathcal{H}_2$ の任意のベクトル ξ と M_1 の任意の作用素 A に対し $A\xi\in\mathcal{H}_2$)とする．そのような $\mathcal{H}_2$ は，M_1 の可換子環 $M_1{}'$ の射影作用素 E と $E\mathcal{H}_1=\mathcal{H}_2$ の関係で 1 対 1 に対応する．($E^2=E^*=E\in M_1{}'$ ならば $E\mathcal{H}_1$ は M_1 不変であり，$\mathcal{H}_2$ が M_1 不変ならば，$\mathcal{H}_2$ への射影作用素 $E=E^2=E^*$ は $M_1{}'$ に属する.) このとき $M_2=EM_1$ は $\mathcal{H}_2$ 上の von Neumann 環で，M_1 の $\mathcal{H}_2$ への**制限**とよばれ，$(M_2)_E$ と書かれる．(その可換子環は $EM_2{}'E$ に等しく，$(M_2{}')_E$ と書かれる.) また $\mathcal{H}_2$ 上の M_2 が先に与えられ，それがこの関係をみたす $\mathcal{H}_1$ の部分空間として埋め込まれ(ユニタリ写像されるといってもよい)，しかも $A\in M_1\to AE\in M_2$ が単射のとき，M_1 を M_2 の**増幅**という．次の定理は von Neumann 環の同形写像がいつでも増幅，ユニタリ写像，制限の積に書けることを示す．

> **定理 B.5**　von Neumann 環 M_1 と M_2 が同形であるためには，M_1 のある増幅と M_2 のある増幅がユニタリ同値であることが必要十分である．

$\mathcal{H}$ 上の von Neumann 環 M と $\mathcal{H}$ のベクトル ξ について，$M\xi$ が $\mathcal{H}$ で稠密であるとき，ξ は**巡回的**あるいは**巡回ベクトル**であるといい，$A, B\in M$ について $A\xi=B\xi$ ならば必ず $A=B$ であるとき，ξ は**分離的**であるという．ξ が M について巡回的ならば M' について分離的であり，M について分離的ならば M' について巡回的である．M が巡回ベクトルおよび分離ベクトルをもてば，巡回的かつ分離的なベクトルをもち，**標準的**であるという．標準的な von Neumann 環の間の同形はユニタリ同値と同じになる．

2 つの von Neumann 間の線形正写像 ϕ (ϕ が正とは $A\geqq 0$ ならば $\phi(A)\geqq 0$ を意味する)について，任意の有界単調増大有向族 A_α に対し

$$\lim \phi(A_\alpha) = \phi(\lim A_\alpha) \tag{B.11}$$

が成立するとき，ϕ は**正規**であるという．ϕ が表現の場合は**正規表現**とよばれ，状態の場合(写像先は $\boldsymbol{C}$)，**正規状態**とよばれる．

$\mathscr{H}$ 上の von Neumann 環 M の正規状態 φ は，$\mathscr{H}$ 上のトレース類の作用素 ρ により

$$\varphi(A) = \mathrm{Tr}(\rho A)$$

のように表わされる状態にほかならない．$\mathscr{H}$ の単位ベクトル Ψ で表わされる状態 $(\Psi, A\Psi)$ の凸包を，ノルム

$$\|\varphi_1 - \varphi_2\| = \sup\{|\varphi_1(A) - \varphi_2(A)|\,;\, A \in M,\ \|A\| \leqq 1\}$$

による位相で閉じた閉包は，正規状態全体に一致する．正規状態の線形包は，σ 弱位相で連続な M 上の線形汎関数全体と一致し，ノルムについて Banach 空間を作る．それを M_* と記し，M の**前共役空間**という．M の作用素 A を $\varphi \in M_*$ の線形汎関数 $\hat{A}(\varphi) \equiv \varphi(A)$ とみなすと，M はちょうど M_* の共役空間(M_* 上の連続汎関数の全体)になる．

$$M = (M_*)^* \tag{B.12}$$

抽象的な von Neumann 環である W^* 環は C^* 環であるが，Banach 空間として共役空間になっている C^* 環として特徴づけられる(**境の定理**)．そして(B.12)をみたす M_* は Banach 空間の同形類として一意に定まる．

C^* 環 $\mathfrak{A}$ の状態全体の線形包は Banach 空間として $\mathfrak{A}$ の共役空間 $\mathfrak{A}^*$ に一致するが，そのまた共役空間 $\mathfrak{A}^{**}$ は $\mathfrak{A}$ の普遍表現(→B-1 節)の弱閉包に一致し，von Neumann 環である．

$$\mathfrak{A}^{**} = \pi_u(\mathfrak{A})''$$

Murray と von Neumann は次のような次元論を展開して因子環の分類を行なった．因子環 M の射影作用素全体 $P(M)$ に同値関係を $p = u^*u$，$q = uu^*$ となる $u \in M$ が存在するとき p と q は**同値**であるとして導入する．(u は $p\mathscr{H}$ から $q\mathscr{H}$ へのユニタリ写像を与え，**部分等長作用素**とよばれる.) さらにこの同値類 $[p]$ に，$p \leqq q$ ならば $[p] \leqq [q]$ と定義して順序関係を入れると，因子環 M については全順序集合が得られる．その構造を正の実数で忠実に表現するため，

$P(M)$の同値類上の(恒等的に0でない)正値関数$d(p)$(pとqが同値なら$d(p)=d(q)$をみたす)で

$$p \perp q \to d(p+q) = d(p)+d(q)$$

をみたすものを考えると，係数を除いて一意にきまり，係数を適当にとれば，次のいずれかの値域をもつ．

(1) I_n型: $d(p) \in \{0, 1, \cdots, n\}$ ($n=1, \cdots, \infty$)

(2) II_1型: $d(p) \in [0, 1]$ (有限区間)

(3) II_∞型: $d(p) \in [0, \infty] = R_+ \cup \infty$

(4) III型: $d(p) \in \{0, \infty\}$ ($p \neq 0$なら$d(p)=\infty$)

それぞれ因子環MはI_n型(総称してI型)，II_0型，II_∞型(この2つをII型)，III型という．I_n型の因子環は，次元nのHilbert空間$\mathcal{H}$についての$\mathcal{B}(\mathcal{H})$と同形で，$\mathcal{B}(\mathcal{H})$の射影作用素pについて，$d(p)$は部分空間$p\mathcal{H}$の次元である．他の場合も$d(p)$を**次元関数**という．このI型，II_1型，II_∞型，III型という分類は因子環でない場合にも一般化されている．

標準的なvon Neumann環Mの分離巡回的ベクトルξについて，

$$SA\xi = A^*\xi \qquad (A \in M)$$

により共役線形作用素Sを定義すると，Sは一般には非有界であるが可閉である．Sの閉包$\bar{S}$の極分解

$$\bar{S} = J\Delta^{1/2}$$

により，正の自己共役作用素Δと対合的反ユニタリ作用素J(対合的とは$J^2=1$をいう)を定義し，**モジュラー作用素**および**モジュラー共役作用素**という．それらは

$$\Delta^{it} M \Delta^{-it} = M, \qquad JMJ = M'$$

という性質をもつ．

$$A \in M \to \sigma_t^\xi(A) = \Delta^{it} A \Delta^{-it}$$

で定義されるMの自己同形写像の1径数群σ_t^ξは**モジュラー自己同形写像**とよばれる．これは冨田-竹崎理論の中心をなし，作用素環論の発展とその応用に重要な役割を果たしている．

付録C 自由場

C-1 荷電スカラー場

質量 $m>0$，スピン 0 の既約表現で記述される粒子が 2 種類あって相互作用がないとすると，3-5 節の Fock 空間 2 個のテンソル積 $F_+(\mathscr{H})\otimes F_+(\mathscr{H})$ により記述される．それぞれの生成・消滅作用素の区別がよくわかるように

$$(b^*,h) = (a^*,h)\otimes\mathbf{1}, \qquad (h,b) = (h,a)\otimes\mathbf{1}$$
$$(c^*,h) = \mathbf{1}\otimes(a^*,h), \qquad (h,c) = \mathbf{1}\otimes(h,a)$$

のような記号を使う．

このとき 4 次元時空 M 上の良い複素関数 $h(x)$ に対し，

$$A(h) = (b^*,\hat{h})+(\hat{\bar{h}},c) \tag{C.1}$$

と定義する．D_0^+ 上では

$$A^*(h) \equiv A(\bar{h})^* = (c^*,\hat{h})+(\hat{\bar{h}},b) \tag{C.2}$$

となる．

3-5 節の場合と同様に次の諸性質が示される．

$$(\Box+m^2)A(x) = 0 \tag{C.3}$$

$$[A(x),A(y)] = [A^*(x),A^*(y)] = 0 \tag{C.4}$$

$$[A^*(x), A(y)] = i\Delta(x-y) \tag{C.5}$$

$A(x)$ は**荷電スカラー自由場**とよばれ，Wightman 場である．この場についても局所可換性が(3.73)と同様に(C.4)および(C.5)により成立するが，それぞれの生成・消滅作用素から作った実スカラー自由場とこの荷電スカラー場の間には，空間的に離れているとき可換になるというような相互関係は存在しない．第4章の言葉でいうと，中性スカラー自由場2個と荷電スカラー場とは同じ生成・消滅作用素から作られているが，異なる局所物理量を定義するのである．

荷電という名の由来は次のようである．Fock 空間には粒子数を与える物理量 N を

$$\Psi \in F_+{}^n(\mathscr{H}) \quad ならば \quad N\Psi = n\Psi \tag{C.6}$$

により定義できる．そこで $F_+(\mathscr{H})\otimes F_+(\mathscr{H})$ において，

$$Q = N\otimes\mathbf{1}-\mathbf{1}\otimes N \tag{C.7}$$

と定義すると，(b^*, h) および (c^*, h) で生成される粒子の電荷を1および -1 としたときの総電荷を与える物理量になる．そして $A(h)$ は電荷を1だけふやすので，1だけの電荷をもった場という意味で荷電場とよぶ．$A^*(h)$ の方は電荷を1だけ減らす．

C-2 正質量一般スピンの1粒子系

$SU(2)$ のスピン j の既約表現は，$2j+1$ 次元の空間

$$\mathscr{K}_j \equiv S_{2j}{}^+(\boldsymbol{C}^2)^{\otimes 2j} \approx \boldsymbol{C}^{(2j+1)} \tag{C.8}$$

上に

$$D_j(A) = A^{\otimes 2j} \qquad (A\in SU(2)) \tag{C.9}$$

のように定義される．ここに $S_{2j}{}^+$ は(3.53)で用いた完全対称化の作用素である．表現空間のベクトルを成分で書くと

$$u = \{u_{\rho_1\cdots\rho_{2j}}\}$$

の形で**スピノル**とよばれる．添字はそれぞれ $1,2$ の値をとり，添字について完全対称である．

表現空間の次元 $2j+1$ を変えないで，これを $SL(2C)$ の表現に拡大することができる．それには次の2通りの拡大 $D_{[j,0]}$ と $D_{[0,j]}$ がある．

$$D_{[j,0]}(A) = A^{\otimes 2j} \tag{C.10}$$

$$D_{[0,j]}(A) = \hat{A}^{\otimes 2j} \qquad (\hat{A} = \sigma_2 \bar{A} \sigma_2 = \varepsilon \bar{A} \varepsilon^{-1}) \tag{C.11}$$

ここに $\bar{A}$ は，A の行列要素をすべて複素共役にした行列，$\varepsilon = i\sigma_2$ ($\varepsilon_{12}=1$, $\varepsilon_{hl} = -\varepsilon_{lh}$)である．$A \in SU(2)$ ならば $\hat{A} = A$．

対応する質量 $m>0$，スピン j の $\tilde{\mathcal{P}}_+^{\uparrow}$ の表現は次のように2通りに記述できる．Hilbert 空間は $\mathcal{K}_j$ に値をとる軌道 m_+ 上の関数 $u(p)$ で，その内積は

$$(u, v) = \int_{m_+} (u(p), \eta_\alpha(p) v(p)) d\mu(\boldsymbol{p}) \tag{C.12}$$

α は2つの場合を区別する添字で $\alpha = 1, 2$ である．行列 $\eta_\alpha(p)$ は(3.25)の記法を $\tilde{p}$ に用いて

$$\eta_1(p) = (m/\tilde{p})^{\otimes 2j}, \qquad \eta_2(p) = (\tilde{p}/m)^{\otimes 2j} \tag{C.13}$$

表現作用素は

$$[U((a, A))u](p) = e^{i(p,a)} D_\alpha(A) u(\pi(A)^{-1} p) \tag{C.14}$$

ただし

$$D_1(A) = D_{[j,0]}(A), \qquad D_2(A) = D_{[0,j]}(A) \tag{C.15}$$

である．

この2つの表現は次のユニタリ変換で同値である．

$$u(p) \in L_2(m_+, d\mu, \mathcal{K}_2) \to \eta_2(p) u(p) \in L_2(m_+, d\mu, \mathcal{K}_1) \tag{C.16}$$

以上を理解するひとつの便法はスピノル記法である．A で変換するベクトルの成分を表わす添字を下ツキ文字で書く．また $\bar{A}$ で変換するベクトルの成分は，ドットがついた $\dot{\rho}$ のような文字を下ツキにして表わす．$D_{[j,0]}$ の表現空間のベクトルは $v_{\rho_1 \cdots \rho_{2j}}$ のように $2j$ 個の下ツキ文字について対称な対称スピノルであり，$D_{[0,j]}$ の場合は $v_{\dot{\rho}_1 \cdots \dot{\rho}_{2j}}$ のようにドットがついた $2j$ 個の下ツキ添字をもつ対称スピノルである．添字は2個の値 1, 2 をとる．反対称行列 ε ($\varepsilon_{12}=1$) を掛けたものの成分は上ツキの添字で表わす．${}^t A \varepsilon A = (\det A)\varepsilon$ という公式(${}^t A$ は A の転置行列)により $A \in SL(2C)$ に対しては，上ツキ添字と下ツキ添

字を縮約(等しく1,2とおいて加える，両方の添字ともドットなしまたはドット付き)すると不変式を得る．ε自体の行列要素は上ツキの添字2つで表わし，$\varepsilon^{-1}=-\varepsilon$のそれは下ツキの添字2つで表わせばよい．(3.27)により，$\tilde{p}$の行列要素は$(\tilde{p})_{\rho\dot{\sigma}}$のように表記できる．このことから内積(C.12)の不変性，すなわち表現Uのユニタリ性は明らかになる．行列$(\tilde{p}/m)$は公式$\det\tilde{p}=(p,p)$により軌道m_+上で行列式1となり$SL(2C)$に属する．また自己共役であり，$\mathrm{Tr}\,\tilde{p}=2p^0>0$なので，$\det\tilde{p}=1>0$と合わせると，正行列である．したがって内積(C.12)は正定値である．

C-3　正質量整数スピンの自由場の例

スピンjが整数の場合について，前節に与えた$\mathcal{P}_+^\uparrow$の既約ユニタリ表現をもつ粒子のFock空間上に，$2j+1$個の成分をもつ対称スピノル場$A(x)^{\rho_1\cdots\rho_{2j}}$を作用素値超関数として次のように定義する．

$2j+1$個の成分をもつ複素数値関数

$$h(x)=\{h(x)_{\rho_1\cdots\rho_{2j}}\}\qquad(\text{添字につき完全対称})$$

に対して，$F_+(\mathscr{H})$の稠密な領域$D_0{}^+$上で

$$A(h)=\sum_{\rho}\int A(x)^{\rho_1\cdots\rho_{2j}}h(x)_{\rho_1\cdots\rho_{2j}}d^4x=(a_1{}^*,\hat{h}_+)+(\hat{h}_-,a_2)\qquad(\mathrm{C.17})$$

と定義する．ただし(3.69)によるhのFourier変換$\tilde{h}$を軌道m_+に制限したものを$\hat{h}_+$と書き，前節で定義したスピンjの場合の表現空間((C.12)で$\alpha=1$の場合)のベクトルとみなす．$\hat{h}_-$は$h(x)$の複素共役$\bar{h}(x)$について，$S=\varepsilon^{\otimes 2j}$を作用して(と縮約して)下ツキの添字を上ツキにしたあと，表現空間(こんどは$\alpha=2$の場合)のベクトルとみなす．2つの表現空間($\alpha=1,2$)は(C.16)のユニタリ写像で同一視するものとする．ただし関数をどちらの表現空間のベクトルとみなしたかにより，生成・消滅作用素に$a_\alpha{}^*,a_\alpha$のように添字$\alpha=1,2$をつけて区別した．

$A(x)^{\rho_1\cdots\rho_{2j}}$と$S$($j$が整数のときは$S=S^{-1}$なので)を縮約したものを$A_{\rho_1\cdots\rho_{2j}}$

と書き，$\Gamma(a,\Lambda)\equiv\Gamma(U((a,A)))$ に対する変換性を計算すると次のようになる．

$$\Gamma(a,\Lambda)A(h)\Gamma(a,\Lambda)^* = A((a,A)h) \tag{C.18}$$

$$\Gamma(a,\Lambda)A(x)\Gamma(a,\Lambda)^* = (A^{-1})^{\otimes 2j}A(\Lambda x+a) \tag{C.19}$$

である．ただし $\Lambda=\pi(A)$ であり（$\Lambda=\pi(-A)$ でもよい），

$$[(a,A)h](x) = A^{\otimes 2j}h(\Lambda^{-1}(x-a)) \tag{C.20}$$

である．$A^{\otimes 2j}$ は $2j$ 個の添字のそれぞれに A が行列として次のように作用する．

$$(A^{\otimes 2j}h)_{\rho_1\cdots\rho_{2j}} = \sum_{\sigma} A_{\rho_1}{}^{\sigma_1}\cdots A_{\rho_{2j}}{}^{\sigma_{2j}}h_{\sigma_1\cdots\sigma_{2j}}$$

(C.19)は $A(x)_{\rho_1\cdots\rho_{2j}}$ の変換式で，$(A^{-1})^{\otimes 2j}$ は上式と同様に作用する．(C.18)から(C.19)を得るのには ${}^tA\varepsilon A=\varepsilon$ を用いる．

場の交換関係を計算すると $D_0{}^+$ 上で次のようになる．

$$[A(x)_\rho, A(y)_\sigma] = i\Delta(x-y)S_{\rho\sigma} \tag{C.21}$$

$$[A(x)_\rho, A(y)_{\dot\sigma}{}^*] = i(\eta_2{}^x)_{\rho\dot\sigma}\Delta(x-y) \tag{C.22}$$

$$\begin{aligned}\eta_2{}^x &= (-i(\partial/\partial x^0-\sigma_1\partial/\partial x^1-\sigma_2\partial/\partial x^2-\sigma_3\partial/\partial x^3)/m)^{\otimes 2j}\\ &= (\sum_\mu(-i\partial/\partial x_\mu)\sigma_\mu/m)^{\otimes 2j}\end{aligned} \tag{C.23}$$

ここで添字 ρ は $\rho_1\cdots\rho_{2j}$ を略記したもの，$\dot\sigma$ についても同様である．$A(x)^*$ は $A(x)$ と次の関係で結ばれる．

$$A(x)_{\dot\rho}{}^* = (S\eta_1{}^xA(x))_{\dot\rho} = \sum_{\dot\sigma\kappa}S_{\dot\rho\dot\sigma}(\eta_1{}^x)^{\dot\sigma\kappa}A(x)_\kappa \tag{C.24}$$

$$\eta_1{}^x = (\sum_\mu(-i\partial/\partial x^\mu)\sigma_\mu/m)^{\otimes 2j} \tag{C.25}$$

ここで $\eta_2{}^x$ は $\eta_2(p)$ を微分作用素で書いたもの，$\eta_1{}^x$ は，$\varepsilon{}^tA\varepsilon^{-1}=A^{-1}$ が $\det A=1$ のとき成立することを使って $\eta_1(p)=S{}^t\eta_2(p)S^{-1}$ と書き，$\varepsilon{}^t\sigma_\mu\varepsilon^{-1}=\sum_\nu g^{\mu\nu}\sigma_\nu$ を用いて $\eta_1(p)$ を微分作用素で書いたものである．

$A(x)$ の各成分は Klein-Gordon の方程式をみたす．

$$(\Box/m^2)A(x) = -\eta_1{}^x\eta_2{}^xA(x) = -\eta_2{}^x\eta_1{}^xA(x) = -A(x) \tag{C.26}$$

もし質量m，スピンjの粒子のFock空間2つのテンソル積を考える(すなわち粒子と反粒子を考える)場合には，$\alpha=1,2$の生成・消滅作用素を別々のFock空間に作用するものにとると，**荷電対称スピノル自由場**が得られる．上記の公式のうち，(C.21)は0になり，(C.24)は当然成立しないが，(C.19)と(C.22)はそのまま成立する．

いずれの場合もWightman場の例になる．たとえば$j=1$で(C.24)が成立する場合は，自己共役な反対称2階テンソル場である．

C-4 正質量半奇数スピンの自由場の例

荷電対称スピノル場とまったく同じ構成法を用いる．ただし粒子，反粒子のFock空間にはFermi粒子のFock空間である$F_-(\mathcal{H})$を用いる．場の記号をAからΨに代えて

$$\Psi(h) = \sum_{\rho}\int \Psi(x)^{\rho}h(x)_{\rho}d^4x = (a_1{}^*, \hat{h}_+)+(\hat{h}_-, a_2) \qquad \text{(C.27)}$$

$$\rho = (\rho_1\cdots\rho_{2j})$$

$$\Psi(x)_{\rho} = \sum_{\sigma}(S^{-1})_{\rho\sigma}\Psi(x)^{\sigma} \qquad \text{(C.28)}$$

と定義する．$S=(\varepsilon)^{\otimes 2j}$は$j$が反奇数のとき，$S^{-1}=-S$となる．そのほか$(-p)^{\sim}=-\tilde{p}$となり，反交換関係(3.62)が成立するなど，$j$が整数のときと比べて符号が少し変わる．前節の荷電対称スピノル場の場合と同様に，$\alpha=1$と$\alpha=2$を別々のFock空間としそのテンソル積を考えると，Fermi粒子に対するWightman場が次のように得られる．

$$\Gamma(a,A)\Psi(x)\Gamma(a,A)^* = (A^{-1})^{\otimes 2j}A(\Lambda x+a) \qquad \text{(C.29)}$$

$$[\Psi(x)_{\rho}, \Psi(y)_{\sigma}]_+ = [\Psi(x)_{\dot{\rho}}{}^*, \Psi(y)_{\dot{\sigma}}{}^*]_+ = 0 \qquad \text{(C.30)}$$

$$[\Psi(x)_{\rho}, \Psi(y)_{\dot{\sigma}}{}^*]_+ = i(\eta_2{}^x)_{\rho\dot{\sigma}}\Delta(x-y) \qquad \text{(C.31)}$$

$\Psi(x)$の各成分はKlein-Gordonの方程式をみたす．

例として$j=1/2$の場合を考えよう．$\Psi(x)_{\rho}$は$\rho=1,2$の2成分をもつ．これ

に

$$\dot{\Psi}(x)^{\dot{\sigma}} = \sum_{\rho} (\eta_1{}^x)^{\dot{\sigma}\rho} \Psi(x)_{\rho} \tag{C.32}$$

を一緒に考えよう．$(\Psi(x)_{\rho}, \dot{\Psi}(x)^{\dot{\sigma}})$ は 4 成分をもつ．

$$\eta_1{}^x = \sum_{\mu} (-i\partial/\partial x^{\mu}) \sigma_{\mu}/m$$

$$\eta_2{}^x = \sum_{\mu} (-i\partial/\partial x_{\mu}) \sigma_{\mu}/m$$

$$\eta_1{}^x \eta_2{}^x = \eta_2{}^x \eta_1{}^x = \Box/m^2$$

に注意すると，$(\Box + m^2)\Psi = 0$ により

$$\begin{pmatrix} 0 & \eta_2{}^x \\ \eta_1{}^x & 0 \end{pmatrix} \begin{pmatrix} \Psi \\ \dot{\Psi} \end{pmatrix} = \begin{pmatrix} \Psi \\ \dot{\Psi} \end{pmatrix} \tag{C.33}$$

という方程式が成立する．これが **Dirac 方程式**である．

同様に一般の j についても上記の $\eta_1{}^x$ を添字 1 つごとに用いて（一般の j についての $\eta_1{}^x$ は，その $2j$ 個の積である）下ツキ添字を 1 つずつ上ツキドット添字に変えた $\Psi(x)^{\dot{\sigma}_1 \cdots \dot{\sigma}_k}{}_{\rho_{k+1} \cdots \rho_{2j}}$ の全体を考えると，それは 1 階の Dirac 型微分方程式をみたす．

参考書・文献

本書の主要部分は，場の量子論の中でも局所物理量による定式化である．この分野の教科書としては

[1] R. Haag: *Local Quantum Physics*(Springer, 1992)

をすすめたい．この分野の創始者による総合的なまとめで，最近の発展まで含み，文献も網羅されている．この教科書と相補的なものが，局所作用素環系の数学的側面を詳説した次の教科書である．

[2] H. Baumgärtel and M. Wollenberg: *Causal Nets of Operator Algebras*(Academic Press, 1992)

かなり限定された数学的側面を扱ったものとしては

[3] S. S. Horuzhy: *Introduction to Algebraic Quantum Field Theory*(Kluwer, 1990)

がある．

本書の内容と密接な関係がある公理論的場の理論については，次の教科書がある．

[4] R. F. Streater and A. S. Wightman: *PCT, Spin and Statistics and All That* (Benjamin, 1964)

[5] R. Jost: *The General Theory of Quantized Fields*(アメリカ数学会, 1965)

[6] N. N. ボゴリューボフ, A. A. ログノフ, I. T. トドロフ著, 江沢洋ほか訳：場の量子論の数学的方法(東京図書, 1972)[原著 1969, 英訳 1975]

[7] N. N. Bogolubov, A. A. Logunov, A. I. Oksak and I. T. Todorov: *General Principles of Quantum Field Theory*(Kluwer, 1990)[原著 1987]

[8] 江沢洋, 新井朝雄：場の量子論と統計力学(日本評論社, 1988)

このうちBogolubovほかの著書には，江沢洋ほか訳のものも含めて2冊とも，局所物理量による定式化が多少書かれている．

本書の数学的基礎の重要な部分をしめる作用素環論についての教科書としては次のようなものがある．

[9]　O. Bratteli and D. W. Robinson: *Operator Algebras and Quantum Statistical Mechanics*, 全II巻(Springer-Verlag, I巻1979, II巻1981)

[10]　J. Dixmier: *Von Neumann Algebras*, 改訂版(North Holland, 1981)

[11]　J. Dixmier: *C* Algebras*, 改訂版(North Holland, 1982)

[12]　R. V. Kadison and J. R. Ringrose: *Fundamentals of the Theory of Operator Algebras*(Academic Press, I巻1983, II巻1986, III巻1991, IV巻1992)

[13]　M. A. Naimark: *Normed Rings*(P. Noordhoff, 1972)

[14]　G. K. Pedersen: *C*-algebras and their Automorphism Groups*(Academic Press, 1979)

[15]　S. Sakai: *C*-algebras and W*-algebras*(Springer, 1971)

[16]　S. Sakai: *Operator Algebras in Dynamical Systems*(Cambridge University Press, 1991)

[17]　S. Stratila: *Modular Theory in Operator Algebras*(Editura Academiei, Abacus Press, 1981)

[18]　S. Stratila and L. Zsido: *Lectures on von Neumann Algebras*(Editura Academiei, Abacus Press, 1979)

[19]　M. Takesaki: *Theory of Operator Algebras*(Springer, I巻1979)

[20]　竹崎正道：作用素環の構造(岩波書店，1983)

上の分類に入らないが関係がある教科書として

[21]　G. E. Emch: *Algebraic Methods in Statistical Mechanics and Quantum Field Theory*(Wiley, 1972)

がある．

なお，本書の第5章までのかなりの部分は，著者がスイス，チューリッヒの連邦工科大学で1961-62年に行なった講義を整理したもので，同連邦工科大学から

[22]　H. Araki: *Einführung in die Axiomatische Quantenfeldtheorie*, I, II (1962)

として配布された．

本書の数学用語は，日本数学会編：岩波数学辞典，第3版(岩波書店，1985)による．

第1章の確率的記述の一般論は，上記チューリッヒの講義の第1章で展開したものであるが，その要約は次の論文の付録にある．

[23]　H. Araki: Prog. Theor. Phys. **64** (1980) 719

1-6節と1-7節の内容は，C^*環による定式化の枠組みの中で次の論文に展開されて

いる理論を，本章の一般的な枠の中で言いかえたものである．

[24] H. Haag and D. Kastler: J. Math. Phys. **5** (1964) 848

第2章で紹介した量子力学の C^* 環による定式化は

[25] I. E. Segal: Ann. Math. **48** (1947) 930

に始まる．射影作用素のなす束の研究は

[26] G. Birkhoff and J. von Neumann: Ann. Math. **37** (1936) 823

に始まる．対称性についての考察は

[27] E. P. ウィグナー著，森田正人，森田玲子訳：群論と量子力学(吉岡書店，1971)

の原著初版(1931年)に始まる．次の解説がある．

[28] A. S. Wightman: In *Dispersion Relations and Elementary Particles*, ed. by C. DeWitt and R. Omnes (Wiley, 1960) p. 161

相対論的不変性の群論的研究は次の諸論文が基本的である．

[29] E. P. Wigner: Ann. Math. **40** (1939) 149
[30] V. Bargmann: Ann. Math. **48** (1947) 568
[31] V. Bargmann: Ann. Math. **59** (1954) 1

和書としては次の教科書がある．

[32] 大貫義郎：ポアンカレ群と波動方程式(岩波書店，1979)

第4章以下は局所物理量の理論であって，最初にあげたHaagの著書と，そこに引用されている論文がそのまま文献である．第6章の内容については，Baumgärtel，Wollenberg共著の教科書が詳しい．

第2次刊行に際して

本書の第1次刊行では，自然な物理的解釈を軸に，物理量とその観測時空領域との関係に基づいた場の理論の一般論の紹介を目標とした．そのような記述に適した数学的概念は作用素環であり，作用素環論の初歩も物理と関係する範囲で解説した．紙数の制限もあって，題材は一般的なものに限り，また数学的な証明は，できるだけ単純で典型的なものに限った．そのため，質量0の粒子が存在する(したがって遠距離力が尾をひき，相関が遠距離で指数的に減少しない)場合の理論，低次元の場合に特有なくみひも統計等の理論，曲がった時空での場や量子重力場に関する理論等，比較的最近に発展して，必ずしも完成品としてまとまっていない理論には，まったく触れていない．

今回第2次刊行に当たって，最近の発展について補章を加えることになったので，何を追加すべきか迷ったが，与えられた紙数内で短くまとめることができ，数学的方法である作用素環論と物理的な理論とのひとつの密接な関係を与え，かつ作用素環論のひとつの重要な基礎理論との本質的なかかわりをのぞき見ることができるという理由で，ごく最近展開されたひとつの小トピックを第7章として取りあげることにした．

作用素環論のひとつの重要な基礎理論と述べたのは von Neumann 環のモ

ジュラー理論のことで，冨田-竹崎理論と呼ばれる．理論の創始後すぐに量子統計力学と密接な関係をもつことが見出され，量子統計力学の一般論に応用された．（この理論の重要性は，von Neumann 環の理論の発展の重要な基礎理論となった点にあるが．）しばらくして，Bisognano と Wichmann により場の理論との結び付きが見出され，それをブラックホールの Hawking 温度と結び付ける論文も現われた．Bisognano-Wichmann 理論は，量子場の特殊な数学的属性に依存する面があったが，それから15年余りたって，von Neumann 環の枠内でその抽象化が Borchers により与えられた．さらにこの Borchers の定理にヒントを得て，Wiesbrock は半モジュラー包含関係という新しい概念を導入し，最近特に研究が盛んな因子環の包含（部分因子環の理論）と，これも最近研究が盛んな2次元カイラル共形場理論とのある1対1の関係を見出した．しかもこの場合の部分因子環は，今までその分類にまったく手がつけられてなかったIII_1型であることも興味深い．ここ数年で発展したこの理論を今回とりあげることにして，数学的証明に深入りせずにその解説を試みたのが，今回新しく加えた第7章である．

これに加えて，本文中でこれまでに気づいたミスプリントなどの訂正も行なった．

1996年8月

著　者

索引

J

K

■岩波オンデマンドブックス■

現代物理学叢書　量子場の数理

2001 年 5 月 15 日　第 1 刷発行
2016 年 8 月 16 日　オンデマンド版発行

著　者　荒木不二洋（あらき ふじひろ）

発行者　岡本　厚

発行所　株式会社　岩波書店
〒 101-8002　東京都千代田区一ツ橋 2-5-5
電話案内　03-5210-4000
http://www.iwanami.co.jp/

印刷／製本・法令印刷

ISBN 978-4-00-730463-7　　Printed in Japan